技术创新方法培训丛书

科学技术部

TRIZ入门及实践

TRIZ INTRODUCTION AND PRACTICE

赵 敏 史晓凌 段海波 编著

科学出版社
北京

内 容 简 介

本书是《技术创新方法培训丛书》之一。

创新必须讲究创新的方法，这已经成为大家的共识。本书比较系统地介绍了基于TRIZ理论的创新方法，是国内第一本以解决工程技术类问题为重点，同时兼顾了解决经济管理类问题的综合性TRIZ教材。本书内容通俗易懂、图文并茂、言简意赅，案例丰富，其中有不少内容（如76个标准解物场图示）和来自韩国三星公司的创新案例等都是首次与读者见面。

本书适合于企业领导与管理人员、企业工程技术人员、科研院所研究人员、机关干部和大专院校的师生作为学习、培训教材或自学参考。

图书在版编目(CIP)数据

TRIZ入门及实践/赵敏，史晓凌，段海波编著．—北京：科学出版社，2009

（技术创新方法培训丛书/科学技术部）

ISBN 978-7-03-024216-7

Ⅰ．T…　Ⅱ．①赵…　②史…　③段…　Ⅲ．创造学-教材　Ⅳ．G305

中国版本图书馆CIP数据核字（2009）第032352号

责任编辑：李　敏／责任校对：郑金红
责任印制：吴兆东／封面设计：黄华斌

科学出版社 出版
北京东黄城根北街16号
邮政编码：100717
http://www.sciencep.com
北京建宏印刷有限公司印刷
科学出版社发行　各地新华书店经销

*

2009年3月第　一　版　开本：720×1000　1/16
2025年9月第十六次印刷　印张：19 1/4
字数：362 000

定价：80.00元

（如有印装质量问题，我社负责调换）

《技术创新方法培训丛书》总编委会

总 序

2006 年 2 月，国务院发布了《国家中长期科学和技术发展规划纲要(2006—2020 年)》，纲要中明确提出了建设创新型国家的宏伟战略目标。2007 年 10 月，胡锦涛总书记在党的十七大报告中指出:“提高自主创新能力，建设创新型国家是国家发展战略的核心，是提高综合国力的关键。”为深入贯彻党的十七大精神，落实科学发展观和《国家中长期科学和技术发展规划纲要（2006—2020 年)》，从源头上推进创新型国家建设，按照温家宝总理在王大珩、叶笃正、刘东生院士《关于加强我国创新方法工作的建议》中“自主创新，方法先行”的批示要求，科学技术部会同国家发展和改革委员会、财政部、教育部和中国科学技术协会，联合启动了创新方法工作。

创新方法是科学思维、科学方法和科学工具的总称，科学思维创新是科学技术取得突破性、革命性进展的先决条件，科学方法创新是实现科学技术跨越式发展的重要基础，而科学工具创新则是开展科学研究和实现发明创造的必要手段。创新方法工作要以思维创新、方法创新和工具创新为主要内容，以机制创新、管理创新和体制创新为主要保障，营造良好的创新环境，建立有利于创新型人才培育的素质教育体系，形成全社会关注创新、学习创新、勇于创新的良好社会氛围，培养掌握科学思维、科学方法和科学工具的创新型人才，培育拥有自主知识产权和持续创新能力的创新型企业，研发具有自主知识产权的科学方法和科学工具，为自主创新战略、建设创新型国家提供强有力的人才、方法和工具支撑。

技术创新方法培训作为创新方法工作面向国民经济和社会发展主战场的重要方面，是传播技术创新方法、推广技术创新工具、增强企业自主创新能力的重要抓手，是提高科技人才创新能力的重要工作。以技术创新方法培训为突破口，传播创新意识和创新方法，推广创新先进手段，培育创新型人才，增强企业自主创新能力，是建设以企业为主体，产、学、研相结合的技术创新体系的关键所在。因此，2007 年 8 月以来，按照“政府引导、企业主体、专家支撑、社会参与、突出重点、试点先行、扎实推进”的原则，科学技术部进行了技术创新方法培训工作的部署，并在地方申报的基础上，在黑龙江、四川、上海、江苏、浙江、内蒙古等省（自治区、直辖市）推动实施了技术创新方法培训地方试点工作。

培训教材建设是开展技术创新方法培训的基础性工作。必须开发针对性强、实用性高、适应企业技术创新能力建设需求的权威性的培训教材，为技术创新方法培训工作提供有力的支持。2008 年 2 月，在科学技术部科研条件与财务司、政策法规与体制改革司的协调领导下，中国 21 世纪议程管理中心组织专家启动了《技术创新方法培训丛书》的编写工作。按照《技术创新方法培训教材编制方案》总体框架，系列培训教材分为通用类和专业类两个层面。首批通用类培训丛书主要包括：技术创新方法概论、企业技术创新管理理论与方法、中国技术创新政策、TRIZ 入门及实践、六西格玛管理与企业案例集等。专业类培训丛书则按制造、电子、农业、材料、能源、环保等不同行业领域分类，建设符合行业技术创新活动特点的专业化教材体系。

“自主创新，方法先行”。创新方法是一项从源头推进自主创新的开创性、长期性和基础性工作。希望《技术创新方法培训丛书》的出版，为全国不同地区开展技术创新方法师资、科技管理人员、企业家和技术研发人员的培训提供标准化的教学参考书，为探索有中国特色的技术创新方法能力建设体系提供经验借鉴。让我们继续解放思想，转变观念，大胆探索，积极实践，以技术创新方法培训工作为重要载体，扎实有效地推进创新方法工作，为提升我国的自主创新能力、实现建设创新型国家的宏伟目标作出积极的贡献！

科学技术部 副部长

刘燕华

2008 年 9 月

前　言

创新方法是科技创新的手段，也是科技创新的内容。先进的创新方法是提升国家自主创新能力的重要武器。今天，当中国以一个发展中国家的有限实力迈向“创新型国家”的行列时，对创新方法的研究和掌握具有基础性、根本性和先导性意义。

科学技术部的一项研究结果表明了创新的先锋团队——众多的诺贝尔奖获得者的成功途径：一是科学发现，二是科学仪器，三是科学方法。其中科学方法的核心是创新的方法，几乎有三分之一的诺贝尔奖获得者是靠科学的创新方法实现了突破性的进展，可见创新的方法对于科研的极端重要性。

另外，除了需要科学家在科技前沿所做的突破式创新之外，我们还需要各行各业的技术创新有质和量的飞跃，需要能让全国4000万科技工作者掌握的、具有普示意义的创新方法，因为具有普示意义的创新方法是推动企业技术创新、实现产业技术转型进而建设创新型国家的重要基础。

2007年，为了贯彻落实国家中长期科技规划纲要，从源头推进我国的自主创新，科学技术部决定联合有关部委组织实施创新方法的研究与推广应用工作。2008年，科学技术部、国家发展与改革委员会、教育部、中国科学技术协会四部委联合颁布了《关于加强创新方法工作的若干意见》，文件中明确指出要“推进TRIZ等国际先进技术创新方法与中国本土需求融合……特别是推动TRIZ中成熟方法的培训……”

为了配合科学技术部的这项重要工作，在科学技术部有关部门的指导下，作者根据多年对创新思维、方法和工具的理解、研究与应用，编写了这本教材。

1946年，苏联科学家根里奇·阿奇舒勒（Genrich. S. Altshuller，1926～1998）开始了“发明问题解决理论”（TRIZ）的研究工作。在以后的数十年中，这位发明家投入毕生精力，致力于TRIZ的研究。在他的带领下，原苏联的几十家学校、研究部门和企业，组成了研究 TRIZ 的专门机构。他们先后分析了全球几十万份发明专利，总结出各种技术发展进化所遵循的普遍规律，以及解决各种技术矛盾和物理矛盾时采用的创新法则，创建了一种由解决技术问题、实现技术创新的各种方法组成的理论体系——TRIZ。由此，阿奇舒勒也被人们尊称为“TRIZ 之父”。

对于创新的理解，作者借鉴了 1912 年美籍奥地利经济学家约瑟夫·熊彼特（Joseph Schumpeter）所写的《经济发展理论》一书中所提出“创新”的概念。从熊彼特提出创新的本义来看，创新指的是一种技术与经济相关联的活动。不管是发明、创造还是革新，最终都应该转化成生产力，产生经济效益，才能称得上是创新。

阿奇舒勒所提出的“发明问题解决理论”，强调通过发明来解决实际问题，实现发明的实用化，这符合创新的基本定义。因此阿奇舒勒所说的“发明”基本上与创新是同义的。

实践表明，运用 TRIZ，能够帮助我们突破思维定势，从不同角度分析问题，进行理性的逻辑思维；帮助人们系统地分析问题，揭示问题的本质，确定问题的进一步探索方向，最终抓住一切机会来彻底解决问题；能根据技术进化规律，预测未来发展趋势，开发出富有竞争力的创新产品。

TRIZ 是一种方法学，理论上可以用来解决多领域的问题，包括社会进步、经济发展等问题。但是在 TRIZ 问世后的几十年实践中，主要解决的还是工程技术类问题，其他领域的应用仍然在尝试中，没有形成系统而翔实的资料。因而，我们把解决工程技术类问题作为本教材的重点，同时，也尽量加入了少量解决经济与管理类问题的内容。

本教材的定位，是一本尽量以通俗语言介绍 TRIZ 与运用的普及型培训教材，因此我们力求做到通俗易懂、图文并茂、言简意赅。

本教材的内容包括了 TRIZ 原理介绍、TRIZ 工具介绍和运用 TRIZ 原理来解决问题的一些实践案例。本书中采用了大量的图片和案例来诠释 TRIZ 原理和方法学的精妙之处。希望通过这种深入浅出、寓教于乐的教学方式，使得最大范围的读者群体，都能很轻松地了解、学习和掌握 TRIZ 的精髓，并能尝试运用一些创新的原理与工具解决所遇到的问题。

前 言

TRIZ 源于原苏联，兴于美欧。但是考察 TRIZ 的传播与发展，无论在美欧还是原苏联，都缺乏政府力量的介入，只限于部分领先企业和高校的自发应用。而在中国，国家领导人对创新方法的高度关注，以及政府的支持与指导，使得中国的创新方法研究与推广工作呈现出完全不同于其他国家的特色。这将有助于我们把握历史机遇，让中国在四百年后再次引领世界创新的潮流。

本教材由亿维讯公司组织编写，是团队合作的成果。亿维讯为此成立了专门的编写组。由创新方法专家赵敏总经理主笔，TRIZ 专家史晓凌经理、段海波总工分别参与了第一章、第八章和第四章的编写工作；技术专家韦大立教授、黄毓瑜教授参与了部分章节的编辑和整理工作；TRIZ 专家林岳副总经理、郭曼莉经理、解士昆经理等参与了部分章节的校阅工作。此外，范岩峰、薛强、李晓园、熊腾飞、杨壹杰、刘锋、李海军等多位同事参与了部分编写资料的收集与图文的整理工作。向他们表示感谢。

还要感谢国际 TRIZ 协会副主席、TRIZ 五级大师 Sergei Ikovenko 博士，他提供了部分写作素材；感谢俄罗斯 TP 公司，他们提供了部分写作素材和一个应用案例；感谢国际 TRIZ 专家 Valery Kraev 先生，他提供了在三星公司工作期间获得的三个专利作为本书应用案例。以上资料和案例都是首次与国内读者见面。

本教材的编写，得到了中国 21 世纪议程管理中心的资助与指导，得到了欧亚科学院中国科学中心副主席马俊如院士、孔德涌院士、邹祖烨通讯院士等专家的指导与审核；国内知名 TRIZ 专家、河北工业大学副校长檀润华教授以及国内知名创新专家、北京机电研究院名誉院长张武城教授审阅了全书，提出了宝贵的修改意见。在此一并致以衷心的感谢！

中国对 TRIZ 的研究起步较晚，与国际先进水平相比还有不小的差距，有待于深入、细化和完善。限于我们自身的理论水平，书中一定存有不少疏漏和不足之处，敬请读者批评指正！

赵　敏 史晓凌 段海波

2008 年 9 月

目　录

第一章 TRIZ的起源与发展

第一节 什么是TRIZ

什么是TRIZ？这是大多数初读本书的读者首先要问到的问题。这里，我们先从字面上给大家作一个回答。TRIZ 来源于“发明问题解决理论”（Теория Решения Изобретательских Задач）这四个俄文单词，它们的首字母缩写为“ТРИЗ”，按照“ISO/R9-1968E”的规定，把俄文转换成拉丁字母以后，就成为我们今天所看到的“TRIZ”。

因此，TRIZ 只是一个特殊缩略语，既不是俄文，也不是英文。TRIZ 的英文同义语为“Theory of Inventive Problem Solving”，缩写为“TIPS”。由此，不管是俄文的 ТРИЗ，拉丁文的 TRIZ，还是英文的 TIPS，说的都是同一个意思——“发明问题解决理论”。

“发明问题解决理论”有两个基本的含义，表面的意思是强调解决实际问题，特别是发明问题；隐含的意思是由解决发明问题而最终实现（技术和管理）创新，因为解决问题就是要实现发明的实用化，这符合创新的基本定义。

当然，读者希望得到的答案并不仅仅是对 TRIZ 字面上的解释，而是希望了解和学习 TRIZ 更为丰富的内涵。因此，本书将着重向大家介绍 TRIZ 的发展历史、TRIZ 的主要内容和理论体系、TRIZ 的核心思想、TRIZ 的实践应用、TRIZ 的未来发展等。希望读者在看完本书后，能比较全面地了解关于 TRIZ 的相关知识，并能用 TRIZ 来解决所遇到的科研、生产与生活问题。

第二节 TRIZ的发展历史

60 多年前，天才的苏联军方技术员根里奇·阿奇舒勒（Genrich S. Altshuller）和他的同事们，为“发明问题解决理论”（TRIZ）的问世和发展奠定了基础。

在阿奇舒勒14岁时，就有了他的第一个发明——水下呼吸器，并为此申请了他的第一项专利。1946年，年仅20岁的阿奇舒勒由于其出色的发明才能，成为苏联里海舰队专利部的一名专利审查员。此后不久，他发现发明是有一定的规律的，掌握了这种规律有助于做出更多、更高级别的发明。于是，阿奇舒勒的脑子里开始酝酿并逐渐形成对TRIZ的初步认识，由此而开始了半个多世纪对TRIZ的研究。

在阿奇舒勒看来，人们在解决发明问题过程中，所遵循的科学原理和技术进化法则是一种客观存在。大量发明所面临的基本问题是相同的，其所需要解决的矛盾（在TRIZ中称为技术矛盾和物理矛盾的两大矛盾），从本质上说，也是相同的。同样的技术创新原理和相应的解决问题的方案，也会在后来的一次次发明中被反复应用，只是被使用的技术领域不同而已。因此，我们将那些已有的知识进行整理和重组，形成一套系统化的理论，就可以用来指导后来者的发明和创造。正是基于这一思想，他与苏联的科学家们一起，经过50多年对数以百万计的专利文献和自然科学知识进行研究、整理和归纳，最终建立起一整套系统化的、实用的、解决发明问题的理论和方法体系，这就是TRIZ的来源（图1-1）。

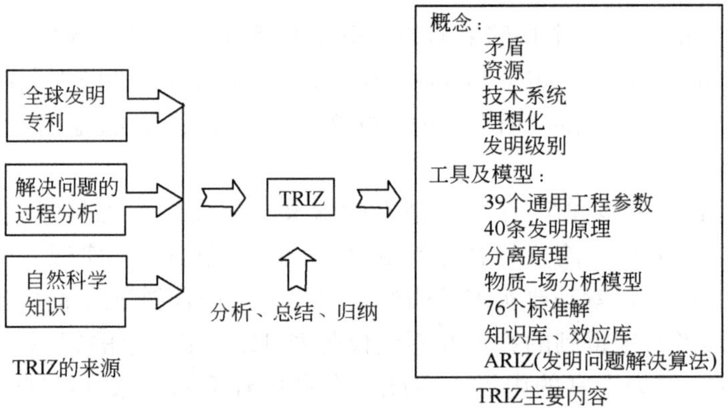

图1-1 TRIZ的来源与内容

在冷战期间，TRIZ的内容并不为西方国家所掌握。直至苏联解体后，在20世纪90年代初、中期，随着部分TRIZ研究人员移居到欧美等西方国家，TRIZ才系统地传到了西方并引起学术界和企业界的关注。特别是在TRIZ传入美国后，在密歇根州等地成立了TRIZ研究咨询机构，继续对TRIZ进行深入的研究，使TRIZ得到了更加广泛的应用和发展。

在我国学术界，少数研究专利的科技工作者和学者在20世纪80年代中期就已经初步接触到了 TRIZ，并对其做了一定的资料翻译和技术跟踪。在 90 年代中、后期，国内部分高校开始研究和跟踪 TRIZ，并在本科生、研究生课程中讲授 TRIZ，或者招收研究 TRIZ 的研究生和博士生，在一定范围内开展了持续的研究和应用工作，为中国培养了第一批掌握 TRIZ 的人才。进入 21 世纪，TRIZ 开始从学术界走向企业界，亿维讯公司成为在中国首家专业从事 TRIZ 研究和计算机辅助创新（CAI）软件开发的企业。2004 年，亿维讯公司在中国引入了 TRIZ 国际认证，并于 2008 年开始研究与推广适合中国国情的 TRIZ 认证体系。现在，TRIZ 作为一个比较实用的创新方法学，在我国已经逐步得到企业界和科技界的青睐，乃至得到国家领导人的高度重视。自 2007 年开始，科学技术部和部分地方政府的科技厅已经展开了对 TRIZ 的大范围的推广与普及活动，这标志着中国人将为 TRIZ 的新发展作出重要的、具有里程碑意义的贡献。

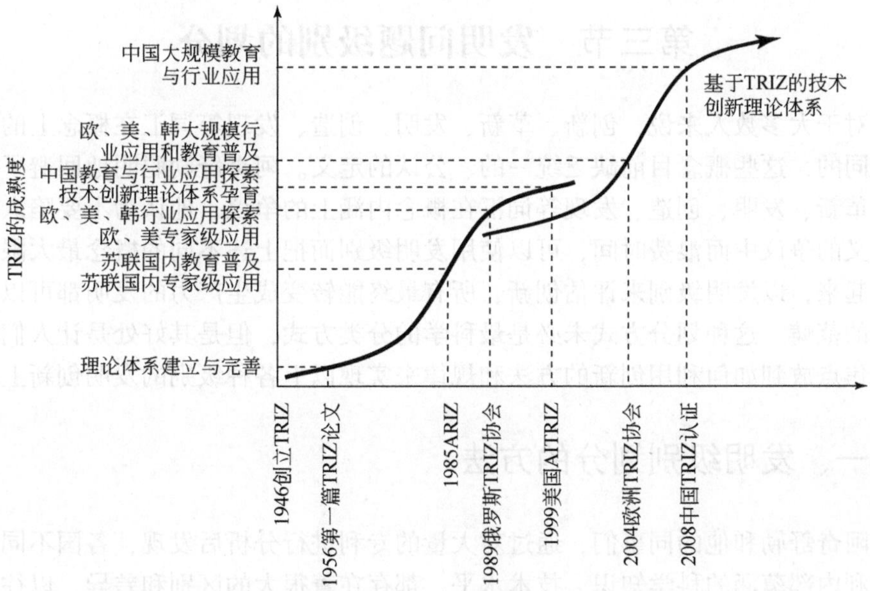

图 1-2　TRIZ 发展历程

TRIZ 的发展历程，可用表示技术系统发展进化过程的“S－曲线”来表示，如图 1-2 所示。图中左下方一条 S－曲线所代表的是从 1946 年到世纪之交的半个多世纪的一个阶段，这是经典 TRIZ 从产生、发展、直到成熟的时期。在这一阶段，从 1946 年阿奇舒勒开始研究隐藏在发明背后的规律，直至 1956 年第一篇 TRIZ 论文发表，是 TRIZ 的诞生期。从此时起，再到 1985 年发明问题解决算法新版本的发布，标志着 TRIZ 体系的完善，是 TRIZ 的发展期。在这一时期中，TRIZ 开始从专家们的研究阶段，走向普及和应用阶段。从 20 世纪 80 年代末到 90 年代末，是 TRIZ 发展的成熟期。在这一时期，苏联开发出第一个 TRIZ 软件。1989 年，俄罗斯 TRIZ 协会即后来的国际 TRIZ 协会成立。1993 年，TRIZ 正式进入美国。1999 年，美国阿奇舒勒 TRIZ 研究院和欧洲 TRIZ 协会相继成立。至此，TRIZ 已经走向世界。

伴随着 TRIZ 在欧美亚的大规模研究、探索与应用的兴起，TRIZ 的发展进入了图 1-2 右上方表示的第二条 S – 曲线。在这一新的进化过程中，世界各地的 TRIZ 研究人员广泛吸收产品研发与技术创新的最新成果，试图建立基于 TRIZ 的技术创新理论体系。

关于 S – 曲线的概念将在本书第三章中详细介绍。

第三节　发明问题级别的划分

对于大多数人来说，创新、革新、发明、创造、发现等词汇在概念上的含义是不同的，这些概念目前缺乏统一的、公认的定义。阿奇舒勒聪明地回避了对创新、革新、发明、创造、发现等词汇在概念内涵上的争议，他认为不要陷入在名词定义的争议中而浪费时间，可以使用发明级别而把上述不同的概念最大限度地统一起来，以发明级别来评估创新，所有最终能转变成生产力的发明都可以划归创新的范畴。这种划分方式未必是最科学的分类方式，但是其好处是让人们把关注的焦点放到如何利用创新的方法和规律来实现以上各种级别的发明创新上来。

一、发明级别划分的方法

阿奇舒勒和他的同事们，通过对大量的专利进行分析后发现，各国不同的发明专利内部蕴涵的科学知识、技术水平，都存在着很大的区别和差异。以往，在没有分析这些发明专利的具体内容时，很难区分出不同发明专利存在的知识含量、技术水平、应用范围、对人类的贡献大小等问题。明显的结论是：不同级别的发明专利来自不同水平的发明，二者互相对应。因此，把各种不同的发明专利，依据其对科学的贡献程度、技术的应用范围及为社会带来的经济效益等情况，划分一定的等级加以区别，就可以更好地应用和推广这些不同级别的专利。

在 TRIZ 理论中，阿奇舒勒把发明划分为以下五个等级。

1. 最小发明问题

最小发明问题，是指在本领域范围内正常的设计，或仅对已有系统作简单改进与仿制所做的工作，属于小改小革。这一类问题的解决，主要依靠设计人员自身掌握的常识和一般经验就可以完成。例如，增加隔热材料，以减少建筑物的热量损失；用大型拖车代替普通卡车，以实现运输成本的降低。

该类发明大约占人类发明总数的 32%。

2. 小型发明问题

小型发明问题，是指在解决一个技术问题时，对现有系统某一个组件进行改进。这一类问题的解决，主要采用本专业内已有的理论、知识和经验。解决这类问题的传统方法是折中法。例如，在气焊枪上，增加一个防回火装置；把自行车设计成可折叠等。

该类发明大约占人类发明总数的 45%。

3. 中型发明问题

中型发明问题，是指对已有系统的若干个组件进行改进。这一类问题的解决，需要运用本专业以外但是一个学科以内的现有方法和知识。在发明过程中，人们必须解决系统中存在的技术矛盾。例如，汽车上用自动换挡系统代替机械换挡系统；在冰箱中用单片机控制温度等。

该类发明大约占人类发明总数的 18%。

4. 大型发明问题

大型发明问题，是指必须采用全新的原理，以完成对现有系统基本功能的创新。这一类问题的解决，需要多学科知识的交叉，主要是从科学底层的角度而不是从工程技术的角度出发，充分挖掘和利用科学知识、科学原理，来实现发明。例如，世界上第一台内燃机的出现、集成电路的发明、充气轮胎等。

该类发明大约占人类发明总数的 4%。

5. 重大发明问题

重大发明问题，是指利用最新的科学原理，导致一种全新系统的发明、发现。这一类问题的解决，主要是依据人们对自然规律或科学原理的新发现。例如，计算机、蒸汽机、激光、晶体管等的首次发明。

该类发明大约占人类发明总数的 1% 或者更少。

发明的等级划分及所属知识领域如表 1-1 所示。

表 1-1 发明的等级划分及所属知识领域

发明的级别	创新的程度	占人类发明总数的比例/%	知识来源	参考解的数量
一	明确的结果	32	个人的知识	1 ~ 10
二	局部的改进	45	行业内的知识	10 ~ 100
三	根本的改进	18	跨行业的知识	100 ~ 1 000
四	全新的概念	4	跨学科的知识	1 000 ~ 10 000
五	重大的发现	<1	最新产生的知识	10 000 ~ 1 000 000

二、发明级别划分的意义

在明确专利“发明级别”以后，就会对发明的水平、获得发明所需要的知识以及发明创造的难易程度等有了一个量化的概念。总体上，我们对“发明级别”有了以下几方面的认识。

1）发明的级别越高，完成该发明时所需的知识和资源就越多，这些知识和资源所涉及的领域就越宽，搜索所用知识和资源的时间就越多，因此就要投入更多、更大的研发力量。

2）随着社会的发展、人类的进步、科技水平的提高，已有“发明级别”也会随时间的变化而不断降低。因此，原来级别较高的发明，逐渐变成人们熟悉和容易掌握的东西。而新的社会需求又不断促使人们去做更多的发明，生成更多的专利。

3）对于某种核心技术，人们按照一定的方法论对该核心技术的所有专利按照年份、发明级别和数量做出分析以后，可以描绘出该核心技术的“S – 曲线”。S – 曲线对于产品研发和技术的预测有着重要的指导意义。

4）表 1-1 的统计表明，一、二、三级发明占了人类发明总量的 95%，这些发明仅仅是利用了人类已有的、跨专业的知识体系。由此，也可以得出一个推论，即人们所面临的 95% 的问题，都可以利用已有的某学科内的知识体系来解决。

5）四、五级发明只占人类发明总量约 5%，却利用了整个社会的、跨学科领域的新知识。因此，跨学科领域的知识获取是非常有意义的工作。当人们遇到技术难题时，不仅要在本专业内寻找答案，也应当向专业外拓展，寻找其他行业和学科领域已有的、更为理想的解决方案，以求获得事半功倍的效果。人们从事创新，尤其是进行重大的发明时，就要充分挖掘和利用专业外的资源，正所谓“创新设计所依据的科学原理往往属于其他领域”。

因此，无论是研究发明本身，还是研究如何来进行发明，划分发明级别都具有很重要的意义。

三、发明级别划分的练习

在浩如烟海的技术系统中，有些技术系统对人类有着重大影响，如图 1-3 所示的产品。

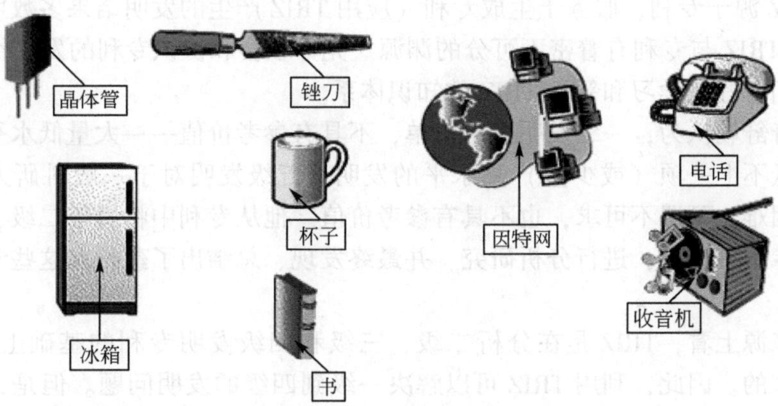

图 1-3　不同级别的发明

晶体管的发明，使制造体积更小、结构更为紧凑的计算机成为可能，成就了今天所有关于“信息化”的技术基础——五级发明；

数百年前，人们就使用锉刀作为金属加工的工具——一级发明；

杯子对于人们的日常生活很重要——一级发明；

冰箱作为制冷设备可以为食物保鲜——五级发明；

因特网作为巨大的网络，连接着千百万台计算机，实现了全球用户间信息的交换——五级发明；

书本作为传播媒体，将知识与文化代代相传——五级发明；

收音机借助电磁波，可以实现远距离广播节目的传送——五级发明。

值得指出的是，某些一级发明和五级发明似乎都是“首次”出现的事物，但是一级发明仅仅是首次复现了自然界中已经存在的功能（如竹筒、椰子壳、葫芦等可以有“盛水”的功能，粗糙的石头条可以有“锉”掉材料的功能等），根据既有的原理，用不同的材料把它们做成了产品而已；而五级发明则是创造出自然界从未有过的东西；其他发明级别是对一级发明产品的逐步“升级与再造”。还是以杯子为例：有盖子的杯子、不烫手的杯子可以算作是二级发明（改进一个组件）；带内胆、有密封饮嘴、有杯盖的保温杯可以算作是三级发明（改进几个组件）；属于四级发明的杯子在“盛水”的基本功能方面必须要有原理上的变化，具体的实现例子留给读者去思考。

第四节　发明级别与 TRIZ 的适用范围

TRIZ 源于专利，服务于生成专利（应用 TRIZ 产生的发明结果多数可以申请专利），TRIZ 与专利有着密不可分的渊源。充分领会和认识专利的发明级别，可以让我们更好地学习和领悟 TRIZ 的知识体系。

阿奇舒勒认为，一级发明过于简单，不具有参考价值——大量低水平的一级发明也抵不上一项（或少量）高水平的发明；五级发明对于一般科研人员来说又过于困难，可遇不可求，也不具有参考价值。他从专利中将属于二级、三级和四级的专利挑出来，进行分析研究，并最终发现、总结出了蕴藏在这些专利背后的规律。

从来源上看，TRIZ 是在分析二级、三级和四级发明专利的基础上，归纳、总结出来的。因此，利用 TRIZ 可以解决一级到四级的发明问题。但是，对于五级发明问题来说，是无法利用 TRIZ 来解决的。这是 TRIZ 自身的一个局限性。

针对 TRIZ 的能力问题，阿奇舒勒曾经明确表示：利用 TRIZ 方法可以帮助发明者将其发明水平从一级、二级提高到三级或四级水平。

同时，阿奇舒勒还发现，“真正的”发明专利往往都需要解决隐藏在问题当中的矛盾。于是，阿奇舒勒规定：是否出现矛盾，是区分常规问题与发明问题的一个主要特征。发明问题指必须要至少解决一个矛盾（技术矛盾或物理矛盾）的问题。

由于 TRIZ 的来源是对高水平发明专利的分析，因此通常人们认为，TRIZ 更适用于解决技术领域里的发明问题。技术领域是一个非常宽泛的领域，是产生高水平发明专利的沃土。

在介绍 TRIZ 的主要内容之前，首先界定 TRIZ 的有效的“边界”，即 TRIZ 这个“发明问题解决理论”“不解决”什么问题。

1）TRIZ 通常不解决技术领域以外的问题；

2）TRIZ 不解决技术领域中的五级发明问题；

3）TRIZ 不同于专业科技书籍，不讲与创新思维问题无关的技术规律（各种专业科技书籍只讲技术规律，不涉及心理活动）；

4）TRIZ 不同于头脑风暴，不讲与技术规律无关的思维问题（头脑风暴法等传统创新技法只讲心理活动，不涉及技术规律）。

TRIZ 是兼研究技术规律和思维问题的创新方法，目的是促进高水平专利的产生。研究 TRIZ 的一个基本观点是：技术规律和思维活动结合得越好，对创新型人才的培养就越到位，产生创新的结果就越顺利，获得的发明级别也就有可能越高。

第五节　TRIZ 的主要内容

TRIZ 的理论体系庞大，包括了诸多内容，本书将从两个方面进行介绍：第一方面是 TRIZ 的基本理论体系；第二方面是 TRIZ 的解题工具体系。我们先来介绍一下 TRIZ 的基本理论体系，在后面的章节中再比较详细地介绍 TRIZ 的各种解题工具和解题方法。

在图 1-4 中，以一种“静态”的方式，比较详细和形象地展示了 TRIZ 的基本理论体系框架，重点说明了 TRIZ 的内容和层次。

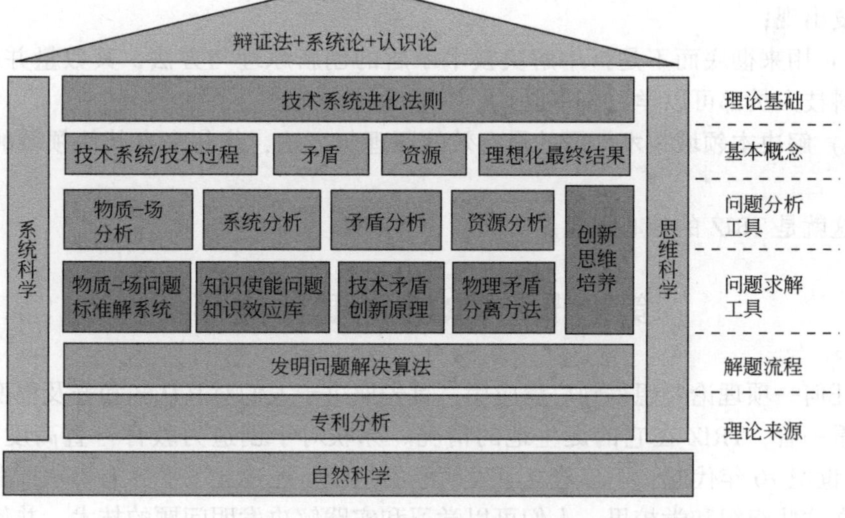

图 1-4　TRIZ 的基本理论体系框架

如果用发展的眼光，从方法学的角度来分析 TRIZ 的基本理论体系构成，其还有很多需要完善之处，尽管如此，它仍不失为一个比较完整的理论体系。这个体系包括：

以辩证法、系统论、认识论为理论指导；

以自然科学、系统科学和思维科学为科学支撑；

以技术系统进化法则作为理论主干；

以技术系统/技术过程、矛盾、资源、理想化最终结果为基本概念；

以解决工程技术问题和复杂发明问题所需的各种问题分析工具、问题求解工具和解题流程为操作工具。

经过 60 多年的不断发展，这一方法学体系在实践中逐渐丰富完善，已取得良好的应用成果和巨大的经济效益。

关于如何以一种“动态”的方式来描述 TRIZ 的内容与作用，请参见本书后记中的图 1。

第六节　TRIZ 的核心思想

阿奇舒勒发现：技术系统进化过程不是随机的，而是有客观规律可以遵循，这种规律在不同领域反复出现。

1）在解决发明问题的实践中，人们遇到的各种矛盾以及相应的解决方案总是重复出现；

2）用来彻底而不是折中解决技术矛盾的创新原理与方法，其数量并不多，一般科技人员都可以学习、掌握；

3）解决本领域技术问题的最有效的原理与方法，往往来自其他领域的科学知识。

这就是 TRIZ 的核心思想。

第七节　TRIZ 的具体应用

任何一项理论要想得到广泛应用，首先取决于人们对其认知和普及程度。我们来看一看，TRIZ 在它的诞生地的情况。苏联对于创造力教育一直高度重视。从 20 世纪 70 年代起，不仅成立了发明家的组织，还建立了世界上第一批发明学校。在这些组织和学校里，人们可以学习和实践解决发明问题的技术，并使它们能够付诸实际。在苏联，在一些重要的科研机构和工程单位中，一度要求“每七个工程技术人员中有一个 TRIZ 工程师”。

在苏联的 80 座城市里，大约有 100 所这样的学校，在培养着大量的创新人才。每年，都有几千名科学工作者、工程师和学生们，在这些学校里研究和学习 TRIZ。因为学生们在发明学校里的学习成绩，是以完成达到各级发明水平的毕业论文作为考核标准的，因而，在这里每年都能得到几百项发明的“产品”。在这些学校中，最著名的是阿奇舒勒于 1970 年在阿塞拜疆的巴库市设立的青年发明家学校，该学校在 1971 年改成了阿塞拜疆发明创新社会学院，是世界上的第一个 TRIZ 学习中心。该学院的任务是：训练学生具备解决各种发明性课题的能力，培养具有各种发明才能的人才。之后，在很多的城市设立了发明创新学校、科技创新社会学院，这样的学校在 20 世纪 80 年代的时候超过了 500 所。事实上，在苏联及东欧国家，不少的科学家普遍采用 TRIZ 作为发明的工具。另外，不仅在大学理工科的教学中，甚至在中、小学阶段，也采用 TRIZ 来对学生进行创新教育。

TRIZ 不仅在苏联得到广泛的应用，在美国的很多企业——特别是大企业，如波音、通用、克莱斯勒、摩托罗拉等公司——在新产品开发中，也得到了全面的应用，取得了可观的经济效益。TRIZ 普遍应用的结果，不仅提高了发明的成功率，缩短了发明的周期，还使发明问题具有可预见性。

目前，TRIZ 已逐渐由原来擅长的工程技术领域，向自然科学、社会科学、管理科学、生物科学等多种领域逐渐渗透，尝试解决这些领域遇到的问题。

调查资料显示，TRIZ 现已在欧美和亚洲发达国家和地区的企业，得到广泛的应用，大大提高了创新的效率。据统计，应用 TRIZ 的理论与方法，可以增加 80%~100% 的专利数量并提高专利质量；可以提高 60%~70% 的新产品开发效率；可以缩短 50% 的产品上市时间。

福特汽车（Ford Motor）公司曾遇到过这样一个难题：汽车的推力轴承在大负荷时，会出现偏移。运用 TRIZ，得到了 28 个问题的解决方案，其中一个非常吸引人的解决方案是：利用低热膨胀系数的材料制造轴承，可以很好地解决推力轴承在大负荷时出现偏移的问题。1999 年，克莱斯勒汽车（Chrysler Motors）公司应用 TRIZ，解决了企业生产过程中遇到的技术矛盾。仅就经济效益而言，该公司就获利 1.5 亿美元。自 20 世纪 90 年代中期以来，美国供应商协会（ASI）一直致力于把 TRIZ、QFD（质量功能展开）方法和田口（Taguchi）法一起推荐给世界 500 强企业。2001 年，波音公司邀请 25 名原苏联 TRIZ 专家，对波音 450 名工程师进行了两个星期的培训和讨论，结合波音 767 机型改装成空中加油机的实际研发课题，利用 TRIZ 思想作为指导，获得了重要的技术创新启示，取得了关键性技术的突破，大大缩短了研发周期。由此，波音公司在投标中战胜空中客车公司，赢得 15 亿美元空中加油机订单。2003 年，当“非典型肺炎”肆虐中国及全球的许多国家时，新加坡的研究人员利用 TRIZ 的发明原理，提出了预防、检测和治疗“非典型肺炎”的一系列创新型方法和措施，其中不少措施被新加坡政府实际采用，收到了非常好的防治效果。2005 年，中兴通讯公司与亿维讯公司合作，对来自研发一线的 25 名技术骨干进行了为期 5 周的 TRIZ 理论与方法学培训，结果在 21 个技术项目取得了突破性进展，8 个项目已申请相关专利。中兴通讯公司总裁质量顾问、知名质量管理专家何国伟评价到：“我认为：一次培训 25 位学员，有 21 个创新方案，其中能实现改进的估计在 60%~70%，是很成功的。”

特别值得一提的是韩国的三星公司，它是世界范围内利用 TRIZ 取得成功的最为典型的企业之一。1998 年，三星公司首席执行官尹钟龙制定了具有战略意义的价值创新计划，并在距首尔 20 英里的水原市建立了三星公司的 VIP（Value Innovation Program）中心，其目的是“为顾客创造新价值，降低研发成本”。而实现这一战略目标的核心技术，就是 TRIZ。

三星公司引入 TRIZ 主要用于解决以下四个方面的问题：解决三星专家无法解决的技术问题；对三星公司的产品进行进化预测；进行专利对抗，即建立专利保护，以及设法绕过竞争对手申请专利；构建创新的企业文化，指导三星公司研发人员将 TRIZ 思维方式、方法及工具应用于日常研发工作中。三星公司在下属多个集团公司进行了技术创新理论培训与推广，推行 TRIZ 的领域涉及三星公司的预研部门、先进技术研究院、微电子家用电器生产企业及微电子设备生产企业、显示器生产企业、机械工具与装备企业、玻璃和塑胶产品企业等核心层企业。1998 ~2002 年，三星公司共获得了美国工业设计协会颁发的 17 项工业设计奖，连续 5 年成为获奖最多的公司。2003 年，三星电子在 67 个开发项目中使用了 TRIZ，为三星电子节约了 1. 5 亿美元，并产生了 52 项专利技术。2004 年以 1604 项发明专利超过英特尔名列第六位，领先于竞争对手日本的日立、索尼、东芝和富士通公司。三星公司首席执行官尹钟龙表示，要在 2005 年和 2006 年分别注册 2000 多件专利技术（以申请美国专利为准）进入世界前五大专利企业排行榜，并于 2007 年进入前三位。三星公司从技术引进到技术创新的成功之路给渴望在经济全球化竞争中占有一席之地的中国企业提供了很多有益的、可借鉴的启示。

这样的例子举不胜举。目前，TRIZ 被认为是可以帮助人们挖掘和开发自己的创造潜能、最全面系统地论述发明和实现技术创新的新理论，被欧美等国的专家认为是“超级发明术”。一些创造学专家甚至认为：阿奇舒勒所创建的 TRIZ，是发明了“发明与创新”的方法，是 20 世纪最伟大的发明。

第八节 TRIZ 的未来发展探讨

TRIZ 面世并不意味着发明创新理论的终结与完成。相反，它可以指导人们发现新原理和总结新知识，使 TRIZ 本身可以随着科学技术的发展和社会的进步而不断地完善。TRIZ 今后的研究和应用方向主要有两个：第一个是 TRIZ 本身的不断完善；第二个是进一步拓展 TRIZ 的应用领域。

1）TRIZ 是前人知识的总结和升华，受到了一定的时代限制。如何适应新的时代要求，把它的内容和体系进一步完善，使其逐步从“成长期”过渡到“成熟期”，一直是人们关注的焦点和研究的主要方向之一。如果把阿奇舒勒的所有理论成就定义为经典 TRIZ 的话，那么在阿奇舒勒去世后的最近 10 年，TRIZ 已经派生出了不同的流派与分支，呈现出“百花齐放、百家争鸣”的局面。

2）进一步探讨和拓展 TRIZ 的理论内涵，尤其是把信息技术、生命技术、社会科学等方面的原理和方法，融入 TRIZ 中。

3）将 TRIZ 与其他一些新兴理论（如本体论），有机地结合在一起，从而让 TRIZ 指导发明创新的能力变得更加强大。

4）全面拓展 TRIZ 的应用范围，从工程领域拓展到其他领域，使人们能够利用 TRIZ 去解决更广泛领域内的各种矛盾和发明问题，使 TRIZ 的受益面更广。

5）要把利用 TRIZ 解决实际问题的实践和方法进一步软件化和工具化，尽快开发出适合更广阔领域、满足各种不同专业用途的系列化软件。

6）在中国推广以 TRIZ 为核心的创新方法，还要涉及 TRIZ 本土化的问题。与电灯、汽车、计算机、微积分、进化论等科学技术一样，TRIZ 是“舶来品”，如何让这个“舶来品”适合中国的国情，根植于中国文化，在中国发扬光大，是研究与推广创新方法的首要任务之一。

7）TRIZ 主要解决设计中如何（How）做的问题，但对设计中做什么（What）的问题未能给出合适的方法。大量的工程实例表明，TRIZ 的出发点是借助于经验，发现设计中的矛盾。矛盾发现的过程，是通过对问题的定性描述来完成的。其他的设计理论，特别是质量功能展开（quality function deveIoyment，QFD）法，恰恰能解决做什么的问题。所以，将两者有机地结合，发挥各自的优势，将更有助于产品创新。但是，TRIZ 与 QFD 法都未给出具体的参数设计方法，稳健设计则特别适合于详细设计阶段的参数设计。将 QFD、TRIZ 和稳健设计集成，能形成从产品定义、概念设计到详细设计的强有力支持工具。因此，三者的有机集成，现已成为设计领域的重要研究方向。

相对于传统的创新方法，基于 TRIZ 的计算机辅助创新技术的出现，是 TRIZ 应用的全新发展。传统的创新方法大多停留在对创新的外围认识和创新技法技巧水平，从心理因素方面尽可能激发个人的创造性思维能力，而没有转化为真正的问题解决方法。它们在一定程度上显得比较抽象，可操作性差，创新效率比较低，无法面对当前各种各样大量的技术难题的解决和创新需求。而 TRIZ 则成功地揭示了创造发明的内在规律和原理。相对于传统的创新方法，它着力澄清和强调系统中存在的矛盾，其目标是完全解决矛盾，而不是采取折中或者妥协的做法；而且，它基于产品技术的发展演化规律，研究的是整个设计与开发过程，而不再是随机的行为。尤其是它采用了科学的问题求解方法，将特殊的问题归结为 TRIZ 的一般性问题，应用 TRIZ 寻求标准解法，在此基础上演绎形成初始问题的具体解决方案，充分体现了科学的问题求解思想和技术特征。

第九节　中国创新历史与 TRIZ 思想萌芽

在漫长的中国历史上，我们的祖先创造了灿烂的科技文化，在 16 世纪以前长达数千年的历史时期内，中国人一直引领着全世界的科技创新步伐，为推动人类的进步与发展作出了不可磨灭的贡献。

如表 1-2 所示，从公元前 4000 年算起截止到明代末年，世界科技史上的 100 项重大发明的前 27 项，其中有 18 项是属于中国人的发明，占 66.7%。16 世纪前的中国，真可称为发明大国。四大发明曾在世界的创造史上，写下了一页页光辉的篇章；其他众多的发明，也在同期名列世界前茅。在当时的生产水平和社会经济结构状态下，可以说中华民族是一个高智商的、富有创新精神的民族，对人类的科技、经济发展起着巨大的推动作用。

表 1-2　古代世界科技史上 100 项重大发明的前 27 项

序号	发明年代	国家/地域	发明者	发明名称	评价或影响
1	前 4000	埃及	不明	陶器	献给人类最早的人造容器
2	前 3500	美索不达米亚	不明	青铜器	献给人类最早的金属制品
3	前 3000	西亚	不明	玻璃	这是影响久远的新材料
4	前 2000	中国	不明	丝绸	开创丝绸产业，提高人们的衣着质量
5	前 770 ~ 前 746	中国	不明	冶铁术	创造历史上起革命作用的最重要原料之一
6	前 600	古希腊	不明	瓦	对房屋建筑产生深远影响

续表

序号	发明年代	国家/地域	发明者	发明名称	评价或影响
7	前 507～前 444	中国	不明	磨	对人类的机械制造具有极大的示范作用
8	前 400	中国	不明	自来水	开创人类自来水产业
9	前 206	中国	不明	十进位	李约瑟："如果没有这个十进位制，几乎不可能出现我们现在这个统一化的世界了。"
10	前 105	中国	蔡伦	纸	对人类文化的传播产生了广泛、久远的影响
11	前 60	古罗马	恺撒	报纸	这是传播人类文化的最早载体
12	25	中国	不明	瓷器	它是中国人对世界文明的独特贡献
13	25	中国	不明	水车、风箱	人类利用水力鼓风的早期工具
14	220	中国	不明	算盘	它是"世界上最早的手动计算机"
15	220～280	中国	马钧	指南车	它是一切自动控制机械的祖先之一
16	215～282	中国	皇甫	针灸术	是中医学中天才的、最具独特风格的发明
17	约 500	印度	西萨	象棋	这是世界上影响最久远的智力玩具
18	808	中国	不明	火药	曾改变了整个世界事物的面貌和状态
19	900	中国	不明	指南针	造成航海技艺方面的巨大改革
20	1000	中国	不明	曲酿酒术	它为人类奉献了美酒佳酿
21	1041～1048	中国	毕昇	活字印刷术	这是人类印刷术史上的第一次革命
22	1247	中国	秦九韶	秦九韶法	它是世界数学史上解高次方程的最早发明
23	1453	德国	古腾堡	印刷机	推动了世界铅字印刷机械化的发展
24	1508	阿拉伯	不明	玻璃眼镜	这是人类第一种增强视力、有利于学习文化的新工具
25	1556	德国	阿古里科拉	螺丝钉	这是用于机件连接用途广泛的新元件
26	1567～1572	中国	不明	人痘接种法	世界医学史上人工免疫预防传染病的重大发明
27	1536～1610	中国	朱载育	十二平均率	科学美学史上"一个革命性的变革"

自明末以后，在长达 400 年的历史时期内，世界科技史上的重大发明似乎已与中国人无缘，其原因值得我们认真研究总结。但是纵观我国几千年的科技历

史，可以推断，在我国古代的科技实践中，就已经孕育了TRIZ思想萌芽，人们就已经在不自觉地、无意识地使用这个我们今天称为“发明问题解决理论”的思想去进行发明创造。为什么这么说呢？答案很简单：技术系统进化法则和创新原理，都是技术领域里面的客观规律。所有的发明，无法超越这些规律。

我国是一个文明古国，也是一个发明大国。在过去千百万年的历史长河里，我们的祖先已经用自己智慧的头脑和勤劳的双手，在根本不知创新方法学的情况下，仍然做出了众多的发明。他们“无意中”实践了阿奇舒勒在数千年后才总结出的每一条创新原理和法则。遗憾的是，我们的祖先一直没有机会和条件把它们全面和系统地总结出来。

亿维讯公司的研究人员，经过多年的探索和积累，在分析、研究了大量的科技史资料后，发现TRIZ的思想萌芽，实际已经存在和孕育于中国古代的科技实践中，证实人类进行发明创新遵循着共性的原理和法则。TRIZ是全人类的创新实践经验的提炼和总结，是人类共有的创新知识体系。因此，我们可以有这样一个基本认识：无论是过去还是现在，无论是古人还是今人，只要进行发明创新，就一定会或“明”或“暗”地遵循TRIZ的思想去做——“明”在知晓和有指导，“暗”在无意识地通过不断试错而摸索对的方向，并最终实践成功。

千百年前，我们的祖先在对创新方法毫不知情和十分缺乏科技知识的情况下，已经独领世界创新风骚数千年，取得了辉煌灿烂的科技成果。试想，我们在科技高度发达的今天，在知识储备如此丰富的基础上，在已经掌握了创新原理与方法的情况下，我们在创新方面，有什么理由不能比古人做得更好、更出色呢？

思考题

1. 人们把发明划分为几个级别？
2. 划分发明级别的意义是什么？
3. 请根据各级别发明的特点，举出一些发明实例。
4. 什么是TRIZ？
5. 回顾一下TRIZ的发展历史。
6. 简述TRIZ的理论体系。
7. 简述TRIZ的主要内容。
8. 什么是TRIZ的核心思想？
9. TRIZ有哪些成功的应用？
10. TRIZ理论未来有哪些可行的发展方向？
11. 为什么要学习和研究TRIZ？

第二章 创新思维方法

创新思维的运用目的，就是让我们具有“新的眼光”，就是克服思维定势，打破技术系统旧有的阻碍模式。一些看似很困难的问题，如果我们投以“新的眼光”，站到更高的位置，采用不同的角度来看待，就会得出新奇的答案。

我们说：“习惯于发散思维、逆向思维、联想思维等创新思维的大脑，往往成为创新的源头。”但人们在提到发散思维的时候，往往会认为那应该是不着边际、天马行空般的意识漫游和胡思乱想。其实在TRIZ的范畴里，发散思维并不完全等同于胡思乱想，那样思考的效率是很低的。TRIZ的发散思维与一般的发散思维有着明显的区别——基于TRIZ的发散思维，在遵循客观规律的基础上，引导思考者沿着一定的维度来进行发散思考，例如：从系统层面上发散，TRIZ有“超系统、系统、子系统”三个层面；从时间上发散，有三个系统层面的“过去、现在、将来”的三种时态；在宏观到微观之间往复发散，我们可以在尺寸、成本、资源等多个维度上，从零到无穷大来进行发散思考；还可以有抽取异想天开想法中有效成分的“金鱼法”，有化整为零的“小人法”等。而这些所给出的发散维度，可以有效地帮助我们的思绪在快速发散的同时进行快速的收敛，不至于让我们的思绪成为“脱缰的野马”。

本章我们将介绍多种TRIZ中常用的创新思维方法。

基于TRIZ的发散思维，有效地避免了在发散思考的过程中结果过于散乱无序、难以收敛到有效解集的缺点，有助于我们快速跳出思维定势的圈子，及早“偏离”固定思维模式的方向，并且具有“新的眼光”。当然，我们必须使发散的思维与自然界的客观规律有机地结合起来，因为跳出思维定势的圈子，并不意味着放弃自然界的客观规律。

第一节 系统思维的多屏幕法

作为当今世界上最有效的创新方法，TRIZ中体现出系统化的创新思维方式，特别是进行系统思维的多屏幕法，具有可操作性、实用性强的特点，可以更好地帮助使用者质疑和超越常规，克服思维定势，为解决生活和工程中的疑难问题，提供清晰的思维路径，也成为培养发明家和创新型人才的有效法宝。

根据面对发明问题的难易不同，我们进行创新思维时，可以采用普通多屏幕法和高级多屏幕法。

一、普通多屏幕法

普通多屏幕法简称为多屏幕法。根据系统论的观点，系统由多个子系统组成，并通过子系统间的相互作用实现一定的功能，简称为系统。系统之外的高层次系统称为超系统，系统之内的低层次系统称为子系统。我们所要研究的、问题正在当前发生的系统，通常也称作“当前系统”。当前系统一般称为系统。

我们以汽车为例，来说明当前系统、子系统、超系统的组成与彼此之间的关系。如果把汽车作为一个当前系统，那么轮胎、发动机和方向盘都是汽车的子系统。因为每辆汽车都是整个交通系统的一个组成部分，交通系统就是汽车的一个超系统。当然，大气、车库等也是汽车的超系统，如图 2-1 所示。

图 2-1　当前系统、子系统和超系统

当前系统是一个相对的概念。如果我们以轮胎作为“当前系统”来研究的话，那么轮胎中的橡胶、子午线、充气嘴等就是轮胎的子系统，而汽车、驾驶员、大气、车库、交通系统等就都是汽车的超系统。

那么，什么是多屏幕法？多屏幕法是一种考虑问题的方法，是指在分析和解决问题的时候，不仅要考虑当前的系统，还要考虑它的超系统和子系统；不仅要考虑当前系统的过去和将来，还要考虑超系统和子系统的过去和将来，如图 2-2 所示。

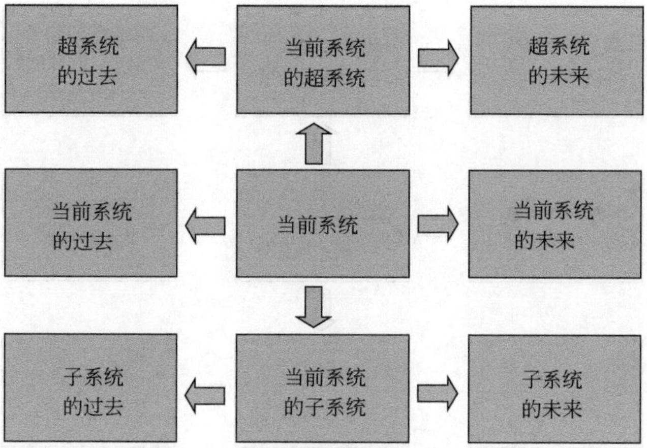

图 2-2　系统思维的多屏幕法

为了便于理解，我们把前面列举的汽车例子，用多屏幕法来做一下分析，如图 2-3 所示。

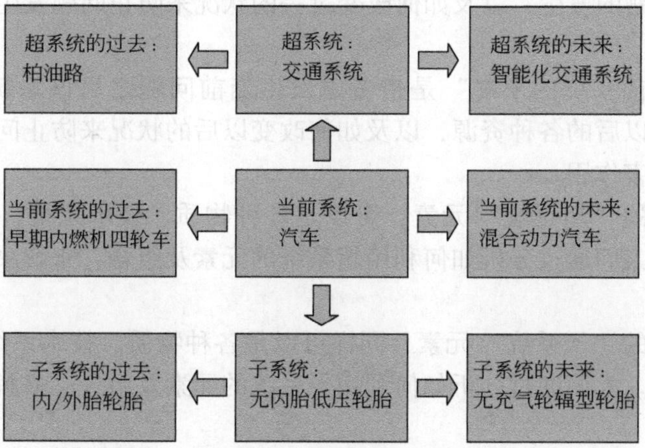

图 2-3　系统思维的多屏幕法的例子——汽车

再举一个用多屏幕法来分析移动通信设备的例子，如图 2-4 所示。

多屏幕法是一种很好地理解问题的手段。它可帮助我们重新定义任务或矛盾，可帮助我们找出解决问题的新途径。多屏幕法是从多层次、多方位等一切与当前问题所在系统（如汽车）相关的系统去分析问题，这样才能更好地理解当前的问题及找到解决方案。

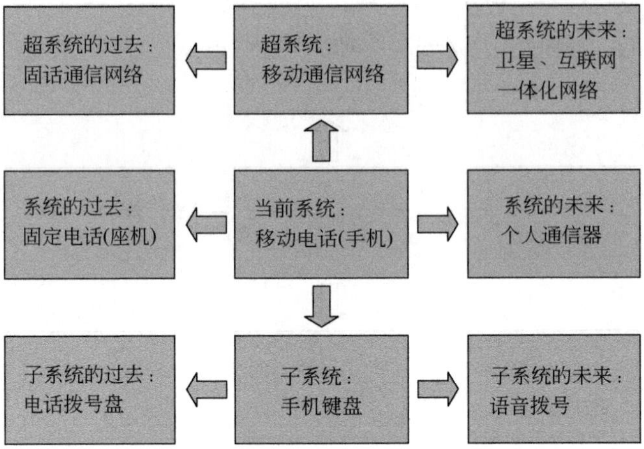

图 2-4　系统思维的多屏幕法的例子——移动通信设备

考虑“当前系统的过去”是指考虑发生当前问题之前该系统的状况，包括系统之前运行的状况、其生命周期的各阶段情况等，考虑如何利用过去的各种资源来防止此问题的发生，以及如何改变过去的状况来防止问题发生或减少当前问题的有害作用。

考虑“当前系统的未来”是指考虑发生当前问题之后该系统可能的状况，考虑如何利用以后的各种资源，以及如何改变以后的状况来防止问题发生或减少当前问题的有害作用。

当前系统的“超系统”元素，可以是各种物质、技术系统、自然因素、人与能量流等。人们通过分析如何利用超系统的元素及组合，来解决当前系统存在的问题。

当前系统的“子系统”元素，同样可以是各种物质、技术系统、自然因素、人与能量流等。人们通过分析如何利用子系统的元素及组合，来解决当前系统存在的问题。

当前系统的“超系统的过去”和“超系统的未来”是指分析发生问题之前和之后超系统的状况，并分析如何利用和改变这些状况来防止或减弱问题的有害作用。

当前系统的“子系统的过去”和“子系统的将来”是指分析发生问题之前和之后子系统的状况，并分析如何利用和改变这些状况来防止或减弱问题的有害作用。

进行这些分析后，再来寻找这个问题的解决方案，我们就会发现一系列完全不同的观点：新的任务定义取代了原有任务定义，我们产生了一个或若干个考虑问题的新视角，我们发现了系统内没有被注意到的资源等。

多屏幕思维方式其实是一种分析问题的手段，而并非是一种解决问题的手段。它体现了如何更好地理解问题的一种思维方式，也确定了解决问题的某个新途径。

另外，各个屏幕显示的信息，并不一定都能引出解决问题的新方法。如果实在找不出好的办法，可以暂时先空着它。但不管怎么说，每个屏幕对于问题的总体把握，肯定是有所帮助的。

总之，练习多屏幕思维方式，可以锻炼人们的创造力，也可以提高人们在系统水平上解决任何问题的能力。

【案例 2-1】

太空钢笔

据说，早期美国航天员在太空中用钢笔写不出字来，这是因为太空中缺乏重力的缘故。于是，美国航空航天局决定划拨 100 万美元的专款，进行攻关。研究是在极其秘密的状态下进行的，经过半年多夜以继日的集中攻关，最后研制出了一款专用的、十分精密的“太空钢笔”。

在庆祝会上，美国宇航局的一位官员突生疑问：我们如此费力，那么苏联航天员在太空中，是用什么笔写字的呢？

谍报人员费尽周折侦察之后，回来报告：苏联航天员用的是铅笔！

以上只是一则幽默。但是，它提醒人们不要固守一种定势思维，否则永远无法领略创新的真谛和魅力。

我们不必考虑研发太空笔是一个“真”问题，还是一个“伪”问题，但我们却不妨练习使用多屏幕思维方式，来做一下多屏幕分析。如图 2-5 所示：当前系统是普通钢笔，当前问题是在失重的情况下写不出字。

由以上分析可见，钢笔“系统的过去”形式之一是铅笔；钢笔“子系统的过去”形式之一是铅芯。其实，稍加分析就可以由上图引导我们得出结论：笔是一种留下书写痕迹的工具。普通钢笔在太空失重的情况下无法正常书写，而铅笔则不受重力影响，不管在太空还是地面都可以实现书写功能，而且结构简单，成本低廉。

但是，尽管美国在早期太空活动中的宇航员也都是使用铅笔，铅笔却不是理想的太空用笔。因为，铅笔书写后的字迹，很容易被弄得模糊，因此，保存字迹

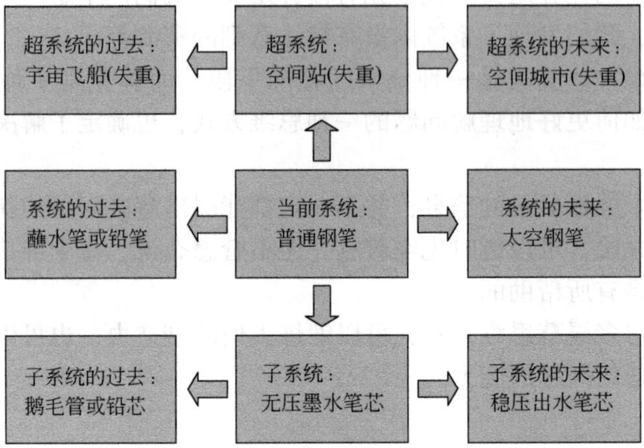

图 2-5　系统思维的多屏幕法的例子——钢笔

的可靠性不高；而且，铅笔尖容易折断，折断后的铅笔尖漂浮在空间站内，容易被吸入人体；还有，由于铅笔尖是导电的石墨材料，容易引发电器短路。

1967 年，美国一家私人公司自筹 200 万美元开发出了真正的 AG 7 型太空笔，其基本原理是：笔芯采用密封结构，内部充有一定压力的氮气，靠气体压力代替地球上的重力，把墨水推向笔尖。在地面和太空失重状态下，这种笔都可以正常使用。

再回到图 2-5，从“子系统的未来”中看到，稳压出水笔芯是太空钢笔的一个很好的解决方案。试想，如果在早期太空活动时，太空钢笔的研发人员能够使用多屏幕法来分析问题，也许太空钢笔的面世或许还要早几年。

二、高级多屏幕法

高级多屏幕法不仅考虑当前系统，也同时考虑当前系统的反系统、反系统的过去和将来、反系统的超系统和子系统以及它们的过去和将来，如图 2-6 所示。

采用高级多屏幕思维方法，当出现如图 2-6 所示的 9 个以上的屏幕时，你会对问题有一种身临其境的感觉。这意味着，当解决技术系统升级问题时，还要考虑反系统的 9 个屏幕。我们可以把反系统理解成一个功能与原先的工程系统刚好相反的技术系统。例如，为了改进铅笔的特性，我们不仅需要考察铅笔的多屏幕方案，而且还需要考察橡皮的多屏幕方案。这种方法获得的信息，有助于发现更加有效的问题解决方案。

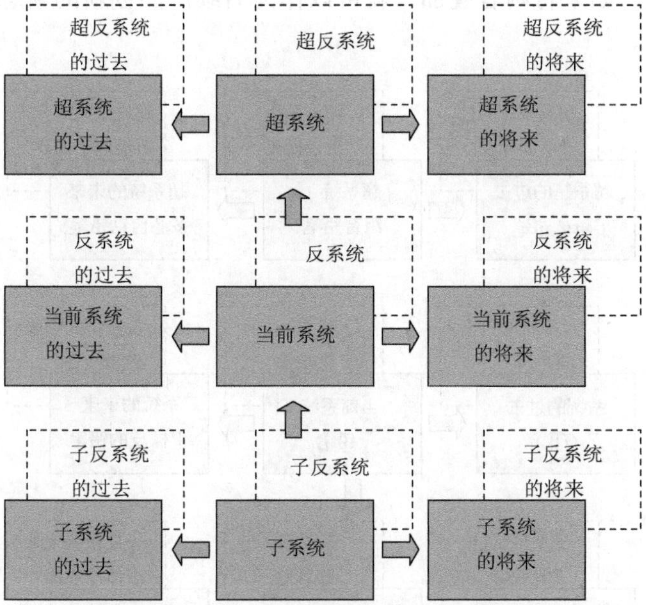

图 2-6　系统思维的高级多屏幕方法

【案例 2-2】

橡皮头与铅笔

有一个美国画家，他的家境很贫寒，经常是铅笔用到了很短也舍不得扔，橡皮用到了很小也舍不得扔。一天，他在认真画一幅画，沉浸其中。但是当他发现画面上有错误要修改时，却找不到那块小小的橡皮。等他好不容易找到了橡皮，却又不知道那一小截铅笔扔到哪里去了。为了避免再出现这种麻烦，画家想来想去，用一根线将橡皮头与铅笔联起来。

这种方式被画家的一个朋友看见了，于是又想出更好的办法：用铁皮将橡皮固定在铅笔的顶端。这种橡皮与铅笔合一的方法，后来被申请了专利。这项专利每年带给画家和他的朋友 50 万美元的专利费。

我们可以采用高级多屏幕法，对铅笔与橡皮这样一对“写字”与“消字”的工具，进行系统与反系统的分析，如图 2-7 所示。

图中分析结果显示，在“子系统的将来”里有液体铅笔芯，这体现了圆珠笔的基本书写原理；而在“子反系统将来”里有液体橡皮擦，这又体现了消字水的基本原理。如果将两者叠加，就可以作为后续产品创新的新思路——带消字功能的圆珠笔。

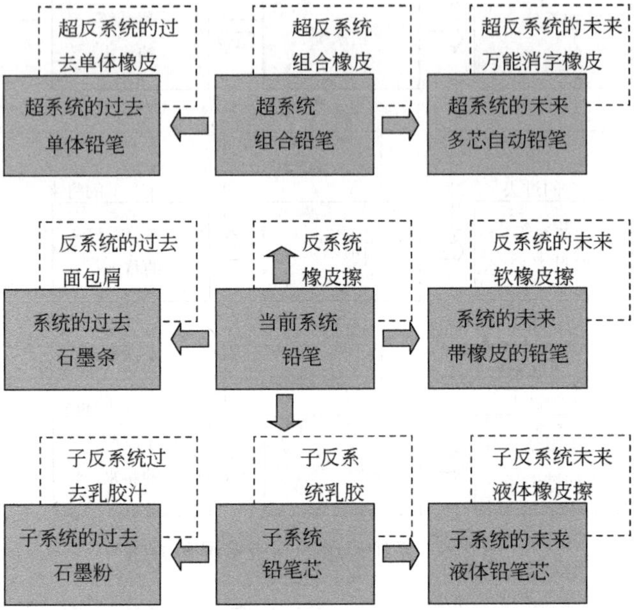

图 2-7　系统思维的多屏幕方法——铅笔和其反系统橡皮

在创新思维中，平常加平常可以等于不平常。关键在于，平常的叠加产生了不平常的功能。橡皮头和铅笔都是司空见惯的日常用品，但将两者结合起来，就产生了一个广受欢迎的新产品。善于创新者绝不会对常见的东西熟视无睹，而是把这些东西，作为自己创新的起点和条件。

第二节　尺寸－时间－成本分析（STC 算子）

从物体的尺寸（size）、时间（time）、成本（cost）三个方面来做六个智力测试，重新思考问题，以打破固有的对物体的尺寸、时间和成本的认识，称为 STC 算子。它是一种让我们的大脑进行有规律的、多维度思维的发散方法。它比一般的发散思维和头脑风暴，能更快地得到我们想要的结果。

例如，使用活梯来采摘苹果的常规方法，劳动量是相当大的。如何让这个活动变得更加方便、快捷和省力呢？

为了解决这个问题，我们可以使用 STC 算子方法，从尺寸、时间和成本这三个角度来考虑问题。事实上，这三个角度为我们的思考提供了一种思维的坐标系，使问题变得容易解决。这一坐标系具有很强的普示意义，可以在其他很多问题的解决中灵活运用。

如图 2-8 所示，在这种思维的坐标轴系统中，我们可以沿着尺寸、时间、成本三个方向来做六个维度的发散思维尝试。

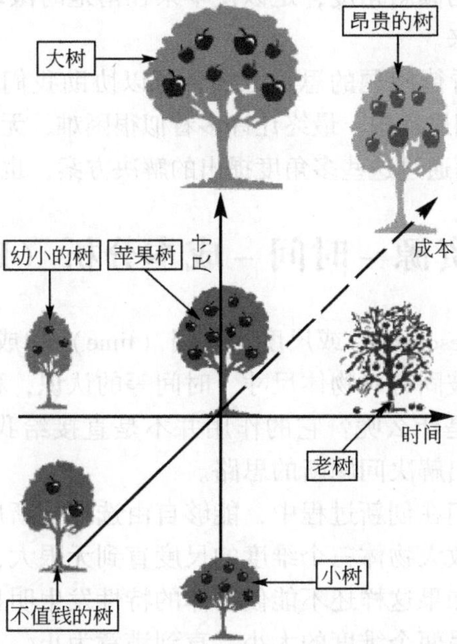

图 2-8 按尺寸 – 时间 – 成本坐标显示的苹果树

1）假设苹果树的尺寸趋于零高度。在这种情况下，不需要活梯的。那么，第一种解决方案，就是种植低矮的苹果树。

2）假设苹果树的尺寸趋于无穷高。在折中情况下，我们可以建造通向苹果树顶部的道路和桥梁。将这种方法转移到常规尺寸的苹果树上，就可以得出一个解决方案：将苹果树的树冠，变成可以用来摸到苹果的形状，比如带有梯子的形状。这样，梯子形的树冠就可以代替活梯，让人们方便地采摘苹果。

3）假设收获的成本费用必须是不花钱，即花费的钱为零。那么，最廉价的收获方法，就是摇晃苹果树。

4）如果收获的成本费用可以允许为无穷大，而没有任何限制，就可以使用昂贵的设备来完成这个任务。这种情况下的解决方案，就可以是发明一台带有电子视觉系统和机械手控制器的智能型摘果机。

5）如果要求收获的时间趋于零，即必须使所有的苹果在同一个时间落地。这是可以做到的，例如，我们可以借助于轻微爆破或者压缩空气喷射。

6）假设收获时间是不受限制的。在这种情况下，不必去采摘苹果，而是任由其自由掉落而保持完好无损既可。为此，只需在果树下放置一层软膜，以防止苹果落下时摔伤就可以了。当然，也可以在果树下铺设草坪或松散土层。如果让果园的地面具有一定的倾斜角度，足以使苹果在落地时滚动，则苹果还会在斜坡的末端自动地集中起来。

总之，多角度地看待问题的思维方式，可以协助我们的思维进行有规律的、多维度的发散而并非胡思乱想，最终让许多看似很困难、无从下手的问题，变得非常简便，易于解决。而通过这些多角度提出的解决方案，也多是有效的创新方案。

第三节　资源 - 时间 - 成本分析（RTC 算子）

从物体的资源（resource）或尺度、时间（time）和成本（cost）三个方面，重新思考问题，以打破固有对物体尺寸、时间等的认识，称为 RTC 算子。

RTC 算子的作用是什么呢？它的作用并不是直接给我们提供解决问题的方案，而是帮助我们找出解决问题新的思路。

资源是指可供我们在创新过程中，能够自由选择创新尺度的一个空间，在这个空间里，人们同时放大物体三个维度的尺度直到无限大，或缩小物体的三个维度的尺度可小到零。如果这样还不能使物体的特性发生明显变化，就先固定一个维度的大小，而改变另两个维度的大小，直到满意为止。

时间是指逐步增加或减少物体完成功能过程的长短。

成本是指增加或减少物体本身功能所需的成本，以及物体完成主要功能所需辅助操作的成本。

执行 RTC 的过程如图 2-9 所示。

RTC 算子的操作，主要包括以下六个维度的思维尝试：

1）设想逐渐增大物体的尺度，使之自动超过真实物体的尺度，直至无穷大。

2）设想逐渐缩小物体的尺度，使之自动小于真实物体的尺度，直至为零。

在改变物体尺寸时，应注意到每个物体都有三个维度，即长度、宽度和高度。通常放大或缩小物体的尺寸，均在三个方向上同时进行。但如果这样改变尺寸，还不能使物体有明显的特性变化，就需要先固定一个维度，放大或缩小其他两个维度，来观察物体特性的显著变化。

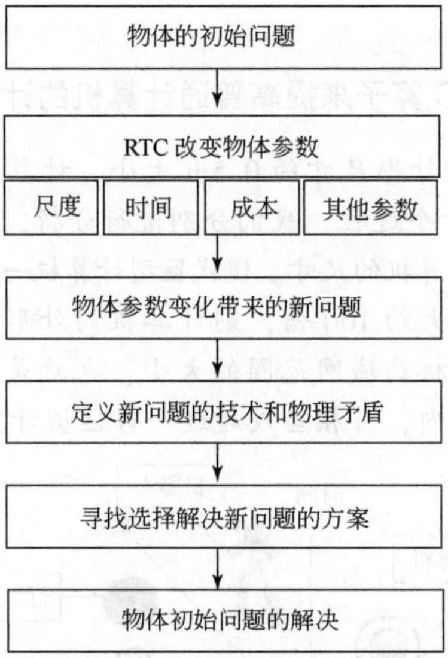

图 2-9 RTC 算子执行流程

3）设想逐渐增加物体作用的时间，使之自动超过真实物体作用的时间，直至无穷大。

4）设想逐渐减少物体作用的时间，使之自动少于真实物体作用的时间，直至为零。

一般将物体完成有用功能所需要的时间，理解为“时间”算子所指的时间。

5）设想增加物体的成本，使之自动超过现有物体的成本，直至无穷高的成本。

6）设想减少物体的成本，使之自动少于现有物体的成本，直至成本为零。

“成本”算子通常被理解为，不仅包括物体本身的成本，也包括物体完成主要功能所需各项辅助操作的成本。

应用 RTC 算子，需遵循下述原则：

1）不得改变初始问题。

2）上述六个过程需要全部进行，直至获得一种变化了的新特性。每个过程需要分阶段进行。在每个阶段，必须多次改变物体的参数，来观察和分析每一次改变所引起的物体特性变化。

3）必须完成各参数所有阶段的变更，不能因为中间找到了一个答案就停止，直到最后都要一直不断地反复比较。

4）可将物体分成几个单独的子部分，也可组合几个相似物体来进行分析。

【案例 2-3】

用 RTC 算子来提高普通计算机的计算性能

目前普通计算机的外形尺寸约 0.5m 大小，计算速度在 2G Hz 左右。现按照上述 RTC 方法的六个过程，我们分别进行分析，结果如图 2-10 所示。

1）设想增大普通计算机的尺寸。现代巨型计算机一般外形尺寸为 10m 左右。先将普通计算机放大约 100 倍，则计算机的外形尺寸变为数百米或近千米大小。这相当于计算机局域网范围的大小，也就是等于将数台计算机的计算能力，综合到一个网内，可相当或超过一台巨型计算机的计算能力。

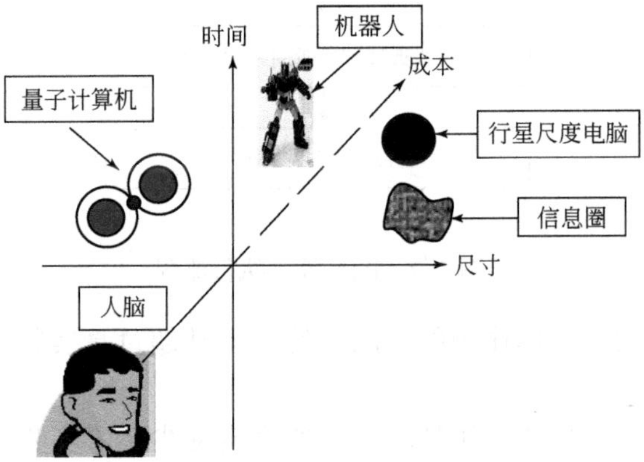

图 2-10 应用 RTC 改进计算机性能

接着，计算机尺寸再被放大 1000 倍，此时计算机为数百千米或近 1000 千米大。然后再继续放大 100 倍，则计算机的尺寸相当于全球因特网的大小和能力。

但根据 RTC 的执行原则，我们还要继续增大计算机的尺寸，直至无穷大。此时的“计算机”，就不仅仅要包括人类制造的机器，还要包括天然的“计算机”，即人的大脑等组成的、地球上所有能进行计算的机器。

2）设想减小普通计算机的尺度。假设我们已经将普通计算机缩小到 1mm 大，就是目前正在研究的“智能灰尘”那样大小。但我们还要继续把它的尺寸缩小 10 倍。这时，计算机变成了一根可缝进衣服或嵌入人体的、可获取信息的“智能细线”。如果继续缩小计算机的尺寸，直至无穷小，即出现了量子计算机的概念。

3）设想提高计算机作用（计算）的速度至 100kMHz、1000kMHz。这样的速度可以高精确度、实时计算复杂的场景或过程。

4）设想降低计算机作用（计算）的速度至10Hz，这相当于人的大脑的计算速度。但我们还要继续降低速度，直至趋于零。

5）设想增加计算机的造价。目前，一台巨型计算机的造价约为1亿美元。如增大至10万亿美元制造一台计算机及其软件，人们便可解决世界上各国的经济和政治问题。故此，它被称为“地球的电脑”。

6）设想降低计算机的造价。低至1美分的计算机，只能作为智能房屋的一块砖。再继续降低造价，直至趋于零，就是目前正在研究的先进的量子计算机的概念。

其实，人脑是外形尺寸最小、运算耗时最少、维护成本最低的“计算机”。

第四节 金鱼法

金鱼法是一个反复迭代的分解过程。金鱼法的本质，是将幻想的、不现实的问题求解构想，变为可行的解决方案。它的解决流程如图2-11所示。

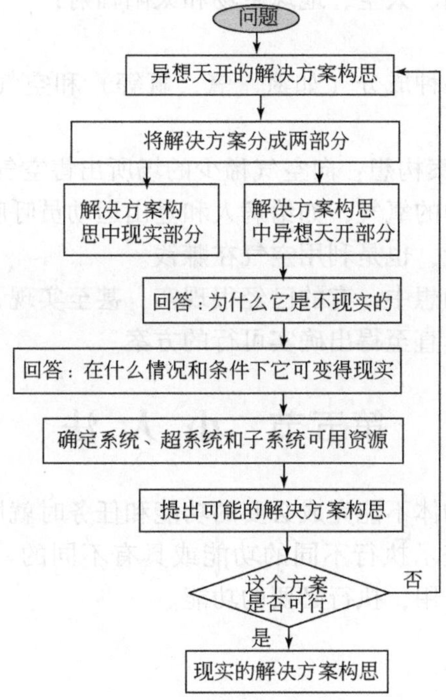

图2-11 金鱼法流程

具体做法是先将幻想的问题构思，分解为现实构思和幻想构思两部分；再利用系统资源，找出幻想构思可以变成现实构思的条件，并提出可能的解决方案。如果方案不可行，再将幻想构思部分进一步分解为现实的和幻想的两种。这样反复进行，直至得到完全的、能实现的解决方案。

现以“用空气赚钱”为例，解释一下运用金鱼法解决问题的过程。“用空气赚钱”看着很像是一个不切实际的想法。

1）首先将问题分解为现实部分和不现实部分。

现实部分：空气、钱、赚钱的想法；

不现实部分：买卖空气。

2）回答为什么买卖空气是不现实的？因为，空气存在于整个地球上，处处都有、取之不尽，人们似乎不必花钱去买空气。

3）回答在什么条件下人们要买卖空气？当空气的数量不够时，如飞机上、潜艇中、矿井里、深水中、高山上等；以及当空气中存在有益成分、可特别收集时，如某环境的芳香空气或者富含负离子的空气。

4）确定系统、超系统和子系统的可用资源。

超系统：地球表面、太空、地球磁场和太阳辐射；

系统：空气体积；

子系统：空气的各种成分（如氮、氧、氩等）和空气中的杂质（如微小灰尘及生物颗粒等）。

5）可能的解决方案构想：向空气稀少的场所出售空气，如水下、矿井里；

收集并出售空气中的氧气，如给病人和登山运动员呼吸使用；

出售空气净化装置，也是利用空气在赚钱。

在这些解决方案构想中，有的已经很现实，甚至实现了商业化；有的还可以继续细化，即再分解，直至得出确实可行的方案。

第五节　小 人 法

当系统内的部分物体不能完成必要的功能和任务时就用多个小人分别代表这些物体。而不同小人表示执行不同的功能或具有不同的矛盾；重新组合这些小人，使它们能够发挥作用，执行必要的功能。

【案例 2-4】

快速检测集装箱是否藏匿核原料

为防止走私核原料，海关在检查集装箱时会产生问题：一方面要快速准确地检查大面积集装箱内是否有核原料，但这往往需要较长时间；另一方面又不能占用很长时间检查每一个集装箱车辆，因为这会影响车辆通过海关的能力。

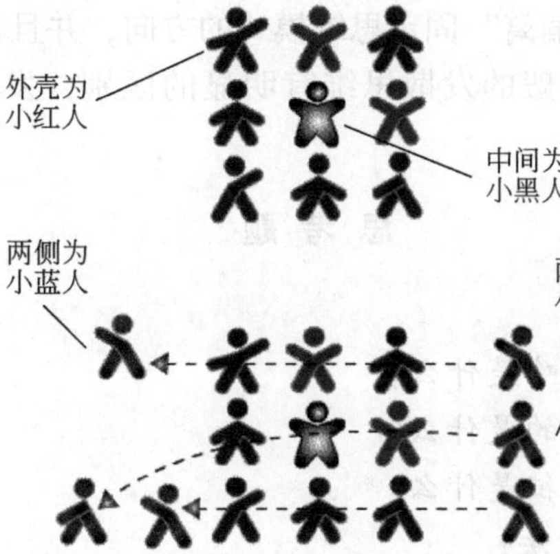

图 2-12　用小人法检测集装箱

现在借助小人法来模拟这个矛盾，如图 2-12 所示。将系统用多个小人表示执行不同的功能，然后重新组合这些小人，使小人发挥作用，解决矛盾。假设核原料是小黑人，集装箱外壳是小红人，当然小红人要比小黑人多许多，即用多个小红人分布在小黑人的周围。这里使用一种检测仪器或材料，假设为小蓝人。希望小蓝人穿过小红人与穿过小黑人时具有明显的不同特性，这样就可方便、快速地检测出小黑人，即核原料的存在。例如可选择一种材料，即小蓝人，当它与小红人（材料已知）相遇时不会改变前进的方向，而与小黑人相遇时则改变前进方向。

实用中，可选择高能粒子 μ 介子作为小蓝人，因为 μ 介子在与核材料相撞时会偏离原前进方向，而与其他材料相遇时仍沿原方向前进。这样便可快速地探测出集装箱内是否有核原料。

第六节　消除思维定势的方法总结

思维定势，也称思维惯性，是指致使一个人在通常情形下形成寻常解决方案的保守方法。消除思维定势的方法帮助人们放弃因循守旧的思维，从更广阔和不同的角度看待问题。

基于 TRIZ 的创新思维方法，诸如系统思维的多屏幕方法、尺寸 – 时间 – 成本算子、资源 – 时间 – 成本算子、金鱼法、小人法等，可以有效地帮助人们快速跳出思维定势的圈子，及早“偏离”固定思维模式的方向，并且具有“新的眼光”。

TRIZ 的发散思维与一般的发散思维有明显的区别，发散思维必须遵循自然界的客观规律。

思 考 题

1. 什么是创新思维？
2. 思维定势对人的影响是什么？
3. 学习创新方法的目的是什么？
4. 创新思维的核心特征是什么？
5. 什么是 STC 算子方法？
6. 什么是系统思维的多屏幕法？
7. 什么是金鱼法？
8. 什么是小人法？
9. 请用多屏幕法，来揭示魔术师变纸牌的秘密。魔术师将一副纸牌随意洗牌后，他不看纸牌的图案面，却能准确地说出纸牌的图案。
10. 如何安全地测量一条毒蛇的长度？条件是既不能被蛇咬伤，也不能将毒蛇弄死。
11. 考虑如何设计一种杯子，在杯子倾倒的时候饮料不能洒出。要求使用小人法对杯子内装水的情况进行模拟，如图 2-13 所示。

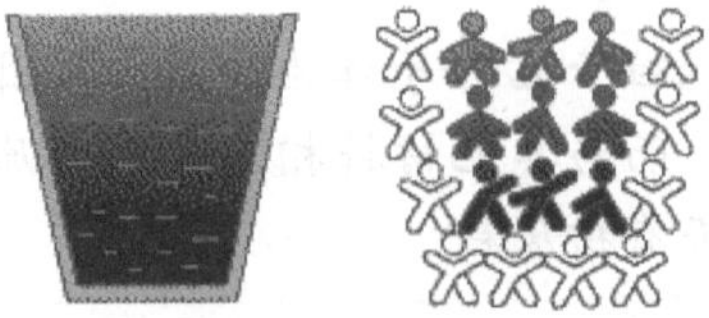

图 2-13　用小人法对玻璃杯内装水进行模拟

第三章　技术系统进化及其应用

第一节　技术系统

人们学习和运用 TRIZ 的过程，应当是一个循序渐进、逐步深入的漫长过程。人们学习和运用 TRIZ 的目的，首要的任务就是解决技术系统中存在的各种难题。可以说，技术系统是 TRIZ 里最重要的基础概念，TRIZ 里面所有的原理、法则、模型、矛盾、进化、理想度内容等都是围绕技术系统展开的。

一、技术系统定义

要想知道什么是技术系统，首先要明白什么是系统。人们对系统有很多不同的解释。按照《现代汉语词典》的说法，系统是指相关事物按一定的关系组成的整体。这里所说的相关事物，指构成系统的元件，以及完成系统功能的运作。因此，我们可以更加明确地把系统定义为元件与运作组成的功能团。不同的系统实现不同的功能，技术系统实现的是技术属性的功能。因此，技术系统定义为：由具有相互联系的元件与运作所组成的、以实现某种功能或职能的事物的集合。

需要指出的是，技术系统其中各元件有各自的特性，而它们的组合具有与元件不同的特性。例如，手机由键盘、机身、电池、芯片、显示屏等组成，具有无线通话的功能，而这些零部件中的任何一个都不具有这个特性。我们通常可以把一辆汽车，一本书，一个公司等看作是技术系统。

一个技术系统可以具有多个组成部分（如手机的键盘、机身、电池、芯片、显示屏）以实现多种不同的细分功能。我们把这些更细化的、可以实现各种更加基本的功能的组成部分，称为技术系统的子系统。子系统可以再予以进一步的细分，直到质子、分子、电子与原子的微观层次。

当然，我们也把技术系统之外的系统或者系统的组成部分定义为技术系统的超系统。超系统往往表述的是技术系统所隶属的外部环境。有时站在超系统的角度看待问题，会让问题变得更容易理解和更容易被解决。

技术系统是 TRIZ 中最重要、最基本的概念之一。在第一章 TRIZ 的基本理论体系中所提到的解决矛盾、求解物质 – 场的标准解、分析资源、实现理想化、预测进化结果等，都是以技术系统为基础来实现的。因为解决矛盾，就是解决技术系统中的矛盾；求解物质 – 场的标准解，就是求解最小且可控的技术系统；分析资源，就是分析技术系统内部和外部的资源；实现理想化，就是实现技术系统的理想化；预测进化结果，就是预测技术系统的进化结果。

可以说 TRIZ 的一切功能与作用，都是围绕技术系统展开的。

以下如果不特别说明，我们所说的系统，都是指技术系统。

例如，在图 3-1 中，如果将漫画中的人物定义为技术系统，则该人物的头发、身上的衣物等都是技术系统的子系统；而由“TRIZ”字母所组成的大门、地面、空气等则是该人物的超系统。

图 3-1　技术系统图解

系统、子系统、超系统是相对而言的。例如，键盘可以是手机的一个子系统，但是当我们以键盘作为一个技术系统来考察时，键盘以外的机身、显示器、无线信号乃至空气和建筑物等，就成为键盘的超系统，而键盘上的按键则是键盘的子系统。

【案例 3-1】

汽车

如果把一辆汽车作为一个技术系统，那么，轮胎、发动机、方向盘等是汽车的子系统。

如果把每辆汽车都作为整个交通系统的一个组成部分，那么，对于每辆汽车而言，交通系统就是汽车的超系统（图 2-1）。

【案例 3-2】

电冰箱

我们来分析电冰箱这一技术系统。显然，压缩机、散热板和拉门等，都是电冰箱的子系统；而电冰箱所处的环境，如房间和大气等，就可以称为电冰箱的超系统，如图 3-2 所示。

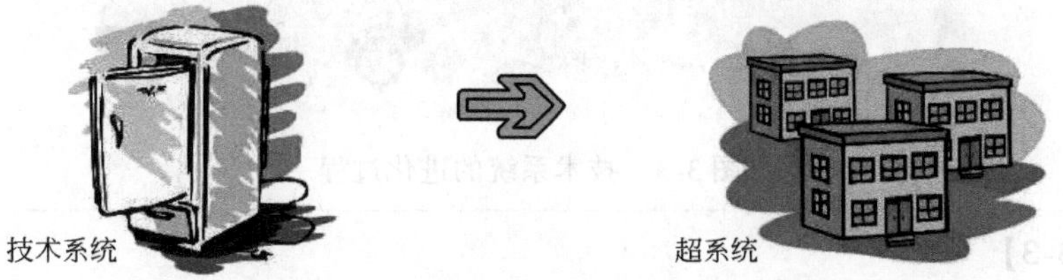

图 3-2　电冰箱的技术系统与超系统

二、技术系统的进化

阿奇舒勒在分析大量专利的过程中发现技术系统是在不断发展变化的，产品及其技术的发展总是遵循着一定的客观规律，而且同一条规律往往在不同的产品或技术领域被反复应用。即任何领域的产品改进、技术的变革过程，都是有规律可循的。这也是为什么不同国家的不同发明家在他们各自独立研究某一系统的技术进化问题时，能得出相同的结论的原因。

阿奇舒勒指出："技术系统的进化不是随机的，而是遵循一定的客观规律；同生物系统的进化类似，技术系统也面临着自然选择、优胜劣汰。"因此，如果人们能够掌握这些规律，就能能动地进行产品设计并预测产品的未来发展趋势。于是，阿奇舒勒和他的合作伙伴经过长期的研究，对技术系统的发展规律进行了总结和抽象，提出了技术系统进化理论，并将进化规律抽象为一些公理，以进化法则的形式进行表述，形成了著名的八大技术系统进化法则，构成 TRIZ 理论的核心内容之一。

所谓技术系统的进化，就是指实现技术系统功能的各项内容，从低级向高级变化的过程，如图 3-3 所示。对于一个具体的技术系统（如照明设备）来说，人们对其子系统或元件不断地进行改进，以提高整个系统的性能，这个不断改进的过程，就是技术系统的进化过程。

图 3-3　技术系统的进化过程

【案例 3-3】

电视机的进化

黑白电视机→彩色电视机（图 3-4）。

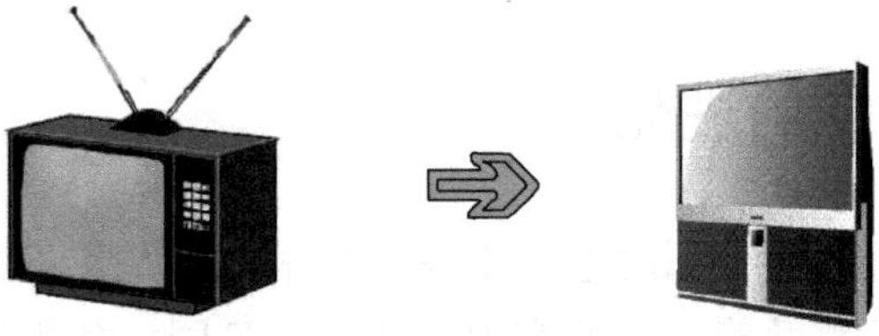

图 3-4　电视机的进化

【案例 3-4】

船的进化

木船→轮船（图 3-5）。

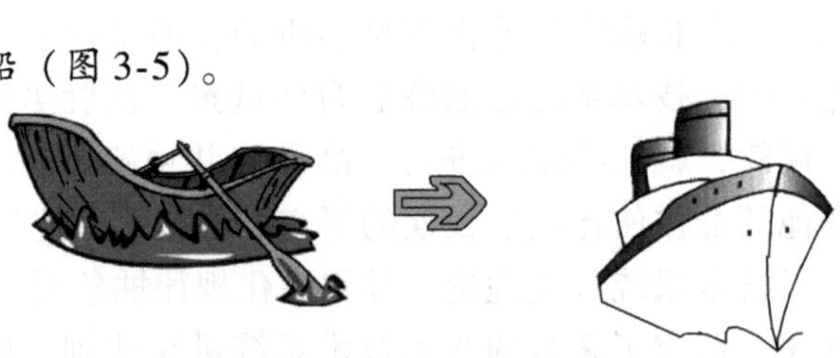

图 3-5　船的进化

【案例3-5】

加工方式的进化

手工操作→机器自动化（图3-6）。

图3-6　加工方式的进化

属于技术系统范畴的任何一种人工制造物（产品、工艺或技术），随着时间的变化，都在不断地向着更高级的方向发展和进化。在过程上，它们的进化都会经历相同的几个阶段，形成S－曲线；在模式上，它们都会遵循八个进化法则。

下面，我们首先利用S－曲线的概念来说明进化过程。

三、什么是S－曲线

每个技术系统的进化，都要经历如图3-7中S－曲线所示的四个阶段：婴儿期、成长期、成熟期、衰退期。S－曲线完整地描述了一个技术系统的生命周期。

因此，我们把S－曲线定义为完整地描述了一个技术系统中从孕育、成长、成熟到衰退的变化规律的曲线。更进一步地说，S－曲线描述的是一个技术系统中的诸项性能参数的发展变化规律，这些性能参数都会经历婴儿期、成长期、成熟期、衰退期这四个阶段。例如：在飞机这一技术系统中，飞机的速度、安全性等都是其重要的性能参数。

在S－曲线中，通常用横轴表示时间，纵轴表示系统的性能参数。

1. 婴儿期

这一阶段，新的技术系统刚刚诞生。虽然，它能提供一些前所未有的功能或技术性能的改进，但是系统本身还存在着效率低、可靠性差等一系列待解决的问题。同时，由于大多数人对系统的未来发展并没有什么信心，而缺乏对其人力和物力的投入。因此，在这一阶段系统的发展十分缓慢。

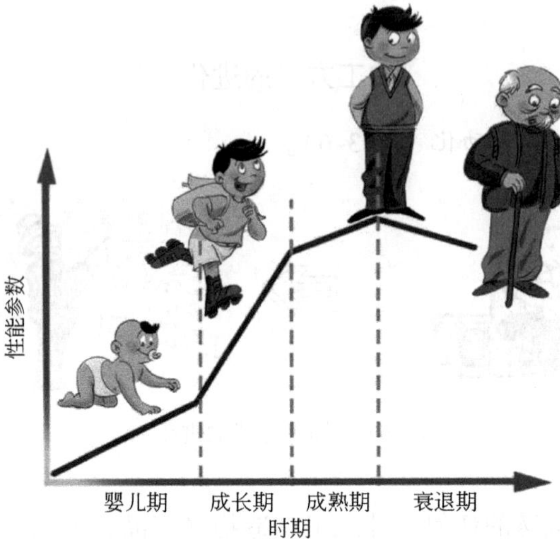

图 3-7　技术系统性能参数的 S－曲线

2. 成长期

在这一阶段，人类社会已经认识到新系统的价值和市场潜力，乐于为系统的发展投入较大量的人力、物力和财力。因此，系统中存在的各种问题，逐一被很好地解决，效率和性能都有很大程度地提高。由于技术系统的市场前景看好，能吸引更多的投资，则更加促进了系统的高速发展。

3. 成熟期

技术系统发展到这一阶段，由于大量人力和财力的不断投入，使其变得日趋完善，性能水平达到最高，所获的利润达到最大并有下降的趋势。实际上，此时大量投入所产生的研究成果，多是一些较低水平的系统优化和性能改进。

4. 衰退期

这一阶段，应用于技术系统的各项技术已经发展到极限，很难得到进一步的突破。该技术系统可能不再有更大的需求或者即将被新开发出来的技术系统所取代。此时，新的技术系统将开始其更加耀眼的生命周期，呈现在世人面前。

【案例 3-6】

汽车速度进化的 S – 曲线

在汽车这一技术系统中，汽车的速度、安全性等都是其重要的性能参数。以汽车的速度为例，我们可以得到如图 3-8 所表示的 S – 曲线。

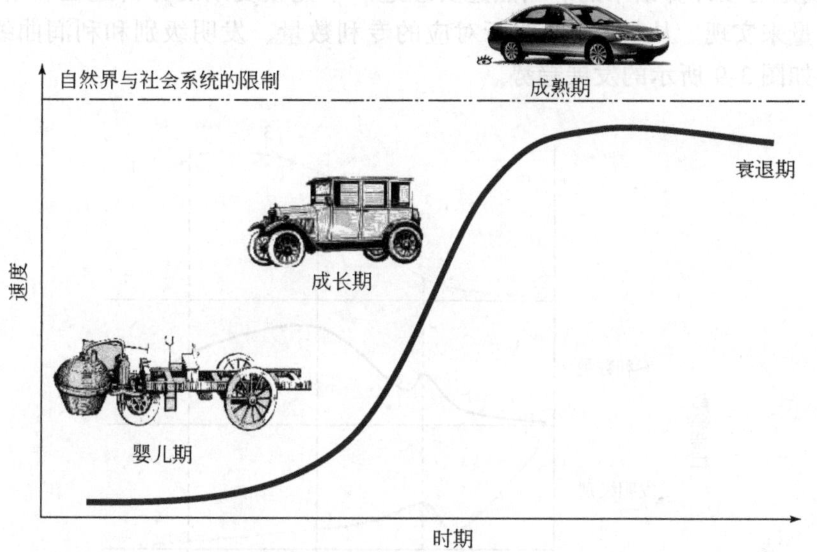

图 3-8　汽车速度进化的 S – 曲线

技术系统的产生，来源于社会的需求。任何新技术系统在最初阶段，是由个别的、有前瞻性的发明者首先意识到这种需求，成为“始作俑者”。新技术系统所带来的益处，可以满足人们的某种共同需求，因此，对新技术系统的需求将会逐渐演变成为社会的需求。在创造出第一个最低级但是有工作能力的技术系统时，原有的技术水平与社会需求之间的矛盾就得到了化解。然而，随着技术系统的发展，又会产生对它的新的要求，促使技术系统进一步发展。

由于在社会系统中存在一些诸如法规、标准等特殊的规定，并且在自然界中存在一些不可逾越的界限，因此技术系统的发展必须要受到一定的限制，即技术系统的扩展是有极限的。

从图 3-8 所示的 S – 曲线中可以看出，汽车“速度”的进化已经进入了成熟期，车速已经够快了，道路也足够好了，关键问题已经不是车能跑多快，而是出于安全的考虑，车速需要限制的问题。至此，汽车速度在发展上已经接近了一个发展极限。而汽车的其他很多参数，例如安全性、操控性等性能参数，则仍然处于成长期阶段，还有许多可以开发的余地。因此，现在汽车的安全系统、电子系统、环保指标等，就成了汽车研发的主攻方向。

根据针对某项产品性能参数的现有专利数量和发明级别等实际量化的信息，S－曲线是可以计算出来的。当然这要经过一个比较复杂的分析过程和十分巨大的工作量来实现。从与S－曲线所对应的专利数量、发明级别和利润曲线来看，呈现出如图3-9所示的发展趋势。

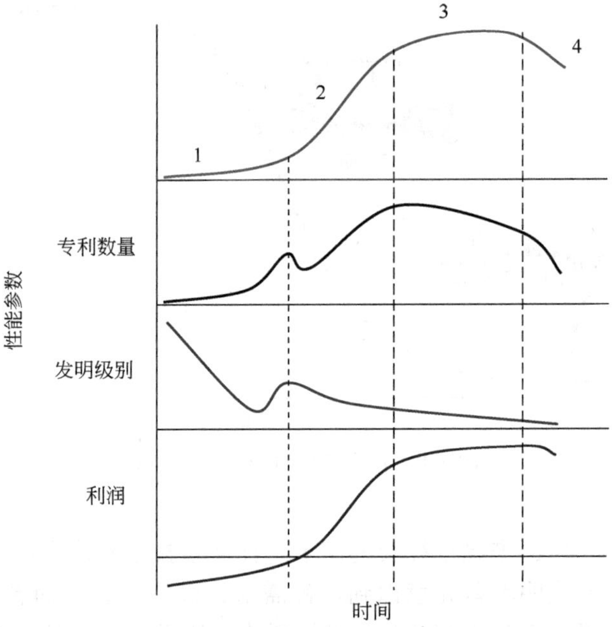

图3-9 S－曲线对应的专利数量、发明级别和利润曲线

四、S－曲线族

当一个技术系统进化到一定程度的时候（例如在第4阶段开始后），原有的研发极限被突破，必然会出现一个新的技术系统替代它，即现有技术替代了老技术，新技术又替代了现有技术，形成技术上的交替。例如，混合动力汽车将会取代燃油汽车，燃料电池汽车有可能在未来取代混合动力汽车，更进一步地，太阳能电动车将可能主宰未来汽车时代。每个新的技术系统也将会有一条更高阶段的

S－曲线产生。如此不断地替代，就形成了 S－曲线族，如图 3-10 所示。

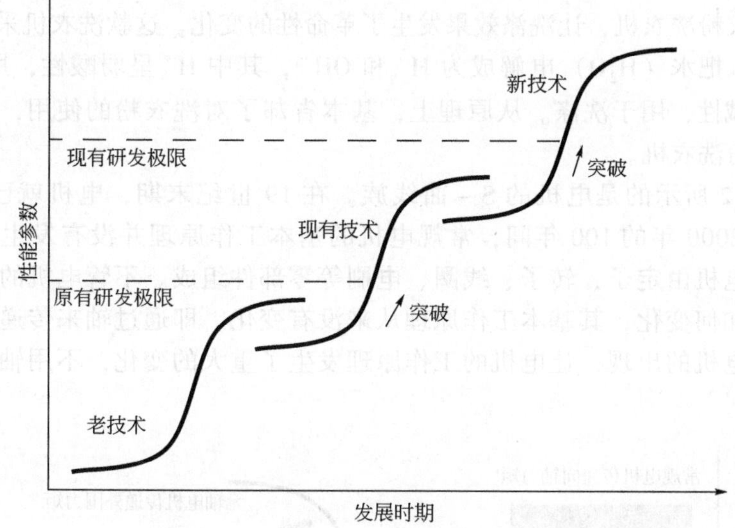

图 3-10　S－曲线族

图 3-11 所示的是洗衣机的 S－曲线族。根据前人预测，在 1997 年时，传统的洗衣机（波轮或滚筒转动＋洗衣粉）的洗涤效果已经达到了极限。在 2001 年

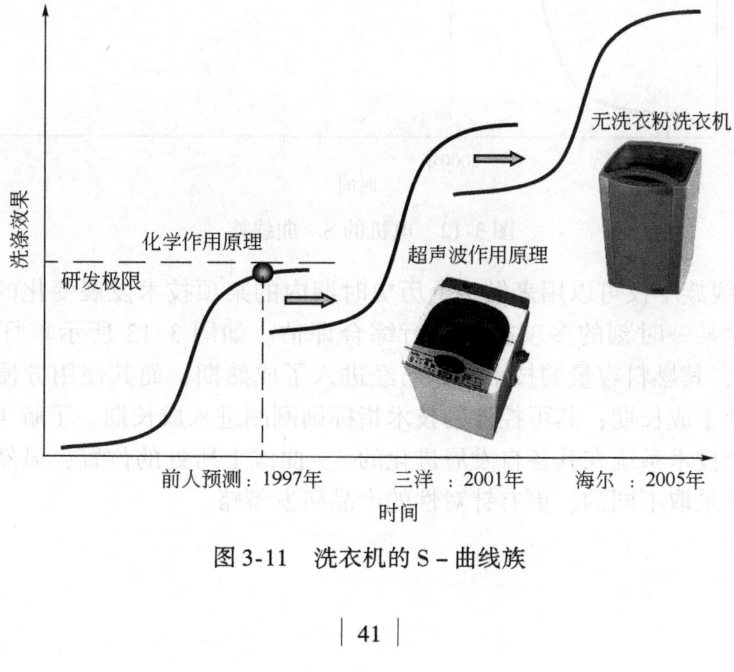

图 3-11　洗衣机的 S－曲线族

日本三洋公司推出了超声波洗衣机以后，利用超声波的微气泡“爆破”效应，可以清除衣物纤维内的污渍，洗涤效果明显增加。在 2005 年，中国海尔公司推出了无洗衣粉洗衣机，让洗涤效果发生了革命性的变化。这款洗衣机采用了新的洗涤原理：把水（H_2O）电解成为 H^+ 和 OH^-，其中 H^+ 呈弱酸性，用于杀菌；OH^- 呈弱碱性，用于洗涤。从原理上，基本省却了对洗衣粉的使用，因此被称为无洗衣粉洗衣机。

图 3-12 所示的是电机的 S－曲线族。在 19 世纪末期，电机就已经产生。在 1900～2000 年的 100 年间，常规电机的基本工作原理并没有发生重大的变化。常规电机由定子、转子、线圈、电刷等零部件组成。不管电机的尺寸、外形和功率如何变化，其基本工作原理从来没有变化，即通过轴来传递力矩。但是，无轴电机的出现，让电机的工作原理发生了重大的变化，不用轴也可以传递力矩。

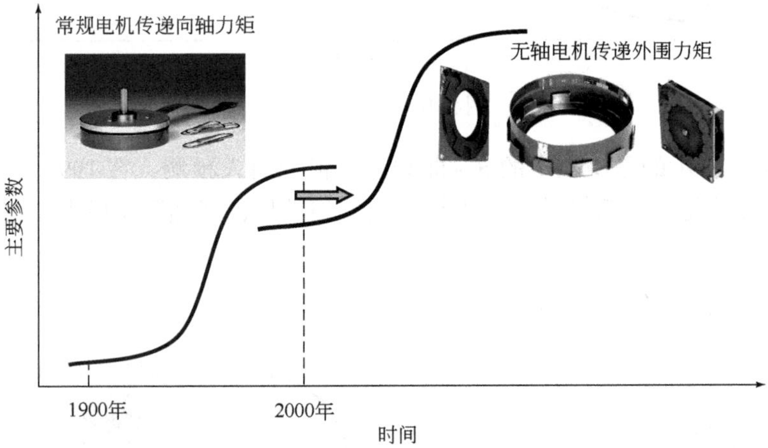

图 3-12　电机的 S－曲线族

S－曲线族不仅可以用来做一个历史时期内的某项技术发展变化的预测，也可以用来对某一时刻的多项技术进行综合评估。如图 3-13 所示草坪修剪机的 S－曲线族，其燃料容量的技术指标已经进入了成熟期；而其使用方便性上的技术指标还处于成长期；其可控性的技术指标则刚刚进入成长期。了解了草坪修剪机的这三个技术系统在其各自发展进化的 S－曲线上所处的位置，显然可以帮助技术决策者采取不同的、更有针对性的产品研发策略。

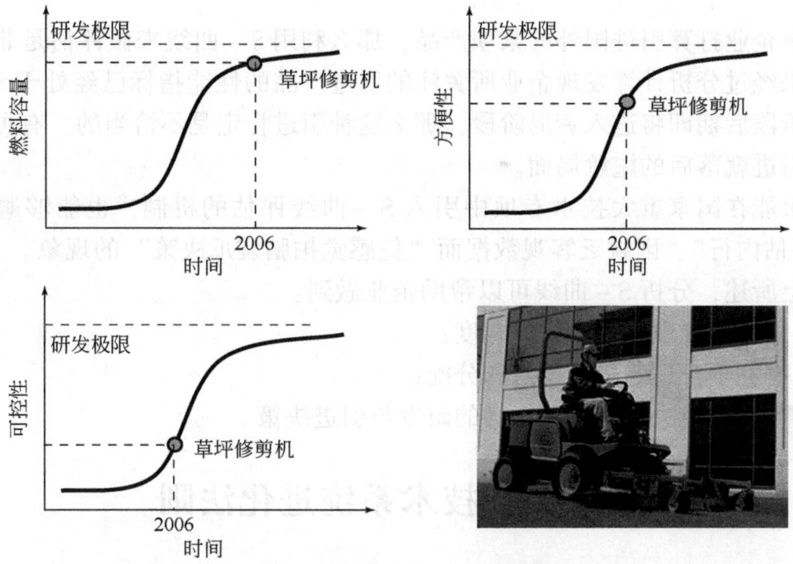

图 3-13　草坪修剪机的 S－曲线族

五、分析 S－曲线的作用

通过前面对 S－曲线的内容和相关案例的介绍，可以得出结论：分析S－曲线有助于了解技术系统的成熟度，辅助企业做出恰当的研发决策。

由于 S－曲线是可以根据现有专利数量和发明级别等信息计算出来的，因此 S－曲线比较客观地反映了产品进化的过程。

对于企业研发决策来说，值得注意的且具有指导意义的是 S－曲线上的拐点。假设某企业正在开发某个产品，在第一个拐点出现时，该企业应从对当前产品所做的原理实现的研究开始转入商品化开发，否则，该企业会被其他已经恰当转入商品化的同类企业甩在后面；当出现第二个拐点后，说明产品的技术已经进入成熟期，该企业因生产该类产品获取了丰厚的利润，但同时要继续研究和优化当前产品核心技术，并着手选择更新一代的核心技术，以便将来在适当的机会转入下一轮的竞争。

在成熟期，企业要有大量的研发投入。但如果技术已经相当成熟，推进技术更加成熟的投入已经不会取得明显的收益，与本项技术有关的专利数量已经趋于零，此时，企业应及时转入研究开发下一代核心技术，选择替代技术或新的核心技术。

如果企业打算引进国外的某项产品，那么利用 S－曲线来做评估是非常客观的，如果经过分析计算发现企业所关注的引进产品的性能指标已经处于 S－曲线的成熟阶段后期即将进入衰退阶段，那么这种引进肯定是不恰当的，有可能造成产品刚引进就落后的尴尬局面。

如果能在国家重大技术专项中引入 S－曲线评估的机制，也能够避免一些“外行评估内行”、因缺乏客观数据而“凭感觉拍脑袋瓜决策”的现象。

综上所述，分析 S－曲线可以帮助企业做到：

1）评估系统现有技术的成熟度；

2）有利于合理的研发投入和分配；

3）帮助企业决策者做出正确的研发与引进决策。

第二节　技术系统进化法则

技术系统进化法则的内容，主要体现了技术系统在实现其相应功能的过程中，技术系统改进和发展的趋势。在经典 TRIZ 中，有八大类的技术系统进化法则：

1）技术系统完备性法则；

2）技术系统能量传递法则；

3）技术系统动态性进化法则；

4）技术系统提高理想度法则；

5）技术系统子系统不均衡进化法则；

6）技术系统向超系统进化法则；

7）技术系统向微观级进化法则；

8）技术系统协调性进化法则。

运用这些法则，我们可以判断出当前研发的产品，处于技术系统进化模式中的哪个位置。然后，基于法则的提示，我们可以更好的预测出技术系统未来的发展方向。由于技术系统总是处于不断的发展与进化过程中，因而解决技术系统进化过程中存在的矛盾，是促使技术系统进化的推动力。

当然，与 TRIZ 中的其他理论内容相比，技术系统进化不算是非常成熟的理论，还有许多值得进一步研究和发展的地方。由于阿奇舒勒在 1998 年去世，对于技术系统进化的研究只能由阿奇舒勒的学生和其他研究者来继续完成。也正是因为如此，对于技术系统进化模式，在阿奇舒勒提出的进化模式的基础上，不同的 TRIZ 研究者提出了不同的体系和版本，造成了对技术系统进化模式表述的差异。

其实，这些不同的体系和版本在本质上是相同的，仅仅是在表述形式上有一定差异，还没有形成一个统一的版本。例如，经典 TRIZ 提出了八大进化法则，后来有学者提出了九大进化法则，也有学者把技术系统的 S－曲线作为一个进化法则，提出了 10 个进化法则等。笔者认为这是正常的，反映了学术界对 TRIZ 的关注，也反映了 TRIZ 在自身的发展演变中，还有许多值得探讨和需要不断完善的地方。

在多种对技术系统进化模式的表述中，最经典、最成功的还是以阿奇舒勒为首，联合了鲍里斯·兹罗廷（Boris Zlotin）、阿拉·祖斯曼（Alla Zusmann）和尤里·萨拉马托夫（Yuri Salamatov）等知名 TRIZ 专家（阿奇舒勒的学生和合作者）提出的技术系统进化理论体系。这也是本书所采用的，将在本章中重点予以介绍的内容。

一、技术系统完备性法则

技术系统完备性法则告诉我们，技术系统要实现某项功能的必要条件是，在整个技术系统中，一定要包含四个相互关联的基本子系统，即动力装置、传输装置、执行装置和控制装置。

从实现功能的角度来说，技术系统被划分为两类：改变物体参数的系统和测量物体参数的系统。其中，改变物体参数的系统，是执行技术系统；测量物体参数的系统，是测量技术系统。

最小执行技术系统的结构如图 3-14 所示。整个系统需要从能量源接收能量；

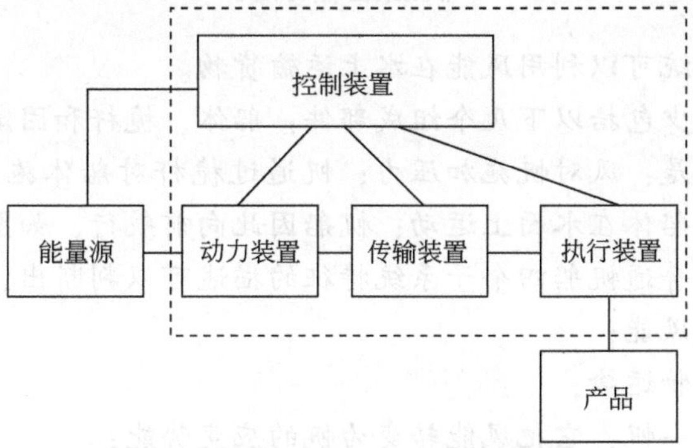

图 3-14　最小执行技术系统的结构

再由动力装置将能量转换成技术系统所需要的使用形式；传输装置将能量传输到执行装置，按照执行装置的特性进行调整，最终作用于产品上。考虑到技术系统和环境之间的相互作用，以及各子系统之间的相互作用，控制装置负责系统各部分之间的协同操作。为实现对系统的控制，它必须至少有一个部分是可控的。

最小测量技术系统的结构如图 3-15 所示。在测量系统中，能量从产品流向执行装置——传感器。传感器将来自产品的能量，转换成适合于在转换器中使用的形式，由传输装置传递到转换器；转换器将来自传感器的能量，转换成某种适合与相应标准进行比较和易于识别的形式，然后，比较结果作为测量结果，被送往控制装置；控制装置对技术系统的各个元件，产生控制作用。需要注意的是，系统测量的不仅是技术系统的产品，也有可能是技术系统的任何部分。

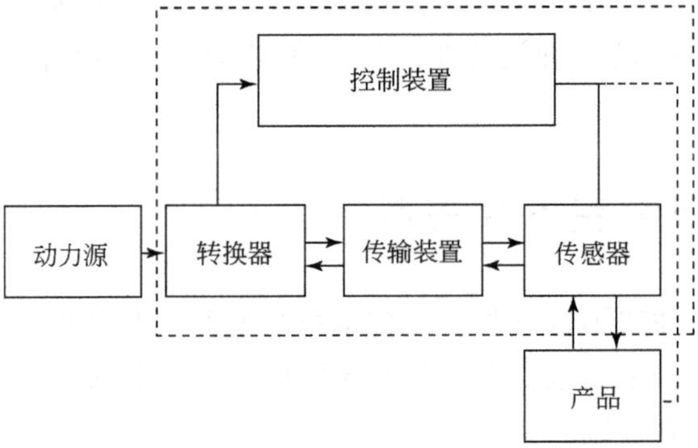

图 3-15　最小测量技术系统的结构

【案例 3-7】

帆船运输系统

帆船运输系统可以利用风能在水上运输货物。

普通帆船至少包括以下几个组成部件：船体、桅杆和固定在桅杆上的帆。帆船的工作原理是：风对帆施加压力；帆通过桅杆对船体施加作用力；由于作用力的结果，船体在水面上运动；帆船因此向前航行，如图 3-16 所示。

根据以上对普通帆船四个子系统特征的描述可以判断出，在这一系统中：

能量源——风能；

产品——货物运输；

动力装置——帆，它把风能转变为帆的应变势能；

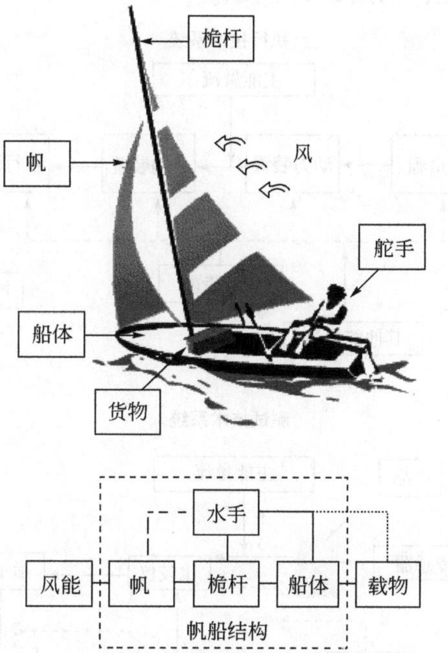

图 3-16　帆船的工作系统

传输装置——桅杆；

执行装置——船体；

控制装置——水手，他控制着帆和船的方向。

所以说，帆船运输系统，通过这几个子系统之间的相互作用，实现了最终水上运输货物的功能。

掌握“技术系统完备性法则”，基于该法则去分析技术系统，有助于我们在设计系统的时候，确定实现所需技术功能的方法，并达到节约资源的目的。因为，该法则可以帮助我们发现并消除整个系统中效率低下的某个子系统。

二、技术系统能量传递法则

技术系统能量传递法则告诉我们，技术系统实现其基本功能的必要条件之一是：能量能够从能量源流向技术系统的所有元件。如果技术系统的某个元件接收不到能量，它就不能产生效用。那么整个技术系统就不能执行其有用功能，或者所实现的有用功能不足，如图 3-17 所示。

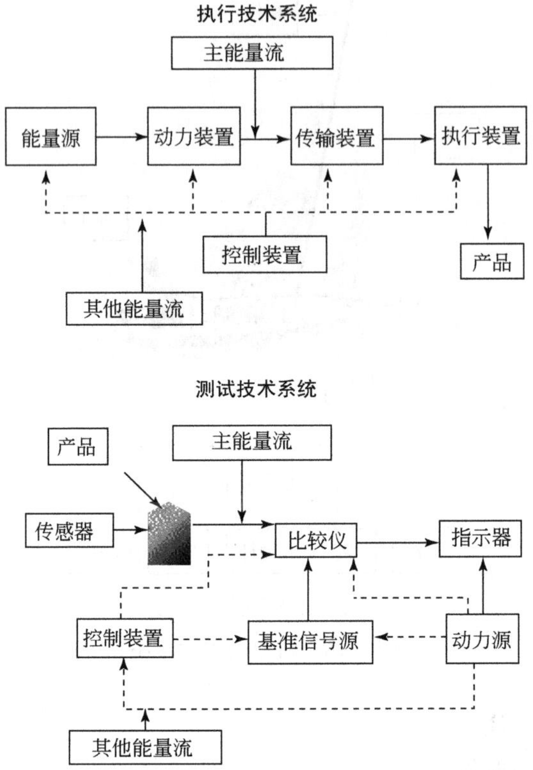

图 3-17　执行和测量技术系统中的能量流

另外，需要注意的一点是：要使技术系统的某元件具有可控性，必须在该元件和控制装置之间，提供能量传递的通路。

【案例 3-8】

汽车收音机的能量传递

汽车中的收音机在金属屏蔽的环境中无法接收到高质量的广播信号。尽管收音机的各个子系统工作都正常，但电台传导的能量源（作为系统的组成部分）传导不畅，使得整个汽车的收音机系统不能正常工作。如果在汽车外边加一根天线，问题就解决了，如图 3-18 所示。

图 3-18　执行和测量技术系统中的能量流

【案例 3-9】

超声波诊断的技术系统

超声波可用于人体内部器官产生疾病的检查和诊断，例如，检查肝、脾等器官的 B 超。诊断的过程可以这样描述：将 B 超诊断仪的传感器和接收机放置到患者受检查器官位置的皮肤上；传感器发射超声波，超声波穿过患者的皮肤和软组织到达受检器官；超声波被器官反射后，沿原路通过软组织和皮肤返回，由超声波接收机接收；最后，由诊断仪将接收到的超声波信号，转换成受检器官的可视图像。整个系统的能量传递过程，如图 3-19 所示。

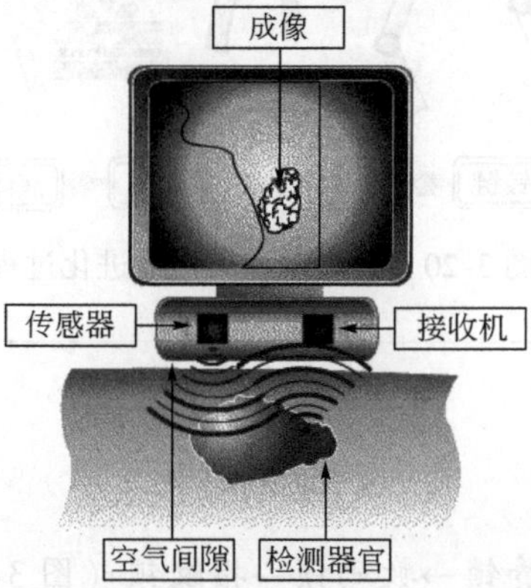

图 3-19　超声波诊断系统——能量传递

如果，超声波传感器和接收机不是紧压在患者的皮肤上，即在传感器表面、接收机表面与患者皮肤表面之间，存在有空气间隙，就会造成明显的图像失真。显然，这是由于能量传递路径中断而造成的结果。

为避免图像失真，医生要在患者皮肤表面涂一层黏稠液体，并将传感器和接收机紧紧地压在皮肤表面上。这样，可以有效地消除传感器表面、接收机表面和皮肤表面之间的空气间隙，使能量传递路径连续，减少不必要的能量损失。

学习了能量传递法则后，我们在设计和改进系统时，首先就要确保能量可以流向系统的各个元件；然后，通过缩短能量传递路径，以提高能量的传递效率。这样，使得系统的各个元件，都能为技术系统的正常工作提供最高的效率。

三、技术系统动态性进化法则

动态性进化法则提出以下几个方面的进化趋势：技术系统会向提高其柔性、可移动性和可控性的方向进化。

1. 提高柔性子法则

提高技术系统柔性的进化过程，技术系统将会从刚性体，逐步进化到单铰链、多铰链、柔性体、液体/气体，最终进化到场的状态，如图 3-20 所示。

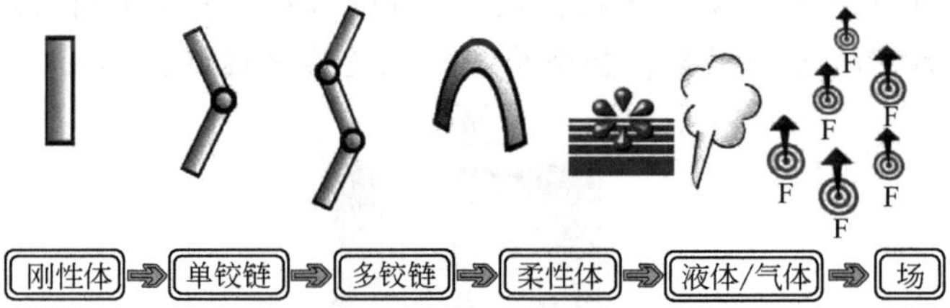

图 3-20　提高系统柔性的进化过程

【案例 3-10】

门锁的进化

挂锁→链条锁→弹簧锁→数码锁→指纹锁（图 3-21）。

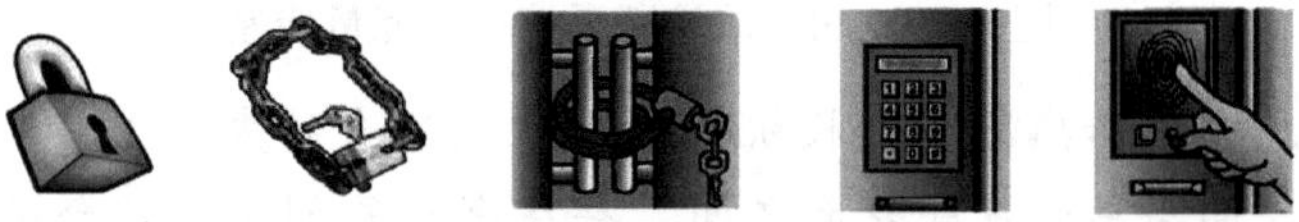

图 3-21　门锁的进化

【案例 3-11】

让汽车的安全气囊变得更柔

汽车的安全气囊由以下几个部分组成：气袋(纺织物袋)、气体发生器（称为充气器）和撞车传感器组成。当汽车撞到障碍物时，撞车传感器启动充气器；充气器产生的气体，使气囊迅速充气膨胀；充气后的气囊能够保护乘客，不会因撞到方向盘、挡风玻璃和前座椅等位置上而导致受伤。

早期装在车里的气囊，在车祸发生时的一瞬间就完成了全部充气动作，试图这样来保障司机和乘客的安全。然而，由于气囊充气太快，致使气囊没有一点儿缓冲余地，迅速地变得过于坚硬，反而伤及了乘客。所以，为了避免这种伤及司机和乘客情况的发生，气囊的坚硬过程必须能够自我调整。也就是说，气囊必须是一种具有“柔性”的气囊。那么，怎样来得到这种柔性呢？

有一个方案是这样的：气囊上带有一些小孔眼，通过设置这些小孔眼来使气囊自行调整它的坚硬程度，完成所需的保护过程。全部保护过程是这样的：在接收到碰撞信号后，充气器产生的气体充入气袋内。当气袋内的压力还未达到最大值时，惯性将乘客压到充气的气囊上。同时，气囊内的压力仍在继续升高。这时，气囊的坚硬度与气囊内的气压，成正比地增加。当气囊完全展平时，充气器停止充气。此时，气囊侧面（背对司机和乘客的那面）的孔眼打开。气体通过这些孔眼的排泄作用而少量向外流出。因为孔眼很小，气体流出的速度和流出的量并不会很大。而且，气体外流的速度与气囊内的压力成正比，随着气囊内气体的流出，流出速度会越来越慢。这样，就可以达到在乘客和气囊相互作用的过程中，气囊自行调整坚硬度的目的，从而有效地减轻了对乘客的伤害。自动调节气囊的结构如图 3-22 所示。

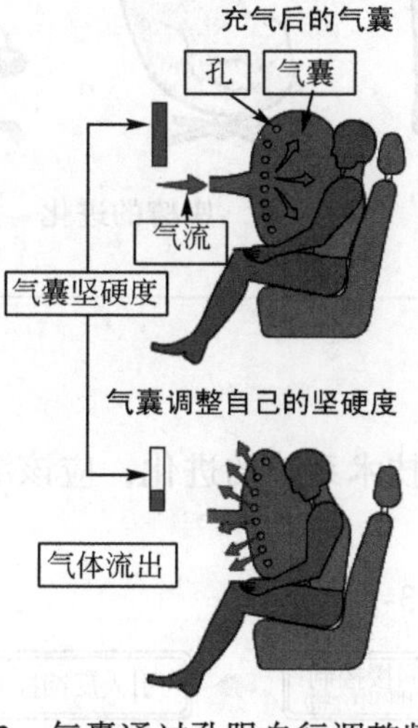

图 3-22　气囊通过孔眼自行调整坚硬度

2. 提高可移动性子法则

提高可移动性子法则指出，技术系统的进化，应该沿着技术系统整体可移动性增强的方向发展。这条法则是很容易理解的，在我们日常生活中，有很多这样的实例。

【案例 3-12】

清扫工具

扫帚→吸尘器→遥控清扫机（图 3-23）。

图 3-23 清扫工具的进化

【案例 3-13】

座椅

四腿椅→摇椅→转椅→滚轮椅（图 3-24）。

图 3-24 座椅的进化

3. 提高可控性法则

提高可控性法则指出，技术系统的进化，应该沿着增加系统内各部件可控性的方向发展。

可控性进化的过程如图 3-25 所示。

图 3-25 可控性进化的过程

在自我控制系统中，自动控制系统和各种物理、化学效应的应用，提供了自我可控性。反馈装置，是技术系统实现自我可控性的一个必要条件。

【案例 3-14】

路灯

分别开闭→总控开闭→自动感应开闭→自动感应开闭并自调亮度（图 3-26）。

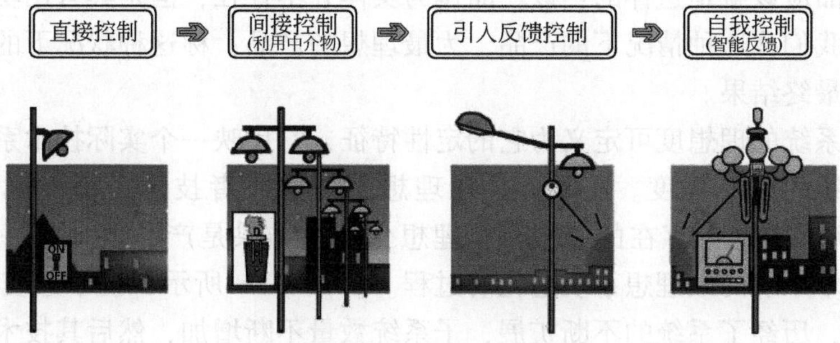

图 3-26　路灯的进化

直接控制——每个路灯都有开关，有专人负责定时分别开闭；

间接控制——用总电闸控制整条线路的路灯；

引入反馈控制——通过感应光亮度的装置，控制路灯的开闭；

自我控制——通过感应光亮度的装置，根据环境明暗自动开闭并调节亮度。

【案例 3-15】

照相机

手动调焦→通过按钮调焦→感应光线调焦→自动调焦（图 3-27）。

图 3-27　照相机的进化

四、技术系统提高理想度法则

技术系统提高理想度法则指出，技术系统朝着提高系统理想度的方向进化。那么，什么是理想度呢？通常我们采用如下的公式，来衡量产品的理想化程度。

理想度 = 所有有用功能 /(所有有害功能 + 成本)

我们知道，产品是某种有用功能实现的载体。那么，按照理想度的概念，最理想的产品应该就是这样的：该产品作为实体并不存在，但是其有用功能仍然能够实现。我们称这种情况下的产品，为最理想的产品；称这种状况下的设计方案为理想化最终结果。

技术系统的理想度可定义为它的定性特征，它反映一个实际技术系统对于一个理想系统的近似程度。实际上，最理想的产品或者技术系统（也称理想系统），在实际中是不存在的。但是，理想化最终结果是产品设计的一个努力方向，是技术系统向最理想系统进化的过程。如图 3-28 所示，技术系统 A 经过不断的发展，历经了系统的不断扩展，子系统数量不断增加，然后其技术系统、子系统、超系统进入了螺旋式发展（扩展）与收缩（修剪）的时期，最终结果是

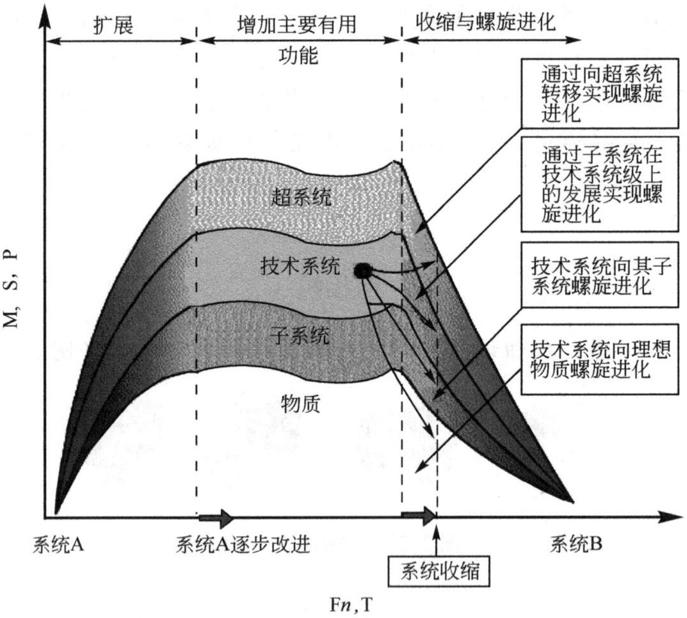

图 3-28　技术系统的一般进化过程

引入了“理想物质”来替代整个技术系统A，于是系统A收缩于系统B，完成了一轮提高理想度的进化过程。

“技术系统提高理想度法则”是所有其他进化法则的基础，可以看作是技术系统进化的最基本法则；而技术系统进化的其他法则，则揭示了提高技术系统理想度的具体方法。

理想化最终结果的广义概念表述是，技术系统某参数的改进，不会对系统的其他参数产生不利影响。明确问题的理想化最终结果，有可能引领问题的解决者得到最优的、有远见的问题解决方案。而且，“提高理想度法则”是TRIZ解决矛盾问题时的一个关键思想。首先，理想化最终结果意味着，在技术系统中，每件事情或功能必须仅仅花费系统内部已有的资源，自我实现；其次，在技术系统中，所需的操作，必须仅仅在必要的位置上和时间内进行。

技术系统的复杂化，不一定与提高理想度法则相矛盾。手机发展的例子就能说明这一点，如图3-29所示（M、S、P分别表示质量、尺寸和功率消耗）。

【案例3-16】

手机的发展

手机最早出现于1973年，当时预想依据用户频率分隔技术进行操作。这种电话重800克，只能执行一种功能，即提供话音通信。手机于1983年开始广泛使用，并于1994年开始由模拟手机转换成数字手机。

到2007年，一部手机的重量远远小于800g，并且能够执行的功能数量超过100个。

例如，功能包括：

—— 显示时间，日历；

—— 短信息业务，彩信业务；

—— 蓝牙：一种办公室移动通信标准，用于对能够使用同一标准的计算机和其他设备进行通信和控制；

—— 大容量通信簿或名片信息；

—— 任务与备忘录；

—— 记事本；

—— 内置计算器；

—— 发送或接收电子邮件；

—— 访问因特网获取信息（新闻、娱乐休闲、股票报价）；

—— 手机电子游戏；
—— 照相，录像；
—— MP3 播放器；
—— 电子地图信息系统；
—— GPS 导航系统；
—— PDF、Office 文件浏览器等。

因此，手机的功能数量已经从 1 个增加到 100 多个，与此同时，重量下降到不足原来的十分之一。

而且，可以观察到“袖珍计算机或私人秘书”技术系统因与手机组合而出现的相反扩展过程。这样的混合设备称为“个人智能通信器”或“智能电话”。计算机、图像显示终端和手机的功能将逐渐组合起来。与各自独立的元件相比，混合设备的总尺寸、质量和功率消耗更小。这样做的结果使整个系统理想度不断提高。智能电话的扩展将进一步进行，例如 MP4 播放器、移动电视、手机报纸、手机银行、手机远程家电操控器等。而且，手机的尺寸也将会变得越来越小（图 3-29）。

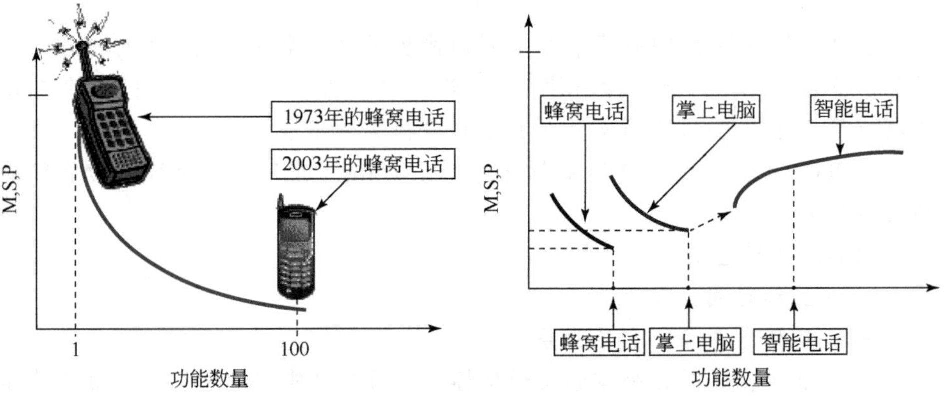

图 3-29　各代手机进化示意

五、技术系统子系统不均衡进化法则

技术系统子系统不均衡进化法则指出，任何技术系统各子系统的进化，都不是均衡一致的。这个法则，在技术系统发展和进化的各个阶段都适用。

我们知道，技术系统的每一个子系统以及每个组成元件都有自身的 S－曲线。不同的子系统/元件一般都是沿着自身的进化模式来演变。同样的，不同的系统元件达到自身固有的自然极限所需的次数是不同的。

很多时候，人们需要对技术系统的某一特定参数进行改进。这就要求实现这一参数的那个子系统要更加的完善。在这种情况下，这个子系统的进化，就会比其他的子系统要迅速。实际上，某个子系统的进化对其他子系统具有直接或间接的影响。发展到一定程度以后，首先达到自然极限的子系统就“抑制”了整个技术系统的发展，它将成为系统中最薄弱的环节（最不理想的子系统）。在这个（或这些）薄弱环节得到改进之前，整个系统的改进也将会受到限制。

如图 3-30 所示，技术系统由子系统 1 和子系统 2 组成，子系统 1 制约了系统的整体性能。当子系统 1 的 S－曲线跃迁到子系统 1′的时候，系统的整体性能（虚线）也就随之发生了跃迁。

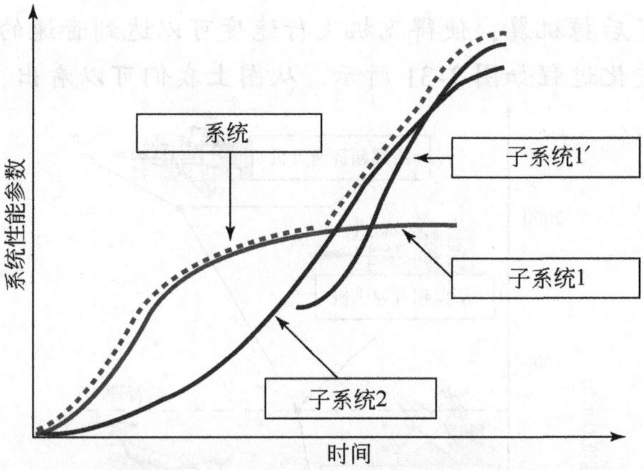

图 3-30　子系统不均衡进化法则

该法则提示我们，技术系统整体进化的速度，取决于该技术系统中最不理想子系统的进化速度。利用这一法则的知识，可以帮助设计人员，及时发现技术系统中不理想的子系统，并改进或以较先进的子系统替代这些不理想的子系统。从而，使我们能够以最小成本，实现对这一特定参数的改进。

【案例 3-17】

飞机的进化

飞机的主要性能参数之一，是它的飞行速度。在飞机发展的最早阶段，发动机功率很小。要使飞机能够飞起来，机翼面积必须很大。增加机翼的数量，可以做到这一点，所以，就有了双翼机、三翼机等。在第一次世界大战期间，飞机发动机的功率得到显著增长，飞机的飞行速度可以达到200km/h。但是，由于双翼飞机的飞行阻力很大，而且也造成了过大的燃油消耗，此时机翼的设计，限制了飞机速度的进一步提高。

改进机翼设计和使用强度更高的材料，使得机翼进化为单翼飞机设计。单翼飞机设计减小了飞机的飞行阻力。第二次世界大战结束时，飞机的飞行速度达到700～750km/h的极限。此时，活塞发动机已经达到它的极限，人们开始对发动机做进一步的改进，转向了功率更加强大的喷气式发动机。对于相同的机翼设计，喷气式发动机使飞机的飞行速度达到音速。

若要超过音速，现有的平直机翼设计不能达到该要求，需要从平直机翼转变到增加气动特性的改进机翼，于是得到了后掠机翼。后来，又有了三角机翼，它取代了后掠机翼，使得飞机飞行速度可以达到音速的2～3倍。

整个飞机进化过程如图3-31所示。从图上我们可以看出，在这一过程

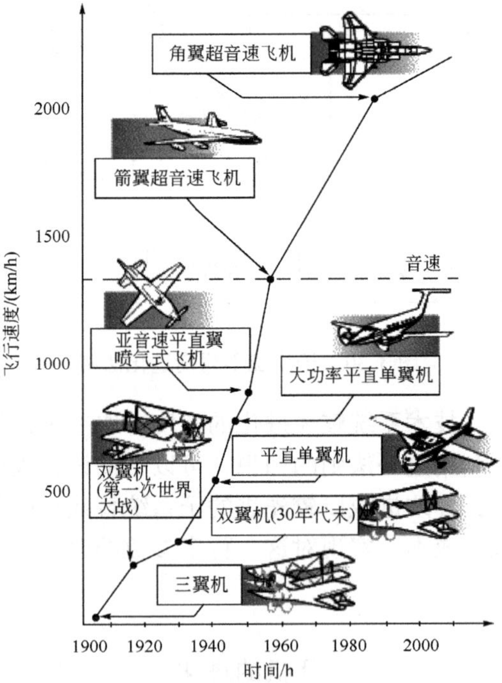

图3-31 飞机机翼和发动机的不均衡进化

中，飞机的机翼和发动机的进化并不均衡一致，而是交替发展的。当技术系统的某个子系统，阻碍了该技术系统性能进一步提高的时候，设计人员就需要对这一发展较慢的子系统进行改进了。

六、技术系统向超系统进化法则

我们首先回顾一下什么是超系统。所谓超系统，广义上讲，应该是超出这个系统之外的其他系统。技术系统在进化的过程中，可以和超系统的资源结合在一起，或者将原有技术系统中的某个子系统，分离到某个超系统中。这样，就能够使该子系统摆脱自身在进化过程中遇到的限制要求，让其更好地实现原来的功能。所以，向超系统进化有两种方式：一是使技术系统和超系统的资源组合；二是让系统的某子系统，被容纳到超系统中。向超系统进化的过程，可以发生在技术系统进化的任何阶段。技术系统向超系统进化法则是技术系统进化的一种方式。该法则与其他技术系统进化法则结合起来，很适用于预测技术系统的整体进化。

【案例 3-18】

飞机空中加油

为进行长距离飞行，一些飞机需要在飞行过程中完成加油任务。早期的飞机要携带一个笨重的副油箱，在飞行的过程中，利用这个副油箱来为飞机补充燃油。显然，这个副油箱是飞机的一个子系统。现在有了空中加油机，它在空中代替原来的副油箱为飞机执行加油任务。空中加油机，在本质上就是一个与飞机一起飞行着的“副油箱”。也就是说，现在副油箱被分离到一个超系统内。这样，飞机不需要再装载数百吨的燃油，随机携带的油量可以减到很少。因为它有了空中加油机来负责给受油飞机提供燃油，如图 3-32 所示。因此，下述物理矛盾得到解决：飞机的燃油量必须足够大，以完成长距离飞行；飞机的燃油量又必须小，以使飞机具有相对小的外形尺寸和尽量减少为运载过多的燃油而耗费燃油的麻烦。（物理矛盾的介绍见第六章）

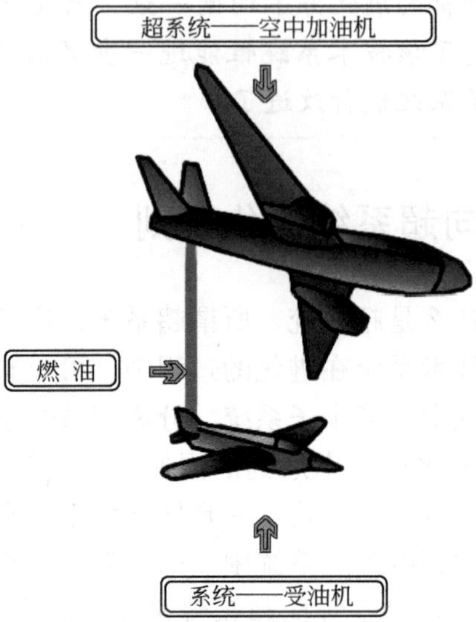

图 3-32　燃油箱分离到超系统内进行空中加油

七、技术系统向微观级进化法则

技术系统向微观级进化法则指出，技术系统及其子系统在进化发展过程中，向着减小它们尺寸的方向进化。技术系统的元件，倾向于达到原子和基本粒子的尺度。进化的终点，意味着技术系统的元件已经不作为实体存在，而是通过场来实现其必要的功能。

我们看出，动态性进化法则中的提高柔性子法则里面指出的那条技术系统进化路线，也是符合向微观级进化法则的，如图 3-33 所示。

【案例 3-19】

键盘的进化

目前，常见的键盘是人机工程键盘，是一个刚性整体，体积也比较大，携带很不方便。这种键盘在技术系统进化过程中的地位，对应于上述进化路线中的刚性阶段；在现实生活中，还有用铰链连接的、被分成两到三部分的折叠式键盘，这种键盘最大尺寸缩小了几倍，便携性也相应得到了提高。这种可以折叠的铰链式键盘，现已经被装备在美国海军陆战队中，很便于队员在行军中携带使用；另外，在市面上已经有完全柔性的、能被卷起来的键盘。这种键盘属于技术系统进化路线中的柔性体阶段；而液晶触摸屏，也可以作为输入设备代替传统的键盘，属于该技术系统进化路线中的液体阶段；在此之后，以色列的VKB公司设计出一款红外激光虚拟键盘，能将标准键盘投射到桌面等平面上，用户在这个平面上面就可以像使用物理键盘一样实现输入。当用户在虚拟键盘上键入字母或数字时，还能听到类似PDA或手机发出的模拟按键音。该款红外激光虚拟键盘，属于进化路线中的场的阶段。除此之外，我们还可以用声音场取代实体键盘完成输入。这样，不仅操作的方便性大大提高，而且即使是肢体有残疾的人，也可以很方便地操作电脑，如图3-33所示。

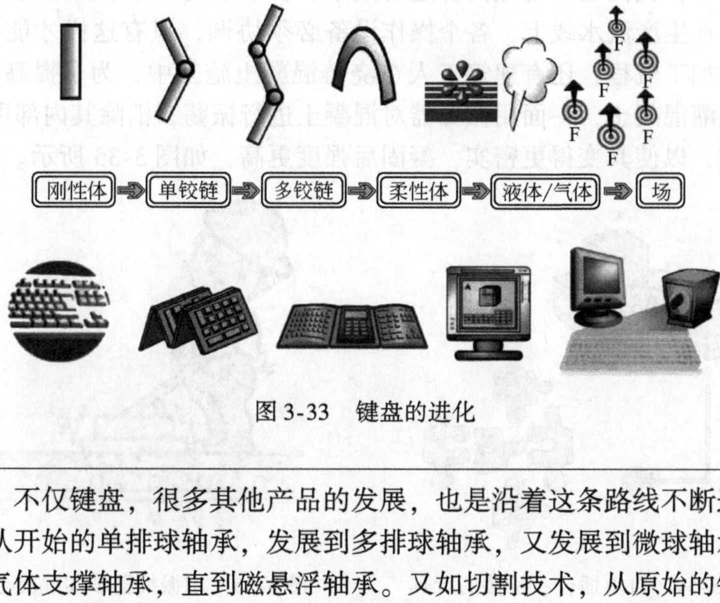

图3-33　键盘的进化

其实，不仅键盘，很多其他产品的发展，也是沿着这条路线不断进化。比如轴承，它从开始的单排球轴承，发展到多排球轴承，又发展到微球轴承，再发展到液体、气体支撑轴承，直到磁悬浮轴承。又如切割技术，从原始的锯条，发展到砂轮片，再发展到高压水射流，直到激光切割等。它们在本质上，基本都是沿着和键盘同样的演变路线不断发展。伴随着进化的过程，技术系统组件的体积和尺寸不断减小，所实现的功能也更加方便、有效。

八、技术系统协调性进化法则

技术系统协调性进化法则指出，技术系统向着其子系统各参数协调、系数参数与超系统各参数相协调的方向发展进化。进化到高级阶段的技术系统的特征是，子系统为充分发挥其功能，各参数之间要有目的地相互协调或反协调，能够实现动态调整和配合。

子系统各参数之间的协调，包括材料性质、几何结构和尺寸、质量上的相互协调。

例如，耳机与耳机插孔之间的协调；电话话机手柄的弧度与人脸形状的协调；汽车车门与车身的协调；由早期只能摞、搭接的积木玩具，进化到可以自由插合、拼接的玩具，这些就属于结构形状、尺寸上的协调，如图 3-34 所示。

在实际中，我们还经常碰到合适的频率、各子系统工作节奏上的相互协调。

例如，在生产流水线上，各个操作设备必须协调，只有这样才能相互配合，完成整个的加工流程；还有建筑工人在浇铸混凝土施工中，为了提高浇铸质量，总是一面浇灌混凝土，一面用振捣器对混凝土进行振荡，消除其内部可能产生的气泡和缝隙，以使其变得更密实，凝固后强度更高，如图 3-35 所示。

图 3-34　自由插合、拼接的玩具

图 3-35　用振捣器填实混凝土

【案例 3-20】

无线电频率的协调

当今有许多无线电台，每个无线电台都以特定频率发射自己的无线电信号。

用户必须能够将自己的收音机调谐到希望收听的无线电台的信号。用户必须能够收听所选电台的无线电节目，而且没有来自其他无线电台的噪声。为了满足这些要求，一部无线电收音机都有一个并联谐振电路，该电路由电感器和可调电容器组成，如图 3-36 所示。

当用户想调谐到无线电台 1 时，就转动可调电容器的旋钮；与此同时，并联谐波电路改变其谐振频率。当谐振频率与无线电台 1 的频率协调时，这部收音机就调谐到了这个电台。

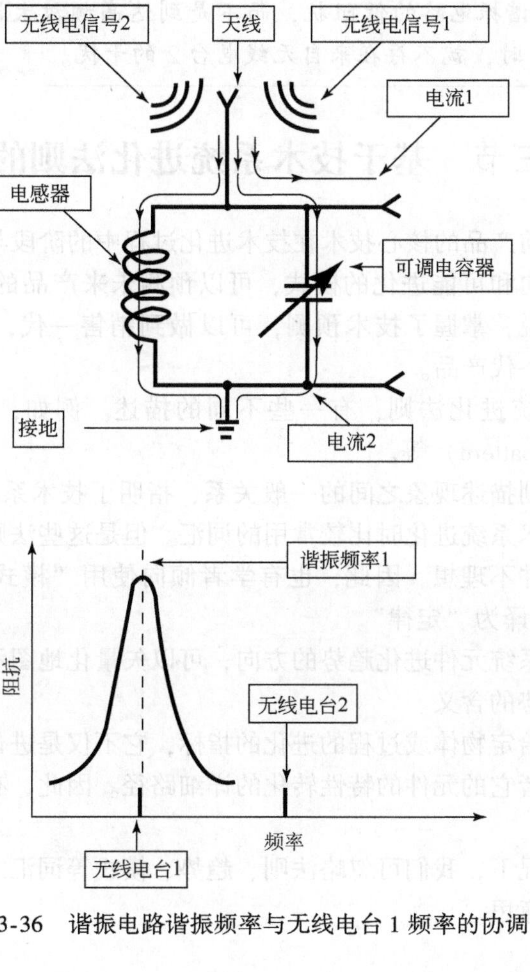

图 3-36　谐振电路谐振频率与无线电台 1 频率的协调

无线电台 1 和电台 2 的信号在天线中感应出相应的高频电流 1 和高频电流 2。电流有两个可能的路径：流向高频放大器，或通过并联谐振电路进入。

在调节到谐振频率时，并联谐波电路的阻抗很高。如果稍微偏移谐振频率，那么并联谐振电路的阻抗急剧减小。当并联谐振电路的谐振频率等于无线电台 1 的频率时，则并联谐振电路对电流 1 呈现高阻抗，而对电流 2 呈现低阻抗。

结果，电流 1 不流经并联谐振电路，而是进入高频放大器。相反，电流 2 易于通过并联谐振电路的低阻抗，而不是到达高频放大器。因此，当用户收听无线电台 1 时，就不存在来自无线电台 2 的干扰。

第三节　基于技术系统进化法则的预测

通过分析当前产品的核心技术在技术进化过程中的阶段与状态，分析产品今后可能的进化方向和可能进化的模式，可以预测未来产品的技术发展前景与水平。作为企业来说，掌握了技术预测，可以做到销售一代，生产一代，研发一代，同时预测新一代产品。

对于技术系统进化法则，有一些不同的描述。例如，法则（law），趋势（trend），模式（pattern）等。

法则——法则描述现象之间的一般关系，指明了技术系统进化的一般规律，是人们在研究技术系统进化时比较常用的词汇。但是这些法则作为工具来判断和预测进化的效果并不理想。因此，也有学者倾向使用“模式”一词，也有学者把法则（law）翻译为“定律”。

趋势描述了系统元件进化趋势的方向，可以矢量化地图示出来。法则往往也明示或隐含了趋势的含义。

模式是某些给定物体或过程的进化的指标，它不仅是进化的方向，也指示了一个技术系统或者它的元件的特性转化的详细路径。因此，有时模式显得比法则更具体一些。

在大多数情况下，我们可忽略法则、趋势、模式等词汇之间的差异，认为它们说的是同一个意思。

一、产品研发预测实例

【案例 3-21】

显示器进化预测

动态性法则进化表明，技术系统将会从刚性体，逐步进化到单铰链、多铰链、柔性体、液体/气体，最终进化到场的状态。

在韩国三星公司工作的俄罗斯 TP 公司的 TRIZ 专家，于 2001 年对显示器的未来发展做出了大胆的预测。他们认为，从显示器发展的历史来看，如果根据 TRIZ 的动态性进化法则来比对与衡量的话，显示器将从几十年前的不可移动的显示器，逐步进化到可移动的显示器、有一个圆铰接的显示器、有两个圆铰接的显示器、有球铰接的显示器，最终进化到与主机分离的显示器，如图 3-37 所示。

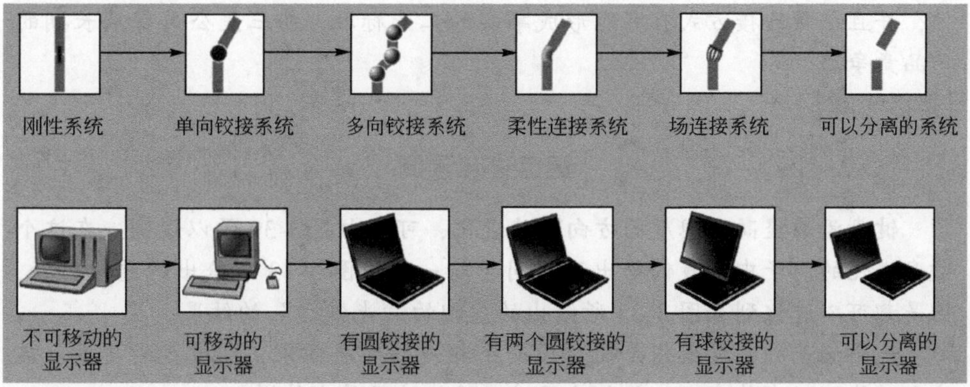

图 3-37　显示器的进化模式预测

这个新奇、大胆的产品研发预测给了三星公司的研发人员极大的鼓舞与启示。于是，三星公司 VIP 中心的研发人员全力投入了对分离式的显示器的研发。经过 4 年多不懈努力，预言变成了现实。三星公司终于在 2006 年将一款主机与显示器可以完全分离的 M70 计算机推向了市场，如图 3-38 所示。

M70 分离式显示器的优点是：无线（或有线）连接，移动拆卸方便，计算机所使用的显示器大小可以随意置换。

图 3-38　三星 M70 可拆卸屏幕笔记本电脑

这项由 TRIZ 指导做出高水平的发明而带来的专利技术，让三星公司在“主机与显示器完全分离，数据以无线方式连接”的技术处于了世界领先地位，并且这种连接方式有可能形成事实的工业标准，给三星公司带来长期的产品竞争力。

【案例 3-22】

键盘进化预测

键盘沿着提高理想度的方向螺旋进化，可以由图 3-39 予以说明。在这个键盘进化的例子中，我们给出了不同于前一节中图 3-33 所给出的进化路径，但是都可以进化到如图 3-33 所给出的虚拟的“光键盘”的结果。

这个例子的主要思想是要指出两个相反的发展需求，即键盘的质量、尺寸和功能消耗有待减小，但与此同时，功能的数量有待增加。

人体工程学键盘是办公室使用的标准类型。然而，这种类型的键盘不适合在家庭中使用。

三联键盘中三个可调和可互换的键盘面使得键盘的动态性大为提高。用户可以调整每一个键盘面，例如，从左手键盘换成右手键盘。分离键盘的各个模块允许用户减小击键所用的力，这对于用户来说是很重要的。

独立键盘进一步将键盘分割成了两个相互独立的部分，左右手各使用一个独立键盘。此时“键”已经开始“收缩”到“盘”中，但是系统仍然能准确识别手的击键部位。

键盘手镯是键盘这个技术系统进一步理想化（分化）的结果，逐步向着其子系统改进，此时不仅“键”不见了，变成了指环式的键传感器，而且“盘”也彻底改变了模样，成为手镯，接收传感器发出的跟踪指尖位置的信号。

高级键盘手镯是理想化的下一个阶段，键传感器经过改进后“融入”了手镯，成为手镯的“理想物质”。智能手镯透过传感器跟踪指尖的位置并适合指尖的压力，然后，软件解释数据，并重构键入的字母。

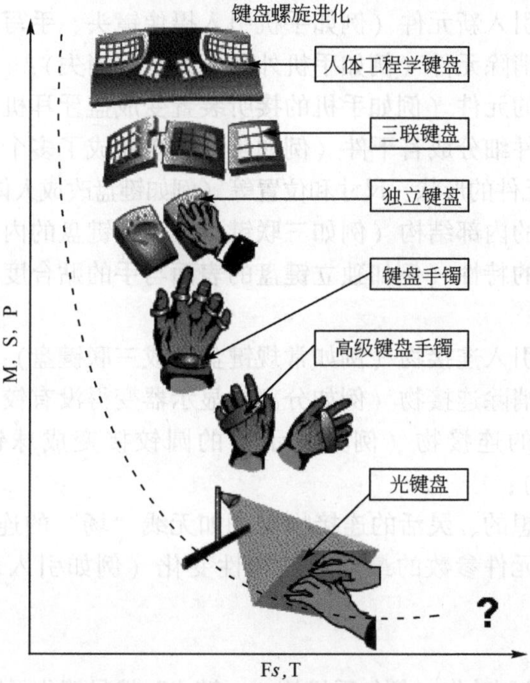

图 3-39　键盘螺旋进化过程

以虚拟方式实现的“光键盘”可以显示在任何表面处。光学传感器跟踪指尖位置，并将输入数据转换成文本。

光键盘还可以继续进化下去，但是基本上以场的方式来实现。每一次进化都可以被认为是技术创新的重要成果。键盘进化的终极结果是要让人脑与计算机建立特殊的、有效的联系，实现文本的“所想即所显”，最终取消键盘。

二、为产品研发做技术预测的实操步骤

如果读者希望能够在产品开发的过程中做一点技术预测的工作，但又感觉对技术系统进化法则不好掌握与操作的话，不妨按照以下的思路与动作来做一点尝试。假设将你正在开发的产品称作“系统”的话，以下的三个步骤的操作是应该思考的（以显示器、键盘进化和手机为例）。

第一步：

1）在系统中引入新元件（例如手机引入摄像镜头、手写笔等）；

2）从系统中消除元件（例如手机外露天线已经消失）；

3）改变系统的元件（例如手机的接听装置变成蓝牙耳机）；

4）把系统元件细分成若干件（例如常规键盘变成了多个键盘手镯）；

5）改变系统元件的形状、尺寸和位置等（例如键盘改成人体工程学外观结构）；

6）改变元件的内部结构（例如三联键盘改变了键盘的内部结构）；

7）改变表面的特性（例如独立键盘的表面与手的贴合度更好）。

第二步：

1）在系统中引入连接物（例如常规键盘变成三联键盘）；

2）从系统中消除连接物（例如分离式显示器变得没有铰接）；

3）改变系统的连接物（例如显示器的圆铰接变成球铰接，或变成无线“场”的连接方式）；

4）提供最理想的、灵活的连接物（例如无线“场”的连接方式）；

5）提供系统元件参数的最理想的特性变化（例如引入理想的“聪明”物质）。

第三步：

1）提供简化控制动作（例如手机的“一键式”拨号简化了拨号的控制动作）；

2）在技术过程中引入新的操作（例如与按键相比，手机的语音拨号是新操作）；

3）从技术过程中消除操作（例如手机的语音拨号消除了手动按键操作）；

4）操作的分割（例如给手机分别设计出字母键盘与数字键盘）；

5）操作的合并（例如手机的语音拨号合并了按数字键、翻找键与确认键的操作）。

以上三个步骤，实际上把 TRIZ 的八大进化法则都隐含地包括进去了，完全反映了技术系统进化法则的内涵和实质内容。虽然这样做让进化法则从形式上看起来不是很明显，但是对于技术预测的实操性要好一些。这只是技术预测的实用

方法之一，相信以后还会有更多、更实用的预测技术被开发出来。

技术预测，任重道远。与TRIZ中的其他理论和方法相比，技术预测还是很不成熟的，还处于发展研究的过程之中。

第四节　技术系统进化小结

S－曲线描述的是一个技术系统中的诸项性能参数的发展变化规律，这些性能参数都会经历婴儿期、成长期、成熟期、衰退期这四个阶段。由于S－曲线是可以根据现有专利数量和发明级别等信息计算出来的，因此S－曲线比较客观地反映了产品进化的过程。

分析S－曲线有助于了解技术系统的成熟度，有利于合理地研发投入和分配，辅助企业做出恰当的研发决策。

在技术系统（或产品）向新的产品或技术系统进化（即实现其相应功能）的过程中，必须遵循一定的演变规律，这些演变规律就是技术系统进化法则。

在TRIZ理论中，阿奇舒勒提出了八个技术系统进化法则。另外有一些专家对阿奇舒勒的八个进化法则进行了补充和发展。

运用这些进化法则可以判断出当前研发的产品处于技术系统进化过程中的哪个阶段，然后基于法则的提示，可以更好地预测出技术系统未来的发展方向。技术系统处于不断的发展与进化过程中，而解决技术系统中存在的矛盾是技术系统进化的推动力。

所有的系统都是向"理想化最终结果"方向进化的，系统进化的模式可以在过去的专利发明中发现，并可以用来指导新产品（或技术系统）的开发，从而避免盲目的尝试和浪费时间。

思考题

1. 什么是S－曲线？在S－曲线中都有哪几个阶段？
2. 什么是S－曲线族？
3. 研究和应用S－曲线对企业研发有哪些作用？
4. "完备性法则"提出技术系统必不可少的四个子系统，它们分别是什么？
5. 请根据"完备性法则"，画出"人骑自行车"这一技术系统的结构图。
6. 从能量传递的角度来看，"技术系统能够正常工作"的必要条件是什么？
7. 要提高系统的能量传递效率，有哪些有效的途径和方法？
8. 动态性进化法则包含哪几个方面的内容？

9. 结合身边的实例，举出符合提高柔性进化路线的 1 ~2 个实例。
10. 结合身边的实例，举出符合提高可移动性进化路线的 1 ~2 个实例。
11. 结合身边的实例，举出符合提高可控性进化路线的 1 ~2 个实例。
12. 什么叫技术系统的理想度？
13. 为什么说，提高理想度进化法则是其他所有进化法则的基础？
14. 提高系统理想度的途径和方法有哪些？
15. 技术系统子系统不均衡进化法则的意义是什么？
16. 在日常工作中你所接触到技术系统，其各子系统是否是交替进化和发展的？请举出 1 ~2 个实例。
17. 什么是超系统？
18. 技术系统向超系统进化的两个方式是什么？就每个方向分别举出 1 ~2 个实例。
19. 技术系统“向微观级进化法则”提出的进化趋势是什么？
20. 举出身边符合向微观级进化趋势的 1 ~2 个实例。
21. 系统的协调性进化表现在哪几个方面？
22. 举出 1 ~2 个工作频率相互协调的系统的实例。
23. 请尝试预测计算机的未来技术发展方向。
24. 未来的报纸是什么样的？请尝试给出报纸的技术进化路线。
25. 技术系统进化法则同样可以用于管理领域。如果我们采用类比的方式，把过去汽车号牌发放的方式——按照顺序排号或无选择地抽号比喻为“刚性系统”，“二选一”抽号比喻为单铰接，“五选一”抽号比喻为多铰接，把车主自编号牌比喻为“柔性系统”的话，那么，请预测未来的汽车号牌应该是如何生成的？

第四章 创新原理及其应用

创新原理（也称“发明原理”），是建立在对上百万的专利分析的基础上，蕴涵了人类发明创新所遵循的共性原理，是TRIZ中用于解决矛盾（问题）的基本方法。这40条创新原理是阿奇舒勒最早奠定的TRIZ理论的基础内容。实践证明，这40条创新原理，是行之有效的创新方法，比较容易学习和掌握，通常读者练习和实际使用的频率也最高。

下面是对40条创新原理的逐条的具体介绍。在介绍每条创新原理时，我们不仅简要地介绍它们的基本内容，给出一些在工程技术领域的应用实例，同时也尽量给出了一些非工程领域（例如管理或商业）的应用实例，以便读者全面地理解和记忆这些原理。

一、分割原理

如图4-1所示。

图4-1　分割原理图解

1. 分割原理的具体描述

1）把一个物体分成相互间独立的几个部分；
2）把一个物体分成容易组装和拆卸的部分；
3）提高系统的可分性，以实现系统的改造。

2. 应用案例

【案例 4-1】

废旧物资回收系统

这是“把一个物体分成相互间独立的几个部分”的实例。为解决可回收与不可回收，不同材料，如玻璃、纸、铁罐等的综合利用，人们把一个大垃圾箱，分成相互间独立的几个较小回收箱，如图 4-2 所示。

【案例 4-2】

组合家具

这是“把一个物体分成容易组装和拆卸的部分”的实例，如图 4-3 所示。

图 4-2　废旧物资回收系统

图 4-3　组合家具

【案例 4-3】

可调节百叶窗

这是一个“提高系统的可分性，以实现系统的改造”的实例。人们用可调节百叶窗代替幕布窗帘，只要改变百叶窗叶片的角度，就可以调节外界射入的光线。

【案例 4-4】

军用飞机油箱

当军用飞机的油箱破损时，极易引起燃料大量外泄，继而引发爆炸的事故。为此，人们将油箱分隔成很多小隔间，以防止这类事故的发生。但这种办法在理论上可行，而实际操作上并不方便，怎么办呢？利用分割原理，人们找到了解决问题的办法，即在军用飞机油箱中，装设一种蜂窝状材料。这种看来有点粗糙的材料，实际是一种多孔的海绵体，它们将油箱分成无数个小“隔间”。从而比较理想地解决了这个难题。

3. 使用技巧

如果系统因重量或体积过大而不易操纵，则将其分割成若干轻便的子系统，使每一部分均易于操纵。在管理学和心理学上，也可以对组织和观念进行分割及组合。

4. 课堂讨论

以下是一些利用分割原理来解决工程难题的实例，其中蕴含的道理是什么，请你说一说。

1）把一辆大型载重卡车分成车头和拖车两个独立的部分；

2）大型项目的总体设计与各分项设计；

3）小袋包装茶叶；

4）用粉状焊料代替棒状焊条；

5）将一个磁盘，分成多个分区；

6）将一个大管径的输送空气管路的直角弯头分割成若干个小弯头，改善了管路内的气流，并降低了气流的紊流效应；

7）人们将书籍划分为多个章节，以改善材料的陈述方式，以及材料被读者理解和接受的方式。

二、抽取原理

如图 4-4 所示。

图 4-4　抽取原理图解

1. 抽取原理的具体描述

1）从物体中抽出可产生负面影响的部分或属性；
2）仅从物体中抽出必要的部分和属性。

2. 应用案例

【案例 4-5】

避雷针

利用避雷针，把雷雨云中的电荷引入大地，从而避免建筑物遭受雷击，如图 4-5 所示。

图 4-5　避雷针

这是一个“从物体中抽出可产生负面影响的部分或属性”的实例。

【案例 4-6】

光纤

大厅内，照明灯的下方十分明亮，而墙角处却显得比较阴暗。我们可以利用光纤，把灯光从大厅的中央，均匀地引到大厅的四面八方。这既改善了光线分布的均匀性，也大大地节约了能源。这是一个“从物体中抽出必要的部分或属性”的实例。

【案例 4-7】

海军声呐

军舰在航行过程中，会从军舰上的各种设备里产生出大量电磁波。这些电磁波，严重干扰了水下声呐的正常工作，怎么办？

人们利用抽取原理，成功地解决了这个问题。为把电磁波的干扰分离，我们可让声呐系统远离军舰。这只须用遥控装置拖曳声呐，让声呐与军舰保持一定距离，干扰电磁波便自然远离声呐，而不会起负面作用了。

3. 使用技巧

把系统中的功能或部件分成有用、有害部分，视情况抽取出来。切记：抽取的目的是为系统增加价值。抽取可同样应用于非实物或虚拟情况。

4. 课堂讨论

以下都是利用抽取原理解决工程难题的实例，其中蕴含的道理是什么，请你说一说。

1）安装超声波驱鸟器，使飞鸟远离机场；

2）将狗的吠叫声这一特性抽取出来，引入到机器狗中；

3）从鸡蛋中分离出蛋清，用来烘烤面包；

4）高速公路上的隔音屏障；

5）化工生产中的萃取工艺；

6）猎头为用人单位遴选优秀人才；

7）融资收买运用抽取原理，以在与各组成部分组合为单项业务时相比，各被抽取业务组成部分在公开市场上更有价值时，使股东价值最大化。

三、局部质量原理

如图 4-6 所示。

图 4-6 局部质量原理图解

1. 局部质量原理的具体描述

1）将物体、环境或外部作用的均匀结构，变为不均匀的；
2）让物体的不同部分，各具不同的功能；
3）让物体的各部分，均处于完成各自动作的最佳状态。

2. 应用案例

【案例 4-8】

瑞士军刀

在一把小刀上，折叠着多种常用工具，如小刀、剪子、起瓶器、螺丝刀等。显然，这把瑞士军刀的不同部分，具有不同的功能。

【案例 4-9】

多格餐盒

在一个餐盒中，设置了多个间隔；在不同的间隔中，可放置不同的食物，如图 4-7 所示。这种结构，避免了不同间隔内的食物彼此“串味”。显然，此时多格餐盒的各部分，均处于各自运作的最佳状态。

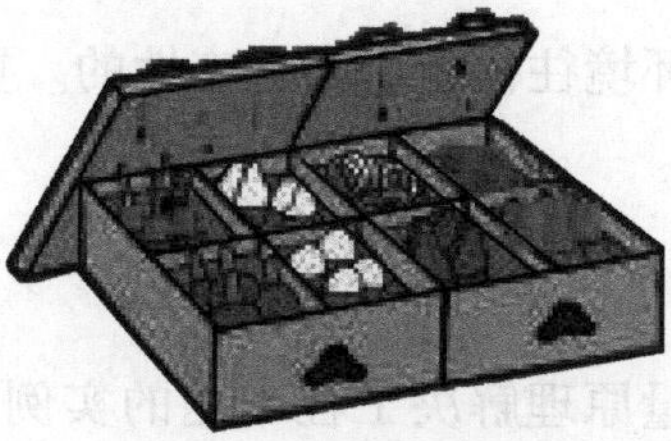

图 4-7　多格餐盒

【案例 4-10】

非圆齿轮传动机构

非圆齿轮传动机构具有实现非匀速比传动的特点，即当主动齿轮作匀速转动时，被动齿轮作变速运动。如图 4-8 所示。

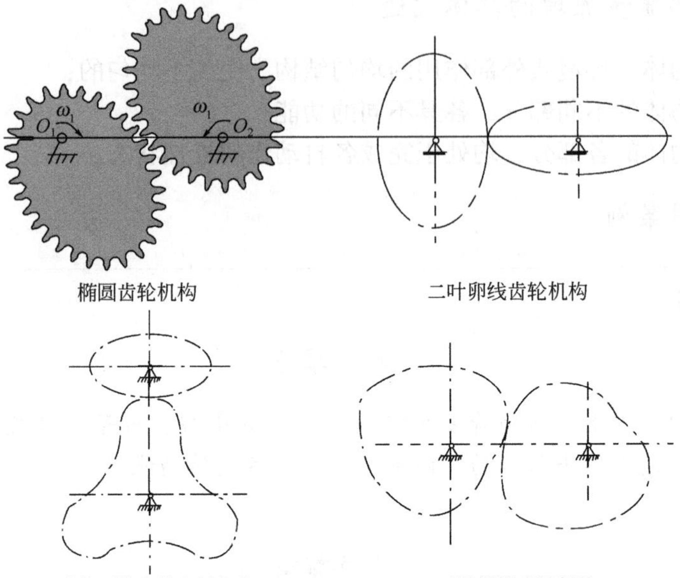

图 4-8　非圆齿轮传动机构

3. 使用技巧

不均匀的系统结构和环境往往是最有适应性的。重点要实现系统中资源的最优配置。

4. 课堂讨论

以下都是利用局部质量原理解决工程难题的实例，其中蕴含的道理是什么，请你说一说。

1）可以设置不同局部温度的冰箱；

2）带奶油的生日蛋糕；

3）带橡皮的铅笔；

4）带起钉器的羊角锤；

5）内部带有水银的“太空锤”；

6）安排企业中举止文雅且谈吐利落的人员负责接待工作，可以让客户对企业建立一种正面的第一印象。

四、增加不对称性原理

如图 4-9 所示。

图 4-9　增加不对称性原理图解

1. 增加不对称性原理的具体描述

1）将对称物体变为不对称的；
2）增加不对称物体的不对称程度。

2. 应用案例

【案例 4-11】

电源插头

为将电源插头正确地插入电源插座，我们可把接地插脚加粗。通过这种引入一个特殊几何形状的方法，把对称的不那么安全的三腿电源插头，变成不对称的安全型三腿插头，如图 4-10 所示。

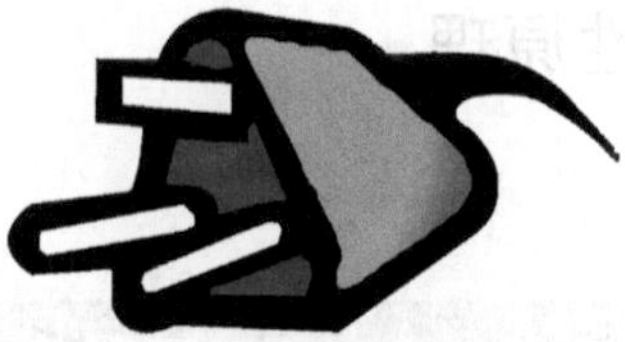

图 4-10　不对称的安全型三腿插头

【案例 4-12】

地宫的石门

我们知道大门多制造为长方形，且一般由均匀的木材制成。但在北京明十三陵中，定陵地宫的石门却不是这样。这两扇石门又大又沉。每扇门高 3.3m，宽为 1.8m，重约 4t。门的横截面的形状，不是对称的长方形，而是离门轴近处厚且宽，离门轴远处薄且窄的非对称形。人们不禁要问：为什么要把门做成这种样子呢？其实，当你推门时就会发现，不用费很大的力气，门就很轻松地转动起来。原来，这样做是为了使高大、沉重的石门开关灵活方便。

3. 使用技巧

对系统的状态做出变更，如改变系统平衡、让系统倾斜、减少材料用量、降低总重量、调整物质流、变换支持负载等，从而消除冗余（如重量）或提高性能（如密封）。

4. 课堂讨论

以下都是利用增加不对称性原理解决工程难题的实例，其中蕴含的道理是什么，请你说一说。

1）汽缸密封圈的截面，由圆形改进为椭圆形。
2）在搅拌容器内，使用不对称形的搅拌叶片。
3）增强汽车轮胎一侧的强度。
4）同时有疏密齿距的木梳。
5）USB 接口正反不对称，以防止插反。

五、组合原理

如图 4-11 所示。

图 4-11　组合原理图解

1. 组合原理的具体描述

1）在空间上，将相同的物体或相关操作加以组合；
2）在时间上，将相同或相关的操作进行合并。

2. 应用案例

【案例 4-13】

PCB 板

把成千上万个电子元件，组合在一片集成电路芯片之中；把成百上千个集成电路芯片，安排在一块不大的 PCB 板上，如图 4-12 所示；把成十上百块 PCB 板，装入一个机箱之内。以上的每项操作，都是组合原理的具体运用。

【案例4-14】

调温水龙头

利用组合原理，我们通过调温水龙头把冷热水按不同比例混合，从而得到不同温度的水流。根据水龙头种类的不同，有以下两种调温方式：

1）分离水龙头：用两个龙头分别调节冷水、热水的比例，然后流出，如图4-13所示。

2）组合水龙头：用一个龙头同时调节冷水、热水的比例，然后流出。

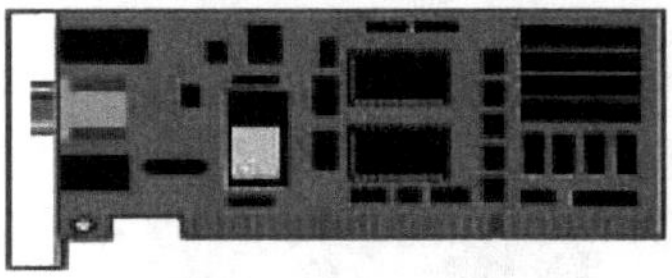

图4-12　PCB板

图4-13　分离水龙头

【案例4-15】

玻璃运输

要把大块的玻璃运输到指定的远方，又要尽量避免玻璃受震破碎的损失，人们只好先用柔软的物品把玻璃包好；然后，再把包好的玻璃装进大木箱里运输。尽管这样小心，但玻璃的破碎还是很难避免。怎么办呢？

其实，有经验的装卸工人，很早就想出了一个既简单又有效的办法。他们在两块玻璃之间涂上一点水，然后把两块玻璃合并在一起，这两块玻璃就牢牢地“黏成”一块了。水，既是最便捷的黏接剂，又是很好的减震缓冲剂。试验的结果和实际运输都证明，这是个不错的办法。

3. 使用技巧

将新材料、新技术引入到老系统中，在时间和空间上加以组合，可以提高系统性能。此原理也可以用于心理学或人力资源等学科中，以改变工作中的人际关系。

4. 课堂讨论

以下都是利用组合原理解决工程难题的实例，其中蕴含的道理是什么，请你说一说。

1）计算机网络；

2）双核处理器计算机；

3）杠推门；

4）组合机床；

5）综合参数测试仪；

6）团队创造是对组合的一种强势应用。在经仔细考虑后将乐于合作的与喜欢争论的成员组合至团队中，可增加判断思维并消除“团体迷思”，从而提高总体团队成绩。

六、多用性原理

如图 4-14 所示。

图 4-14　多用性原理图解

1. 多用性原理的具体描述

1）使一个物体具备多项功能；

2）消除了该功能在其他物体内存在的必要性后，进而裁减其他物体。

2. 应用案例

【案例4-16】

牙刷柄内储存牙膏的牙刷

牙刷是用来刷牙的工具。牙刷柄内的空间，可用来储存牙膏，如图4-15所示。这样，一支牙刷除能用来清洁牙齿之外，还有存储牙膏的功能。

【案例4-17】

报警门铃

门铃是用来提醒家里来客的日常生活用具。如在其内部再多安装一个烟感报警芯片，这个门铃就同时具备了火灾报警的功能，如图4-16所示。

图4-15　牙刷柄内存牙膏的牙刷

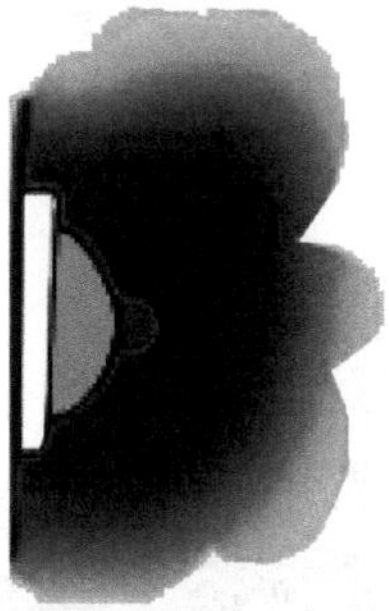

图4-16　报警门铃

3. 使用技巧

在任意时间、地点和系统级别上，当系统具备多用性时，可以让系统具有更多的协作或者增值机会。

4. 课堂讨论

以下都是利用多用性原理解决工程难题的实例，其中蕴含的道理是什么，请你说一说。

1）可拆卸的儿童安全椅，既可放在汽车内当座椅，也可拿到汽车外，作为儿童车使用；

2）在企业中，具有多种才能的多面手；

3）大厦中的多功能厅；

4）医院里的全科医生；

5）老板椅；

6）工业界的标准是多用性原理的一种常见应用。在某种标准之下产生的零件，在与该标准相协调的那些系统之内具有多用性用途。

七、嵌套原理

如图4-17所示。

图4-17 嵌套原理图解

1. 嵌套原理的具体描述

把一个物体嵌入另一个物体，然后将这两个物体再嵌入第三个物体，以此类推。

2. 应用案例

【案例 4-18】

拉杆天线

我们把最细的第一节天线杆，推入稍粗的第二节天线杆空腔；然后将这两节天线杆，再一起推进更粗的第三节天线杆空腔……直至全部天线杆，都缩进最粗的一节天线杆空腔内，如图 4-18 所示。

【案例 4-19】

推拉门

为节省空间，我们不是拉开门，而是把推拉门推进墙内的空腔，如图 4-19所示。

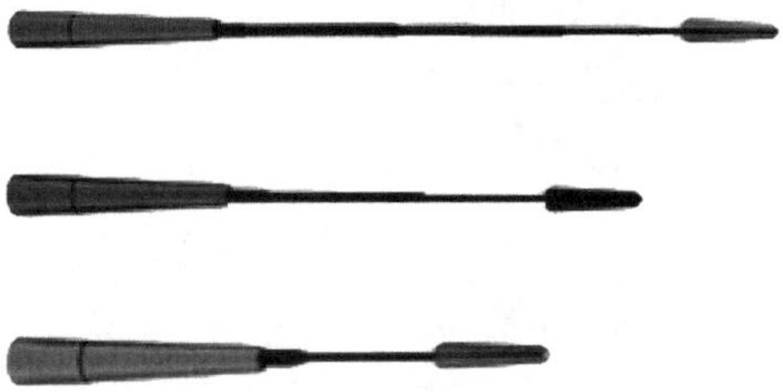

图 4-18　拉杆天线

图 4-19　推拉门

3. 使用技巧

尝试不同方向上（如水平、垂直、旋转或包容）的嵌套，考虑空间的利用和被嵌套对象的重量。

4. 课堂讨论

以下都是利用嵌套原理解决工程难题的实例，其中蕴含的道理是什么，请你说一说。

1）汽车安全带；
2）超市内的手推车；
3）俄罗斯套娃；
4）伸缩式钓鱼竿；
5）飞机的起落架；
6）卡片形式的广告嵌套于杂志书页之内。

八、重量补偿原理

如图4-20所示。

图4-20 重量补偿原理图解

1. 重量补偿原理的具体描述

1）将某一物体与另一能提供上升力的物体组合，以补偿其重量；
2）通过与环境（利用空气动力、流体动力或其他力等）的相互作用，实现物体的重量补偿。

2. 应用案例

【案例 4-20】

悬挂广告

如果无法借助高大建筑物，又不希望花费很大成本搭建脚手架时，利用气球悬挂巨幅广告，就是个不错的办法，如图 4-21 所示。

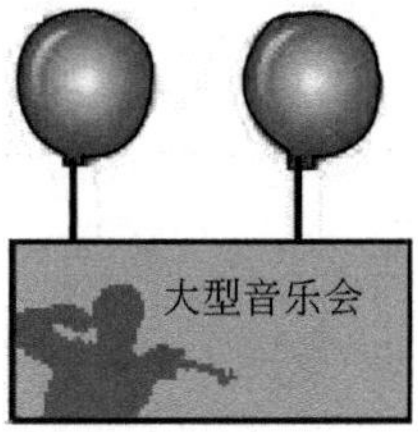

图 4-21　悬挂广告

【案例 4-21】

潜水艇

根据阿基米得定律，浸没在液体里的物体，受到一个竖直向上的力，称之为浮力。向上的浮力可抵消向下的重力，使潜水艇在海水中升降。

3. 使用技巧

充分利用空气、重力、流体等进行举升或补偿，从而抵消现有系统/超系统/环境中的不利作用（如力或重量）。重量补偿原理也适用于商业问题、人际关系或是其他学科。

4. 课堂讨论

以下都是利用重量补偿原理解决工程难题的实例，其中蕴含的道理是什么，请你说一说。

1）直升机的螺旋桨；

2）热气球；

3）游泳救生圈；

4）黄河上摆渡用的羊皮筏子；

5）给赛车装上阻流板，用以增加车身与地面的摩擦力，这里我们利用了空气动力学的原理；

6）平衡的投资组合包括保守投资与进取投资的混合体，其可抵消市场压力，以便设法保护投资。

九、预先反作用原理

如图 4-22 所示。

图 4-22　预先反作用原理图解

1. 预先反作用原理的具体描述

1）事先施加机械应力，以抵消工作状态下不期望的过大应力；
2）如果问题定义中，需要某种相互作用，那么事先施加反作用。

2. 应用案例

【案例 4-22】

备用螺钉

把卖给用户的、可以由用户自行装配的产品，多提供几个备用螺钉，这样即使在装配过程中有某个螺钉丢失也不影响装配工作，可有效地避免用户的装配中断并提高满意程度。

【案例 4-23】

预应力结构

在物质的结构承受外荷载之前，人们预先对处在外荷载作用下的受拉区施加压应力，用以改善结构使用性能的结构形式，被称之为预应力结构。

一提起预应力结构，人们马上就会想起预应力混凝土。其实，在人们生活中，很多地方都用到了预应力结构，如木桶、圆形水池、弯形构件等。为使木制的水桶坚固耐用，人们在还没装水之前，先把铁箍或竹箍紧紧地套在桶壁上。这样，就从外面对木桶壁产生一个环向的压应力。若预先施加的压应力，超过最大水压力引起的拉应力，木桶就不会开裂漏水。为使圆形水池坚固，也可以效仿木桶加箍一样，沿水池周边预先作用预应力。同样，在弯形构件的荷载加上去之前，给构件施加预应力，就会产生一个与荷载作用产生的变形方向相反的变形。当荷载要构件沿其作用方向发生变形之前，必须首先把这个与荷载相反的变形抵消，然后才能继续使构件沿荷载方向发生变形。这样，预应力就像给弯形构件多施加了一道防护一样，改进了构件的机械性能。

在我们身边，类似的这种例子实在是太多了，如图 4-23 所示的橡木酒桶。

图 4-23　橡木酒桶

3. 使用技巧

关键在于预先采取行动来抵消、控制或防止潜在故障的出现。包括自然或人的相互作用，如压力、危机、厌倦等。

4. 课堂讨论

以下都是利用预先反作用原理解决工程难题的实例，其中蕴含的道理是什么，请你说一说。

1）酸碱缓冲溶液；

2）给钟表上弦；

3）汽车减震器；

4）接种防流感疫苗；

5）弓弩；

6）预留缝隙的桥梁路面；

7）在饮酒之前吃些东西或者吃一点化解酒精的药物，可以防止醉酒。

十、预先作用原理

如图 4-24 所示。

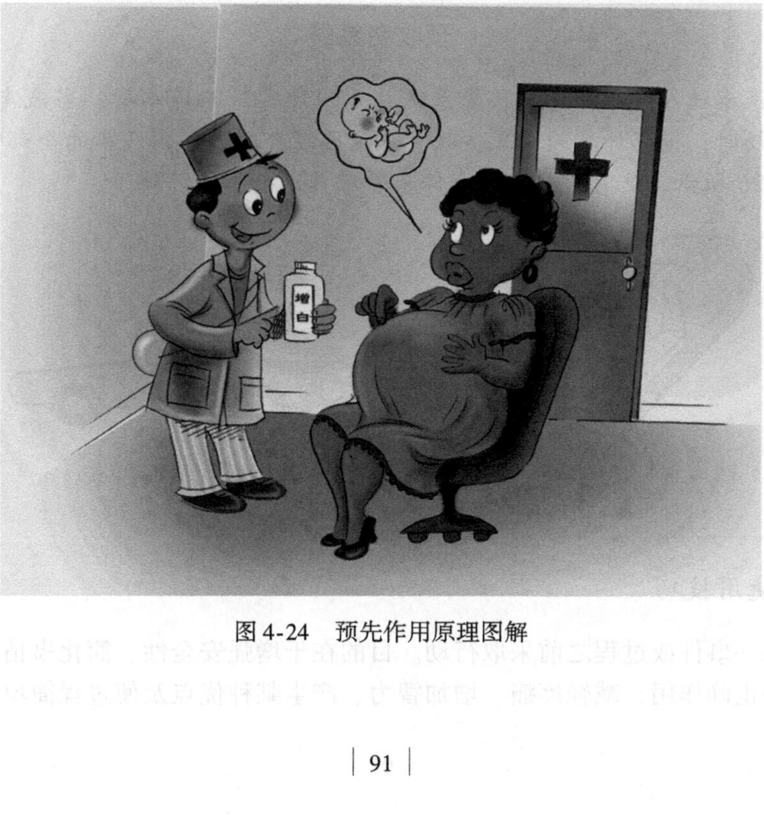

图 4-24　预先作用原理图解

1. 预先作用原理的具体描述

1）预先对物体（全部或部分）施加必要的改变；

2）预先安置物体，使其在最方便的位置，开始发挥作用而不浪费运送时间。

2. 应用案例

【案例 4-24】

不干胶贴

为把纸粘在墙上，人们要把胶水涂在纸的背面。但是，如果携带胶水不方便的时候，那又该怎么办呢？这促使人们进行考虑：能否把胶水预先涂抹在纸的背面呢？正是这种思路，促成了不干胶贴的发明，如图 4-25 所示。人们只要揭下纸背面的保护膜，就可以很方便地把纸贴到墙上了。

【案例 4-25】

预收费系统

当汽车驶入停车场时，收费系统就开始计算汽车停车费；当汽车准备驶出停车场时，根据计算的结果，收费系统已经自动计算出汽车的全部停车费，如图 4-26 所示。这时，就不必由停车管理员进行手工计算了。

图 4-25　不干胶贴

图 4-26　预收费系统

3. 使用技巧

在某一事件或过程之前采取行动。目的在于增强安全性、简化事情的完成过程、维持正确作用、减轻疼痛、增加智力、产生某种优点及使过程简单化等。

4. 课堂讨论

以下都是利用预先作用原理解决工程难题的实例，其中蕴含的道理是什么，请你说一说。

1）手术前，将手术器具按所使用的顺序排列整齐；

2）在建筑的通道里安置的灭火器；

3）已充值的公交车 IC 卡；

4）半成品食物；

5）写字楼内给各公司分配的邮箱；

6）在进行重大投资之前的商业交易中，实施预先的调研。

十一、事先防范原理

如图 4-27 所示。

图 4-27　事先防范原理图解

1. 事先防范原理的具体描述

采用事先准备好的应急措施，补偿物体相对较低的可靠性。

2. 应用案例

【案例 4-26】

降落伞的备用伞包

空降兵的降落伞装置中通常带有备用伞包，防止在跳伞时万一出现降落伞打不开的情况，立即启用备用伞包。如图 4-28 所示。

【案例 4-27】

消防通道

消防通道是预先在建筑内外设置的安全楼梯和专用道路。安全楼梯可以保证人员在建筑失火时能够便于逃生；专用道路可以让消防车尽快抵达火场。如图 4-29 所示。

【案例 4-28】

汽车安全气囊

安全气囊预先安装在车厢内部的多处位置。当车辆遭受较为剧烈的撞击时，它会在瞬间充气膨胀以保护驾驶员和乘客。如图 4-30 所示。

图 4-28 降落伞的备用伞包

图 4-29 消防通道

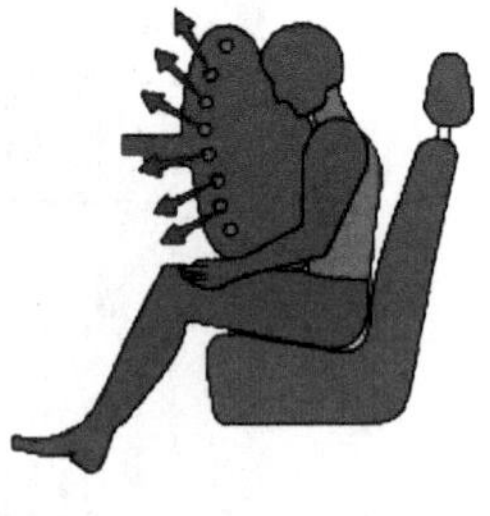

图 4-30 汽车安全气囊

3. 使用技巧

采用各种各样的技术手段来防止系统故障的发生和灾难的扩大。防撞、防漏、防跌、防坠物、防晒、防盗、防泄密、防跳槽、防灾等，都属于事先防范的范畴。

4. 课堂讨论

以下都是利用事先防范原理解决工程难题的实例，其中蕴含的道理是什么，请你说一说。

1）航天飞机上的备用输氧装置；
2）防毒面具；
3）汽车防冻液；
4）超市内商品上贴的防窃磁条；
5）赛车场跑道旁的废旧轮胎；
6）在生产过程中，可建立调节性库存储备，以降低停产的风险。

十二、等势原理

如图 4-31 所示。

图 4-31 等势原理图解

1. 等势原理的具体描述

改变操作条件，以减少物体提升或下降的需要。

2. 应用案例

【案例 4-29】

传送带

为把货物移至仓库的平台上，应使传送带与仓库的平台一样高，如图 4-32所示。

图 4-32 传送带

【案例 4-30】

船闸

为在高低不同的水位之间实现船舶的通航，人们利用船闸来进行船体的升降。

3. 使用技巧

要点是避免“直接对抗重力”。可以通过环境、结构或系统所提供的资源，以最低的附加能量消耗来有效地消除不等位势（有害作用）。

4. 课堂讨论

以下都是利用等势原理解决工程难题的实例，其中蕴含的道理是什么，请你说一说。

1）汽车修理厂的维修地沟；
2）供乘客登上飞机的舷梯；
3）建筑业提升重物用的卷扬升降机；
4）轮船码头上的龙门吊车；
5）仓库内搬运货物的叉车；
6）营销组织力争向新闻媒体传达均匀的公司形象及信息流，消除信息误传。

十三、反向作用原理

如图4-33所示。

图4-33　反向作用原理图解

1. 反向作用原理的具体描述

1）用相反的动作，代替问题定义中所规定的动作；
2）把物体上下或内外颠倒过来；
3）让物体或环境，可动部分不动，不动部分可动。

2. 应用案例

【案例 4-31】

分离两个套紧的物体

冷冻内层物体，而不是加热外层物体。

【案例 4-32】

冲洗器皿

器皿倒置，让水从下面向上喷，来进行清洗。

【案例 4-33】

车床与镗床

车刀不动，工件旋转，而镗床则反之。

【案例 4-34】

跑步机

人在地面上跑步，地面不动而人向前运动；而跑步机则是地面向后运动，人保持不动。如图 4-34 所示。

图 4-34 跑步机

3. 使用技巧

尝试让系统以某种方式“反转”或颠倒，看系统是否能由此获得新功能、新特征、新作用及新对象。

4. 课堂讨论

以下都是利用反作用原理解决工程难题的实例，其中蕴含的道理是什么，请你说一说。

1）乘客随滚动电梯上下楼；

2）制作酒心巧克力的工艺；

3）内部冷冻进行管道连接；

4）倒立放置剩余不多的洗发水瓶；

5）定子与转子反向转动的电机；

6）用逆排序法制定工作计划；

7）当竞争者避开一个难以服务的市场时，可以寻找一种方式来为该市场提供服务。

十四、曲面化原理

如图 4-35 所示。

图 4-35　曲面化原理图解

1. 曲面化原理的具体描述

1）将物体的直线或平面部分用曲面或球面替代，变平行六面体或立方体结构为球形结构；

2）使用滚筒及球状、螺旋状结构；

3）改直线运动为螺旋运动，应用离心力。

2. 应用案例

【案例4-35】

笔尖

仔细观察一下，圆珠笔和钢笔的笔尖，都是球形而不是别的形状。这种球形的笔尖，下墨均匀、书写流畅。

【案例4-36】

家具滚轮

在家具腿部装上滚轮，便于移动，如图4-36所示。

【案例4-37】

甩干机

甩干机的电机高速旋转时产生很大的离心力，可以除去衣物上的水分，如图4-37所示。

图4-36 家具滚轮图解

图4-37 甩干机

3. 使用技巧

在各种情况及各个系统中寻找线性情况、关系、直线、平面及立方体形状，然后尝试在改变到非线性状态后可以实现哪些新的功能。

4. 课堂讨论

以下都是利用曲面化原理解决工程难题的实例，其中蕴含的道理是什么，请你说一说。

1）利用千斤顶螺旋机构产生很大的升举力；

2）使用滚球鼠标在计算机的屏幕上画直线；

3）绞肉机；

4）焦炭输送机是一种螺旋状结构的运输机械；

5）环形跑道；

6）改变企业文化的一种方式涉及消除那些抗拒改变的因素，以及逐步形成一种更可接受的文化（线性思考）；另一种方法是将文化视为一个系统：当将一种改变方法应用于系统时，其可适应于这种抗拒，并被接纳。如果尊重这种抗拒，并把对抗作为反馈，那么利用设计好的一系列活动就可以改变公司的文化（球面思考）。

十五、动态特性原理

如图4-38所示。

图4-38　动态特性原理图解

1. 原理的具体描述

1）调整物体或环境的性能，使其在工作的各个阶段都达到最优状态；
2）分割物体，使其各部分可以改变相对位置；
3）如果一个物体整体是静止的，使之移动或可动。

2. 应用案例

【案例 4-38】

折叠椅和笔记本电脑

折叠椅和笔记本电脑都是通过分割物体的几何结构，引入铰链连接，使其各部分可以改变相对位置。如图 4-39 所示。

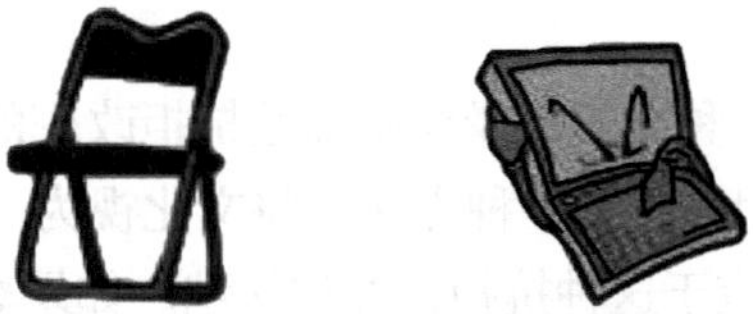

图 4-39 折叠椅和笔记本电脑

【案例 4-39】

可弯转吸管

吸管具有柔性的自适应结构，可以随意弯折出合适的角度。如图 4-40 所示。

图 4-40 可弯转吸管

3. 使用技巧

尝试让系统中的某些几何结构成为柔性的、可自适应的；往复运动的部分成为旋转的；让相同的部分执行多种功能；使特征成为柔性的；使系统可兼容于不同的应用或环境。

4. 课堂讨论

以下都是利用动态特性原理解决工程难题的实例，其中蕴含的道理是什么，请你说一说。

1）飞机中的自动导航系统；

2）小轿车里的可调节座椅；

3）陀螺仪中的常平架；

4）采用蛇皮管灯杆的台灯；

5）装卸货物的铲车，通过铰链连接两个半圆形铲斗，可以自由开闭。装卸货物时张开；铲车移动时铲斗闭合；

6）为一家致力于工程技术的小型企业增设一个市场部，以使公司更具动态。

十六、未达到或过度的作用原理

如图 4-41 所示。

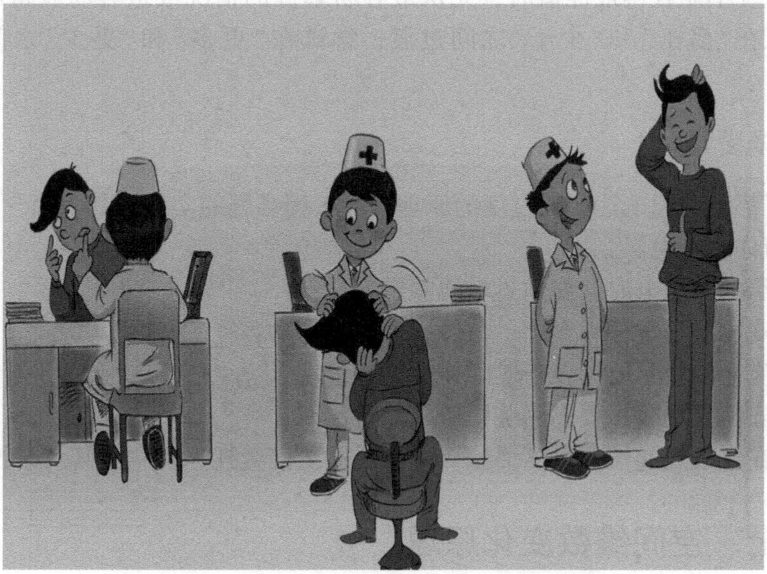

图 4-41　未达到或过度的作用原理图解

1. 未达到或过度的作用原理的具体描述

如果所期望的效果难以百分之百实现时，稍微超过或稍微小于期望效果，会使问题大大简化。

2. 应用案例

【案例 4-40】

印刷

印刷时，喷稍多一些油墨，再去除多余部分，会使字迹更清晰。

【案例 4-41】

填地板砖缝隙

在地板砖缝隙内填充稍多一些白水泥，然后打磨光滑。

3. 使用技巧

当系统不能获得最佳值时，先从最容易掌握的情况或最容易获得的东西入手，尝试在“多于”和“少于”之间过渡；尝试在“更多”和“更少”之间渐进调整等。

4. 课堂讨论

以下都是利用未达到或过度的原理解决工程难题的实例，其中蕴含的道理是什么，请你说一说。

1）给电池充电时，要超过电池额定容量；

2）戏剧演员牢记：台上一分钟，台下十年功；

3）浇注用料，要远多于实际铸件的重量；

4）安装玻璃时，要多用些腻子，然后刮平；

5）在作战期间使用过度力量，可使敌军士气受挫，并致使其及早投降。

十七、空间维数变化原理

如图 4-42 所示。

图 4-42　空间维数变化原理图解

1. 空间维数变化原理的具体描述

1）将物体变为二维（如平面）运动以克服一维直线运动或定位的困难，或过渡到三维空间运动以消除物体在二维平面运动或定位的问题；

2）单层排列的物体，变为多层排列；

3）将物体倾斜或侧向放置；

4）利用照射到临近表面或物体背面的光线。

2. 应用案例

【案例 4-42】

螺旋式楼梯

利用螺旋式楼梯，可减少占地面积，如图 4-43 所示。

【案例 4-43】

多碟 CD 机

在多碟 CD 机的设计中，CD 可以在一层中多个放置，也可以多层放置。如图 4-44 所示。

图 4-43 螺旋式楼梯

图 4-44 多碟 CD 机

【案例 4-44】

标签

与一次竞赛相关的信息可附加到一个标签的背面。标签的正面仅包含足以激发消费者兴趣的信息，从而指示消费者取下标签，以便阅读有关竞赛的更详细信息。

3. 使用技巧

考虑改善空间的使用效率、可达性等。如果将一个对象转换到一个新的维度上还不能满足要求，则需对其进行第二次或第三次转换；考虑使用对象的另一个不同侧面。

4. 课堂讨论

以下都是利用空间维数变化原理解决工程难题的实例，其中蕴含的道理是什么，请你说一说。

1）五轴机床；
2）隔音保暖的双层玻璃；
3）多层印刷电路板；
4）折叠云梯式救火车；
5）立体停车场；
6）双面胶；
7）双面穿的衣服。

十八、机械振动原理

如图 4-45 所示。

图 4-45　机械振动原理图解

1. 机械振动原理的具体描述

1）使物体处于振动状态；
2）如果已处于振动状态的物体，提高其振动的频率（直至超声振动）；
3）利用共振现象；
4）用压电振动代替机械振动；
5）超声波振动和电磁场耦合。

2. 应用案例

【案例 4-45】

振动式电动剃须刀

内刀片高速往复振动或旋转，与紧密贴合的网罩形成相对运动，实现剃须功能。如图 4-46 所示。

【案例 4-46】

超声波清洗机

可以清洗诸如眼镜、首饰等要求表面高度清洁的物品。

【案例 4-47】

音叉

音叉的叉臂由振动可发声，因其叉臂长短、粗细和质地的不同而在振动时发出不同频率的声音。如图 4-47 所示。

图 4-46　电动剃须刀

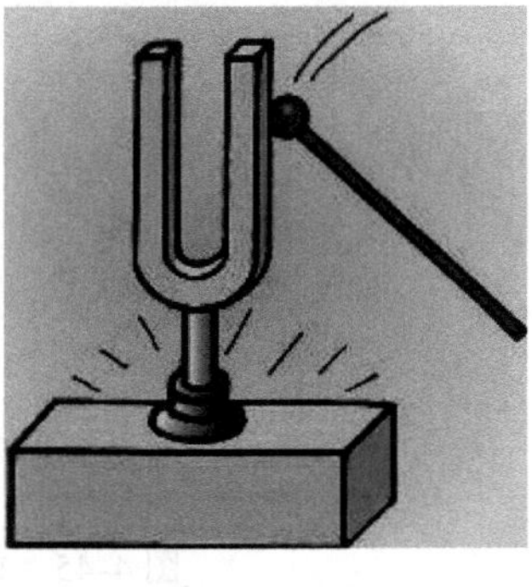

图 4-47　音叉

3. 使用技巧

切勿假定一个稳定系统是最佳的。尝试采用不稳的、变化的但同时是可控的系统。例如，当电流由直流转变为交流时，可以产生多种新特征，如电磁波、电磁感应等。

4. 课堂讨论

以下都是利用机械振动原理解决工程难题的实例，其中蕴含的道理是什么，请你说一说。

1）超声波碎石机，击碎胆囊结石；

2）选矿用的机械振动筛；

3）电子琴；

4）超声波驱鸟器；

5）若欲使人快速疲劳，可利用断续照明代替持续照明；

6）商业上利用谈判技术（诱导变化），以使合伙人的真实需求显露出来。通过对方法进行数次改变，他们能更好地了解如何才能在谈判团体之内对所有需要达成一致意见。

十九、周期性作用原理

如图 4-48 所示。

图 4-48　周期作用原理图解

1. 周期性作用原理的具体描述

1）用周期性动作或脉冲，代替连续动作；
2）如果周期性的动作正在进行，改变其运动频率；
3）在脉冲周期中，利用暂停来执行另一有用动作。

2. 应用案例

【案例 4-48】

警笛和警灯

警笛是按照一定的节奏周期性地鸣叫的发声器，通过其刺耳的声响提醒路人注意；警灯多为红、蓝、白三色，同时闪烁而提醒路人注意。如图 4-49 所示。

图 4-49　警笛和警灯

【案例 4-49】

汽车的雨刷器

也称作刮水器，工作时由电机带动刮臂和刮片，在汽车挡风玻璃上周期性地摆动，刮除雨水和其他赃物。

【案例 4-50】

医用呼吸机

医用呼吸机按照人的吸气期和呼气期来周期性地帮助患者呼吸。

3. 使用技巧

尝试以多种方式来改变现有系统的功能，如生产间歇、改变频率、利用脉冲间隙等。要评估这种改变是否能带来新的功能，带来新的功能后如何强化这种改变。

4. 课堂讨论

以下都是利用周期性作用原理解决工程难题的实例，其中蕴含的道理是什么，请你说一说。

1）ABS 刹车装置；
2）冲击钻；
3）俗称“蛤蟆夯”的机械夯；
4）取样示波器；
5）换向电镀法，可使镀层更牢；
6）乐队中的鼓点。

二十、有效作用的连续性原理

如图 4-50 所示。

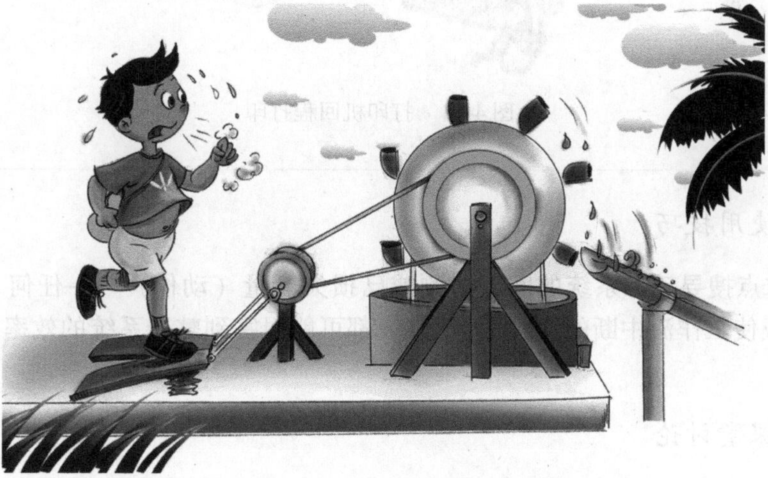

图 4-50　有效作用的连续性原理图解

1. 有效作用的连续性原理的具体描述

1）物体的各个部分同时满载持续工作，以提供持续可靠的性能；
2）消除空闲和间歇性动作。

2. 应用案例

【案例 4-51】

汽车飞轮

汽车在路口遇到红灯停车时，它的飞轮或液压系统储存能量。这种功能使得汽车的发动机在汽车停止与行驶时，运转一直保持比较平稳的状态。

【案例 4-52】

打印机

打印机在回程过程中，也执行打印动作，如图 4-51 所示。

图 4-51　打印机回程打印

3. 使用技巧

要重点搜寻动态系统的间歇时刻或已损失能量（动作）——任何“从零开始”的或使工作流中断的“过渡过程”，都可能损害到整个系统的效率，必须予以消除。

4. 课堂讨论

以下都是利用有效作用的连续性原理解决工程难题的实例，其中蕴含的道理是什么，请你说一说。

1）连续弯折铁丝，以使其折断；
2）农村灌溉用的脚踏式水车；
3）把半波整流电路，变成全波整流电路；
4）按时缴纳手机话费；
5）工厂的倒班制；
6）政治家们往往利用各种持续的潮流及社会动力来构建选举平台。

二十一、减少有害作用的时间原理

如图 4-52 所示。

图 4-52　减少有害作用的时间原理图解

1. 减少有害作用的时间原理的具体描述

将危险或有害的流程或步骤在高速下进行。

2. 应用案例

【案例 4-53】

高速牙钻

可避免牙组织因过热受损。

【案例 4-54】

闪光灯

瞬间强光用于拍照，可使人免受伤害。如图 4-53 所示。

【案例 4-55】

汽锤

锻造用的汽锤快速落下，可使工件变形，却不致损伤砧板。如图 4-54 所示。

图 4-53　闪光灯

图 4-54　快速落下的锻造汽锤

3. 使用技巧

如果系统在执行一个动作期间出现了有害（或危险）的功能或状况，则考虑寻找各种方式来加快其执行速度。

4. 课堂讨论

以下都是利用减少有害作用的时间原理解决工程难题的实例，其中蕴含的道理是什么，请你说一说。

1）高速切割，以避免材料受热变形；

2）X 射线透视；

3）紫外灯杀灭细菌；

4）快速冷冻鱼虾；

5）肌肉注射；

6）已经发现了一种最有效的解雇员工的方法，就是不要把解雇的过程拖得太长。如果解雇的过程是有条理的，并能够快速执行，就可以减少对被解雇者的创伤。

二十二、变害为利原理

如图 4-55 所示。

图 4-55　变害为利原理图解

1. 变害为利原理的具体描述

1）利用有害的因素（特别是环境中的有害效应），得到有益的结果；

2）将两个有害的因素相结合，进而消除它们；

3）增大有害性的幅度，直至有害性消失。

2. 应用案例

【案例4-56】

废品回收

废品分类回收，变废为宝。

【案例4-57】

噪声武器

利用噪声人们开发出声波武器。

【案例4-58】

逆火灭火

以火攻火是森林消防员们惯用的灭火方法之一，俗称“放逆火”。具体做法是：在林火区的外围放火，利用燃烧的林火产生的内吸力，使所放的火扑向林火方烧去，把林火向外蔓延的火路烧断，以达到灭火的目的。这是一种很有效的灭火方法。但这种方法技术性强，风险也很大。因为，如果灭火人员放火的时机掌握不好的话，反而会使火灾变大。

3. 使用技巧

把自己不能使用的东西转变为自己可以使用的东西，或者是让一种有害作用与其他作用相结合从而将其消除，由此而使系统获得新的价值。

4. 课堂讨论

以下都是利用变害为利原理，解决工程难题的实例，其中蕴含的道理是什么，请你说一说。

1）废热发电；
2）中医“以毒攻毒”的疗法；
3）炉渣砖；
4）逆风行船；
5）把有机垃圾发酵获得沼气，余渣还可以用作优质有机肥；

6）客户对产品的不喜欢向专业销售人员提供了重要信息，这种信息可用来终止该产品的销售。

二十三、反馈原理

如图 4-56 所示。

图 4-56 反馈原理图解

1. 反馈原理的具体描述

1）在系统中引入反馈；
2）如果已引入反馈，改变其大小或作用。

2. 应用案例

【案例 4-59】

自动控温器

由热敏电阻来引入反馈，控制电子继电器的通断。

【案例 4-60】

管理方式

将管理评价方式，由考虑预算多少的差异，改为评价提高用户满意程度的大小。

【案例 4-61】

声控喷泉

改变声音频率就可以改变带动水泵的电机的转速，也就改变了水泵的压力，因此喷出的水就有了高低变化。如图 4-57 所示。

图 4-57　声控喷泉

3. 使用技巧

将系统中任何（有用或有害的）改变所产生的信息，都视作一种反馈信息源，用来执行矫正系统的作用。若使用反馈则设法来改变其反馈幅度。

4. 课堂讨论

以下都是利用反馈原理解决工程难题的实例，其中蕴含的道理是什么，请你说一说。

1）自动导航系统；

2）自动工艺控制——确定工步动作加强的时间；

3）电饭煲；

4）防止夹人的自动门；

5）声控灯；

6）对所有年龄的学生进行的测验，是用来针对一个学生所学内容提供反馈——尽管一些人士会认为测试是针对学生的应试能力提供反馈。不管是哪种情况，都可运用反馈的信息来逐步提出适当的纠正措施。

二十四、借助中介物原理

如图 4-58 所示。

图 4-58 借助中介物原理图解

1. 借助中介物原理的具体描述

1）使用中介物实现所需动作；
2）把一物体与另一容易去除的物体暂时结合。

2. 应用案例

【案例 4-62】

用拨子弹奏乐器

手指借助了拨子这个中介物，动作精准且不伤手指。如图 4-59 所示。

【案例 4-63】

导套

钻孔时，使用导套作为钻头或丝锥定位的工具。

【案例 4-64】

托盘

上茶时，使用托盘可以避免服务员烫手，如图 4-60 所示。搬运货物时，使用托盘可以多盛放物品，提高工作效率。

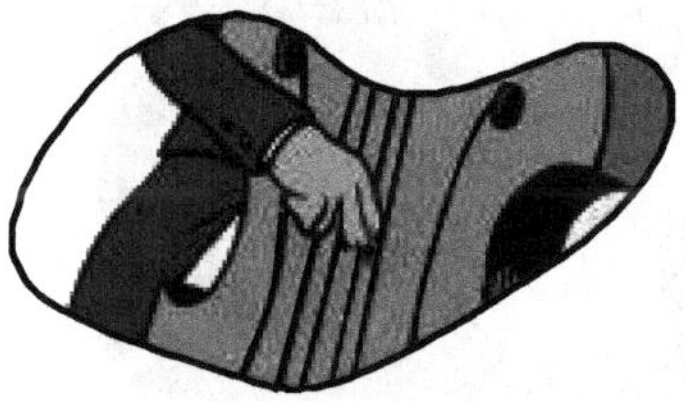

图 4-59 用拨子弹奏乐器

图 4-60 托盘

3. 使用技巧

在不匹配或有害的结构（功能、事件、状况或团体）之间，经协调而建立一种临时连接——即“中介物”，它是某种可轻松去除的中间载体、分隔物或过程。

4. 课堂讨论

以下都是利用借助中介物原理解决工程难题的实例，其中蕴含的道理是什么，请你说一说。

1）用镊子夹取细小零件；
2）用机器人去从事放射性物质的操作；
3）用鸡毛掸子清除灰尘；
4）复印机中的碳粉；
5）吸管；
6）房屋中介和婚介；
7）仲裁机构在意见有分歧的两个或多个个人/团体之间充当中介作用。

二十五、自服务原理

如图 4-61 所示。

图 4-61 自服务原理图解

1. 自服务原理的具体描述

1）物体通过执行辅助或维护功能，为自身服务；

2）利用废弃的能量与物质。

2. 应用案例

【案例 4-65】

再生纸

利用废弃的纸张做成的再生纸，减少了对木材的需求，实现了节能环保。

【案例 4-66】

自动饮水机

随时通过水桶或自来水管来补充自身水箱中的冷、热存水。如图 4-62 所示。

图 4-62 自动饮水机

3. 使用技巧

巧妙利用“自然控制机构”的某种功能，如重力、水力、毛细管等物理、化学或几何效应。

4. 课堂讨论

以下都是利用自服务原理解决工程难题的实例，其中蕴含的道理是什么，请你说一说。

1）利用发电过程中产生的热能取暖——称为“热电”；

2）用动物的粪便做肥料；

3）宇宙空间站上的封闭生态循环系统；

4）红外感应水龙头；

5）草地上，利用水流反作用力自动喷灌的喷头；

6）不倒翁玩具；

7）自动柜员机（ATM）在无需出纳员的情况下有处理多种金融业务的能力。

二十六、复制原理

如图 4-63 所示。

图 4-63　复制原理图解

1. 复制原理的具体描述

1）用经过简化的廉价复制品，代替不易获得的、复杂的、昂贵的、不方便的或易碎的物体；

2）用光学复制品（图像）代替实物或实物系统，可以按一定比例放大或缩小图像；

3）如果已使用了可见光拷贝，用红外线或紫外线替代。

2. 应用案例

【案例 4-67】

射击模拟训练系统

通过虚拟现实(VR)技术来模拟战场情况，供士兵练习射击。如图 4-64 所示。

【案例 4-68】

紫外线杀蚊灯

蚊子对紫外线的波长有特殊的敏感性，诱蚊效果比普通灯光好。如图4-65所示。

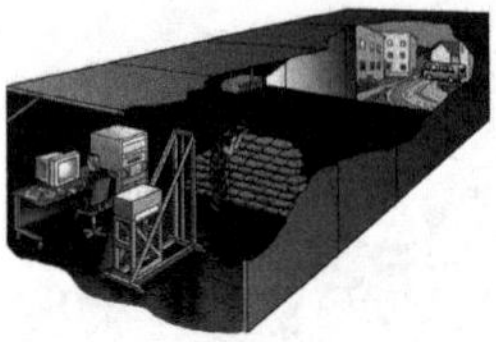

图 4-64　射击模拟训练系统

图 4-65　紫外线杀蚊灯

3. 使用技巧

广义的复制其实是一种映射。多种手段都可以实现复制，例如实物模型、计算机模型、数学模型或其他能够满足要求的模拟技术。注意考虑改变复制物的比例。

4. 课堂讨论

以下都是利用复制原理解决工程难题的实例，其中蕴含的道理是什么，请你说一说。

1）看电视直播，而不到现场；
2）由图片来“测量”实物尺寸；
3）由影子来“测量”电视塔高度；
4）B 超；
5）红外夜视仪；
6）网上旅游；
7）“嫦娥一号”探月照片。

二十七、廉价替代品原理

如图 4-66 所示。

图 4-66 廉价替代品原理图解

1. 廉价替代品原理的具体描述

用若干便宜的物体代替昂贵的物体，同时降低某些质量要求(例如，工作寿命)。

2. 应用案例

【案例 4-69】

一次性的纸杯或塑料杯

使用一次性的纸杯或塑料杯可节约瓷杯的清洗、储存等费用，如图 4-67 所示。

【案例 4-70】

纸棍火柴

使用纸棍火柴可以替代木棍火柴、打火机等，如图 4-68 所示。

图 4-67 纸杯或塑料杯

图 4-68 纸棍火柴替代了打火机

3. 使用技巧

简单替代复杂，廉价替代高价，“短命”替代“长寿”。可以替代的对象不单是机器、工具和设备，也可以是信息、能量、人及过程。

4. 课堂讨论

以下都是利用廉价替代品原理解决工程难题的实例，其中蕴含的道理是什么，请你说一说。

1）一次性的餐具，清洁卫生；

2）塑料鞋套；

3）塑料机芯电子表；

4）手术服；

5）一次性注射器；

6）承包人和咨询者是“廉价替代”的，这是因为他们用来支持某一特殊任务或功能的执行，然后他们便被打发了。

二十八、机械系统替代原理

如图 4-69 所示。

图 4-69　机械系统替代原理图解

1. 机械系统替代原理的具体描述

1）用光学系统、声学系统、电磁学系统或影响人类感觉的系统，代替机械系统；

2）使用与物体相互作用的电场、磁场、电磁场；

3）用运动场代替静止场，时变场代替恒定场，结构化场代替非结构化场；

4）把场与场作用和铁磁粒子组合使用。

2. 应用案例

【案例 4-71】

声音栅栏

用声音栅栏替代实物栅栏。如使用光电传感器，可控制小动物进出房间。

【案例 4-72】

混合粉末

混合两种粉末时，如用电磁场替代机械振动，可以使粉末混合得更加均匀。

【案例 4-73】

汽车遥控锁

无线遥控锁替代了机械锁。

【案例 4-74】

铁磁催化剂

使材料呈现顺磁状态。

3. 使用技巧

首先考虑用物理场替代机械场，由可变场替代恒定场，由结构化场替代非结构化场，由生物场来替代机械作用。在非物理系统中，概念、价值或属性都可以是被替代的对象。

4. 课堂讨论

以下都是利用机械系统替代原理解决工程难题的实例，其中蕴含的道理是什么，请你说一说。

1）在煤气中掺入难闻气体，警告使用者气体泄漏；

2）门铃代替敲门；

3）静电除尘；

4）声控电灯；

5）电磁锁；

6）将一种高度结构化的、机械式的生活替代以学会更多地注重现在的生活（变得更加灵活、可变及具有适应性），可给一个人带来新的生活方式及意义。

二十九、气压和液压结构原理

如图 4-70 所示。

图 4-70　气压和液压结构原理图解

1. 气压和液压结构原理的具体描述

将物体的固体部分，用气体或流体代替，如充气结构、充液结构、气垫、液体静力结构和流体动力结构。

2. 应用案例

【案例 4-75】

气垫运动鞋

用气垫替代了实心的鞋底，提高了运动鞋的助弹力和缓冲力。如图 4-71 所示。

图 4-71　气垫运动鞋

【案例 4-76】

玻璃门的空气阻尼器

安装空气阻尼器来延缓玻璃门的开关速度，以避免玻璃门的开关速度太快而撞伤进出人员。

3. 使用技巧

注意观察系统中是否包含具有可压缩性、流动、湍流、弹性及能量吸收等属性的元件，是可以用气动或液压元件代替原有零部件的。

4. 课堂讨论

以下都是利用气压和液压原理解决工程难题的实例，其中蕴含的道理是什么，请你说一说。

1）运输易损物品时，使用发泡材料进行包装；

2）汽车减速时，系统储存多余的能量；在汽车加速时，系统再释放储存的能量；

3）汽车的安全气囊；

4）烧伤病人躺卧的水床；

5）液压千斤顶；

6）在社交中，“保全面子”仍然是很重要的。因而，为了顾及在这个问题上的社交可压缩性，某些人从不喜欢直接做否定回答或说“不”，因为这样可能会产生一种“面子”无法保全的情况（不可压缩）。

三十、柔性壳体或薄膜原理

如图 4-72 所示。

图 4-72　柔性壳体或薄膜原理图解

1. 柔性壳体或薄膜原理的具体描述

1）使用柔性壳体或薄膜代替标准结构；

2）使用柔性壳体或薄膜将物体与环境隔离。

2. 应用案例

【案例 4-77】

充气护膜

在网球场地上，采用充气薄膜结构，作为冬季保护场地的措施，如图 4-73所示。

图 4-73 网球场上的充气护膜

【案例 4-78】

塑料大棚

在农业上，使用塑料大棚来保温种菜。

【案例 4-79】

双极材料

在蓄水池的表面，覆一层双极材料的薄膜。这层薄膜的上表面为亲水性，下表面为疏水性，借此可以减少蓄水池里水分的蒸发。

3. 使用技巧

如果打算将一个问题与其环境隔离，或者考虑运用薄的对象代替厚的对象，都可以考虑使用该原理。

4. 课堂讨论

以下都是利用柔性壳体或薄膜原理解决工程难题的实例，其中蕴含的道理是什么，请你说一说。

1）用薄膜将水和油分开储藏；

2）医用透明胶条；

3）覆膜教科书；

4）尼龙布面简易衣柜；

5）塑料浴罩；

6）化妆品及指甲油提供保护并美化体貌。

三十一、多孔材料原理

如图 4-74 所示。

图 4-74　多孔材料原理图解

1. 多孔材料原理的具体描述

1）使物体变为多孔或加入多孔物体（如多孔嵌入物或覆盖物）；

2）若物体已是孔结构，在小孔中事先填入某种物质。

2. 应用案例

【案例 4-80】

泡沫金属

在失重状态下，向液态金属中注入气体。这时，气泡即不“上浮”，也不“下沉”，而是均匀地分布在液态金属中。当液态金属冷却凝固后，就成为像软木塞那样轻的泡沫金属。用泡沫金属做飞机的机翼，结实又轻便。

【案例 4-81】

包装容器

竹筐、表面有孔的塑料容器等，都是利用多孔材料原理的容器。这类容器坚固、轻便、廉价，而且通气、透风。

【案例 4-82】

药棉

棉花是多孔结构的材料，可加工制成酒精药棉。如图 4-75 所示。

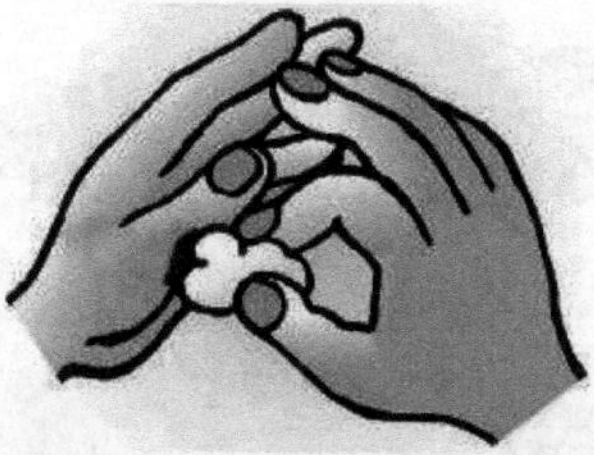

图 4-75　药棉

3. 使用技巧

使用孔穴、气泡、毛细管等孔隙结构时，这些结构可不包含任何实物粒子，可以真空，也可以充满某种有用的气体、液体或固体。

4. 课堂讨论

以下都是利用多孔材料原理解决工程难题的实例，其中蕴含的道理是什么，请你说一说。

1）竹纤维制的毛巾被；

2）用海绵储存液态氮；

3）印台盒里储存印油的材料；

4）纱窗；

5）蚊帐；

6）通过多种干扰手段来分散某个人的注意力（在其注意力中产生多孔性），是一种有效的牵制战术。

三十二、颜色改变原理

如图 4-76 所示。

图 4-76　颜色改变原理图解

1. 颜色改变原理的具体描述

1）改变物体或环境的颜色；
2）改变物体或环境的透明度；
3）在难以看清的物体中，使用有色添加剂或发光物质；
4）通过辐射加热，改变物体的热辐射性。

2. 应用案例

【案例 4-83】

示温油漆

在门窗或家具上涂示温油漆，随油漆颜色变化来表示不同的室温，如图 4-77 所示。

图 4-77 示温油漆

【案例 4-84】

感光玻璃

随光线强度不同而改变颜色和透明度。

【案例 4-85】

人民币上的荧光防伪标记

利用发光物质来做识别真伪的特殊标记。

3. 使用技巧

当目的是区别多种系统的特征（例如促进检测、改善测量或标识位置、指示状态改变、目视控制、掩盖问题等）时，都可以使用该原理。

4. 课堂讨论

以下都是利用颜色改变原理解决工程难题的实例，其中蕴含的道理是什么，请你说一说。

1）在暗室中，使用安全灯作警戒色；
2）冬天，在冰面上撒深色炉渣，以吸热加速融化；
3）pH 试纸；
4）变色眼镜片；
5）航海救生衣；
6）企业改变其名称及标志（比方说改变颜色）来提升自身形象。

三十三、匀质性原理

如图 4-78 所示。

图 4-78　匀质性原理图解

1. 匀质性原理的具体描述

存在相互作用的物体，用相同材料或特性相近的材料制成。

2. 应用案例

【案例 4-86】

金刚石割刀

金刚石是一种天然的最硬的物质，是制作钻石的原料，只有金刚石割刀或锯片才能切割金刚石。如图 4-79 所示。

图 4-79 金刚石割刀

【案例 4-87】

输血

输血时，施血者与受血者的血型必须一致。

【案例 4-88】

手术线

手术时，医生使用能被人体吸收的羊肠线，来缝合伤口。

3. 使用技巧

首先寻找一种材料的或多种材料之间的等同性，即两种材料或属性足够接近，一起使用不会产生明显害处。这种等同性能给系统带来益处。

4. 课堂讨论

以下都是利用匀质性原理解决工程难题的实例，其中蕴含的道理是什么，请你说一说。

1）方便面的调料包装口袋，用可食性材料制造；

2）可以用金刚石来加工钻石，切割产生的粉末，同质材料可以回收；

3）人们用汽油去除衣物上的油渍；

4）“物以类聚，人以群分”的含义所在；

5）包饺子时，为防止粘连使用的面粉；

6）企业通过一致的行为及共同的价值观，建立起一种企业文化以及由此产生的一致性。

三十四、抛弃或再生原理

如图 4-80 所示。

图 4-80　抛弃或再生原理图解

1. 抛弃或再生原理的具体描述

1）采用溶解、蒸发等手段，抛弃已完成功能的零部件，或在系统运行过程中，直接修改它们；

2）在工作过程中，迅速补充系统或物体中消耗的部分。

2. 应用案例

【案例 4-89】

药物胶囊

药物胶囊的外壳起到包裹药粉的作用，进入体内后自行溶解掉（图 4-81）。

图 4-81 药物胶囊

【案例 4-90】

自动铅笔

随时补充消耗掉的铅芯。

3. 使用技巧

请注意时间是关键。一旦一种功能已完成，立即将其从系统中去除。或者，立即对其进行恢复以进行再利用。

4. 课堂讨论

以下都是利用抛弃或再生原理，解决工程难题的实例，其中蕴含的道理是什么，请你说一说。

1）在完成升空作用后，火箭助推器立即与卫星运载仓分离。

2）草坪剪草机的自锐系统。

3）机关枪发射后自动抛出弹壳。

4）石油钻机的钻头。

5）把美工刀片上变钝的部分掰掉。

6）许多公司基于企业能力的变化而雇用不同水平的员工。例如临时雇佣人员在使用上就比较方便，即需要的时候雇用，不需要的时候停止雇用。

三十五、物理或化学参数改变原理

如图 4-82 所示。

图 4-82　物理或化学参数改变原理图解

1. 物理或化学参数改变原理的具体描述

1）改变聚集态（物态）；
2）改变浓度或密度；
3）改变柔度；
4）改变温度。
顺便指出，物理或化学参数改变原理是所有创新原理中使用频率最高的原理。

2. 应用案例

【案例 4-91】

洗手液

把固体的肥皂，变成液体的洗手液，如图 4-83 所示。这里是在改变物体的柔性。

【案例 4-92】

硫化橡胶

硫化过的生橡胶变成热橡胶，其结构和性能都发生了较大的变化。

【案例 4-93】

烹饪

在烹饪的过程中，改变了物体的温度、浓度或体积，如图 4-84 所示。

图 4-83　洗手液

图 4-84　烹饪

3. 使用技巧

可以考虑改变系统或对象的任意属性（对象的物理或化学状态、密度、导电性、机械柔性、温度、几何结构等）来实现系统的新功能。

4. 课堂讨论

以下都是利用物理或化学参数改变原理解决工程难题的实例，其中蕴含的道理是什么，请你说一说。

1）降低医用标本的保存温度以备日后可用于解剖；

2）固态的二氧化碳——干冰比气态或液态时更便于使用；

3）固体酱油；

4）压缩饼干；

5）酒芯巧克力；

6）团队研讨会使参与者经过一系列应激情境，以巩固关系、加深情谊，同时丰富参与者的经历。

三十六、相变原理

如图 4-85 所示。

图 4-85　相变原理图解

1. 相变原理的具体描述

利用物质相变时产生的某种效应，如体积改变、吸热或放热。

2. 应用案例

【案例 4-94】

降温服

特殊材料制成的衣服，可以在高温环境中，降低人体温度。

【案例 4-95】

热管

利用冷凝回流，带走热量，使物体降低温度。

【案例 4-96】

用冰的无声爆破

当水在开始结冰时，体积膨胀，同时产生了惊人的力量，足以把水管、水泥制件等坚硬的物体撑破。例如，可以利用冰膨胀产生的力量，对需要拆除的楼房实施无声“爆破”。人们在几处关键的“爆破”点，放入巨型水瓶，然后进行人工制冷。水很快结成冰，并且向外面膨胀。于是，墙体被拱起、破裂，整栋楼房坍塌。这个过程，被称之为“用冰的无声爆破”。它避免了通过炸药等剧烈的爆破方式造成的化学污染、声音污染以及突发大量粉尘的污染，是绿色环保型爆破技术。

3. 使用技巧

为了产生气溶胶、吸收或释放热量、改变体积以及产生一种有用的力，都可以利用相变原理。典型的相变包括：气、液、固体彼此之间的转换以及相反过程。

4. 课堂讨论

以下都是利用相变原理解决工程难题的实例，其中蕴含的道理是什么，请你说一说。

1）空调机内的热泵；
2）家用罐装液化气；
3）分离氧气和氮气；
4）冰箱；
5）用干冰制造舞台烟雾效果；
6）企业在市场整合时期购空竞争者的存货，并在市场膨胀时期廉价卖清企业的存货。

三十七、热膨胀原理

如图 4-86 所示。

1. 热膨胀原理的具体描述

1）利用材料的热膨胀或热收缩；

图 4-86　热膨胀原理图解

2）组合使用不同热膨胀系数的几种材料。

2. 应用案例

【案例 4-97】

装配金属双环

装配金属双环时，可使内环冷却收缩；外环升温膨胀，再将两环装配在一起。待恢复常温后，内外环就牢牢得固定在一起了。

【案例 4-98】

双金属片开关

用两片不同材质的金属压制而成，温度升降时，因膨胀系数不同而产生变形，形成通断。如图 4-87 所示。

图 4-87　双金属片开关

3. 使用技巧

热膨胀可为正向或负向。热膨胀的运用范围并不只限于热场，重力、气压、海拔高度或光线的变化都可能引起热膨胀（收缩）。社会现象或者心理现象也可以纳入考虑范围。

4. 课堂讨论

以下都是利用热膨胀原理解决工程难题的实例，其中蕴含的道理是什么，请你说一说。

1）酒精温度计；
2）踩瘪的乒乓球用热水一烫就恢复原状；
3）铁轨之间要留有缝隙；
4）两根电线杆之间的电线，冬天绷得比较紧，夏天拉得比较长；
5）夏季自行车胎不能打太足的气；
6）日光灯的启辉器；
7）对于缺乏适当的阳光而导致的抑郁症，可以将病人置于阳光充足的环境中，从而使病情减轻。

三十八、强氧化剂原理

如图 4-88 所示。

图 4-88　强氧化剂原理图解

1. 强氧化剂原理的具体描述

1）用富氧空气代替普通空气；
2）用纯氧代替空气；
3）将空气或氧气进行电离辐射；
4）使用臭氧代替氧气。

2. 应用案例

【案例 4-99】

高压纯氧杀菌

氧气不仅能杀灭妨害伤口愈合的厌氧菌，还能促进增生那些加速伤口愈合的免疫细胞，从而大大缩短伤口愈合时间。如图 4-89 所示。

图 4-89　用高压纯氧杀灭伤口的厌氧细菌

【案例 4-100】

臭氧除垢

臭氧从污水中除去 Fe^{2+}、Mn^{2+} 及 Pb、Ag、Cd、Hg、Ni 等重金属离子，可用于消除水中的酚、氰、亚硫酸盐等多种有机或无机污染物、有毒物。

3. 使用技巧

提高氧化水平的次序可以考虑从空气→富含氧气的空气→纯氧→电离化氧气→臭氧。

在非物理系统中，“氧化剂”可以是能够导致过程加速或失稳的任何外部元素。

4. 课堂讨论

以下都是利用强氧化剂原理解决工程难题的实例，其中蕴含的道理是什么，请你说一说。

1）用乙炔 - 氧代替乙炔 - 空气来切割金属。

2）使用负氧离子空气清新机清新室内空气。

3）游泳池里用漂白粉消毒。

4）富氧炼钢。

5）高压氧舱。

6）某些个体在任何组织之内都是变革的催化剂。他们具有识别、开发并与他人分享新技术、新想法的积极性，不断地播撒变革的种子。

三十九、惰性环境原理

如图 4-90 所示。

图 4-90　惰性环境原理图解

1. 惰性环境原理的具体描述

1）用惰性环境代替通常的环境；
2）使用真空环境。

2. 应用案例

【案例 4-101】

霓虹灯

将惰性气体充填在灯泡中，制作霓虹灯。

【案例 4-102】

高保真音响

在音响中，合理敷设泡沫材料，以吸收不良声振动，确保高保真效果。

【案例 4-103】

真空包装

如图 4-91 所示。

图 4-91　真空包装

3. 使用技巧

制造一种惰性环境，可以考虑各种可用的环境类型：真空、气体、液体或固体。固体惰性环境包括中性涂层、微粒或要素，同时还要考虑“不产生有害作用的环境”。

4. 课堂讨论

以下都是利用惰性环境原理解决工程难题的实例，其中蕴含的道理是什么，请你说一说。

1）充氩气的长寿白炽灯；

2）化学环境稳定的惰性气体操作箱；

3）惰性气体保护焊接机；

4）真空镀膜机；

5）食品的真空包装；

6）团队推动者会制造一种免受攻击的、安全的（惰性）环境，以便团队成员们能够畅所欲言。

四十、复合材料原理

如图 4-92 所示。

图 4-92 复合材料原理图解

1. 复合材料原理的具体描述

用复合材料代替均质材料。

2. 应用案例

【案例 4-104】

冲浪板

玻璃纤维制成的冲浪板，不但比木质板易于成形，而且使运动更加灵活，如图 4-93 所示。

图 4-93 冲浪板

【案例 4-105】

混纺地毯

这种地毯具有良好的阻燃性能。

3. 使用技巧

采用复合材料就是改变材料成分。没有分层时可以考虑分层，没有增加纤维时可以考虑增加纤维（或各种材料）等。对于管理系统，可以考虑使用不同类型的人员。

4. 课堂讨论

以下都是利用复合原理解决工程难题的实例，其中蕴含的道理是什么，请你说一说。

1）飞机外壳用复合材料制造；

2）轻便高强的多层防弹服；

3）耐磨的强化复合实木地板；

4）高强水泥与玻璃钢制作的防窃下水井盖；

5）石墨纤维与树脂复合，可得到膨胀系数几乎为零的材料；

6）一些跨国顶级公司将产品开发团队与不同的文化及地域背景相组合，力图满足不同区域市场的需要。

四十一、创新原理小结

创新原理（也称“发明原理”）是建立在对上百万的专利分析的基础上，蕴含了人类发明创新所遵循的共性原理，是 TRIZ 中用于解决矛盾（问题）的基本方法。

学习并熟练掌握 40 条创新原理，对于解决科研、生产和生活中的各种问题，有着重要的启示和神奇的促进作用。对于在什么样的情况下该使用哪几条创新原理来解决哪些具体问题，将在后面的章节中予以详细介绍。

现在某些专家、学者或个别企业提出了 40 条创新原理之外的原理，例如提出了 78 条创新原理，也有学者提出可以与 40 条创新原理兼容的管理创新原理。这些尝试都是有益的，值得关注与欢迎的，它们丰富了由阿奇舒勒奠定的经典 TRIZ 的内容。但是，我们同时也注意到，迄今为止，还没有一个学者或者企业，能够有充分的专利分析依据，证明 40 条创新原理之外的“发明原理”来源的客观性与权威性，因为所有经典的 40 条创新原理是建立的严格的专利分析基础之上的，这个验证的工作量是十分巨大的，没有大量的专利分析作为支撑，仅仅以局部的、一定数量的验证来做推理和判断，是无法准确地反映工程中所有的实际问题的。这也是为什么我们对 40 条创新原理之外的原理持谨慎态度的原因之一。

思 考 题

1. 针对每个创新原理，请你说出至少三个运用该原理的实例，要求不同于本书中的举例。
2. 用你的理解和语言，讲解一下每个创新原理的内容。
3. 你是否有用创新原理解决问题的亲身经历？请至少总结一个实际案例并在课堂上予以公开讲述。
4. 你准备怎样教会别人去使用创新原理？

第五章　技术矛盾及解决方法

第一节　人类解决问题(矛盾)的传统方法

要想彻底阐述清楚人类解决问题（矛盾）的传统方法，其实是一个很难的问题。因为这个问题涉及多学科和多领域，不是三言两语就能讲明白的。这里我们仅从解决问题的思维方法和解题流程方面做简要论述，目的是想说明TRIZ在解决问题的方法和流程上，与人类解决问题（矛盾）的传统方法完全一样。二者的区别仅仅在于，TRIZ比传统解决问题（矛盾）的方法更加快捷、全面、准确和高效。今天是技术飞速发展的信息时代，我们不能再像爱迪生发明白炽灯那样，动员大量的人力、财力和物力，以批量试错的方式去解决所遇到的技术问题。我们不仅要珍惜人力、财力、物力资源，更要尽量缩短研发时间。TRIZ帮助我们实现了这个目的。

通常我们是怎样解决技术问题的呢？首先，我们要对一个实际问题进行仔细的分析；然后，把这个问题转化为一个问题模型；针对不同的问题模型，应用不同的解决工具，得到解决方案模型；最后，将这些解决方案模型，应用到具体的问题之中，就是问题的最终解决办法。

上述为人类解决问题的一般方法。其中提到了问题模型和解决方案的模型等，希望大家记住这些可能让人感到生疏的词汇，因为以后会频繁地使用它们。

下面，我们通过两个日常生活中的简单实例，把这个过程用通俗的方式加以介绍。也许你会感到这些问题小学生都会回答，但是在这里我们关注的是解决问题方法的一般思路。

实例1：有5个房间，每个房间里有2个人。问：这些房间里一共有多少人？

最直接的方法：我们可以一个个地去数人数，最后得的答案是，在这些房间里一共有10个人。

其实在面对这样一个问题时，我们显然不会一个个地去数，那么我们又怎样去做呢？那么最常用的方法：我们的脑子里会飞快的闪过“2 乘 5 等于 10”，并脱口而出地给出正确答案。让我们想一想，为什么会有这样一个过程呢？下面，我们就来分析一下，这个解题的整个思维方法和解题流程。

首先，我们会在头脑中列出式子：2 ×5。这个“2 ×5”是什么呢？就是这个实际问题的模型（问题模型）。有了问题模型以后，我们使用了乘法口诀表。这个乘法表在此时就是解题工具。我们得到的结果是“10”——表示的仅仅是一个值，是个只有针对于这个具体问题的时候，才表示是“10 个人”的值。我们称之为解决方案模型。

实例 2：桌子上一共有 5 个盘子，每盘子里有 2 个苹果。问：桌子上一共有多少个苹果？

现在，问题模型依然是“2 ×5”，利用乘法表，得到的解决方案模型还是“10”。对于这个苹果的实际问题来说，虽然我们仍然得到数字 10，但它现在表示的是 10 个苹果，而不是 10 个人。所以，数字“10”只是解决方案模型。只有针对于一个具体的实际问题时，它才具有实际的意义。将数字 10 代入具体的问题中，我们就得到了该问题的解：10 个人或者是 10 个苹果。

由此我们了解了在解决问题时所用传统的思维方法和解题流程。下面我们再来看一看，如何利用 TRIZ 的方法来解决问题。

第二节　TRIZ 解决问题的方法

利用 TRIZ 原理解决问题的方法如下：首先，将一个待解决的实际问题转化为问题模型；然后，针对不同的问题模型，应用不同的 TRIZ 工具，得到解决方案模型；最后，将这些解决方案模型应用到具体的问题之中，得到问题的解决方案。

当一个技术系统出现问题时，其表现形式是多种多样的（表 5-1），因此，解决问题的手段也是多种多样的，关键是要区分技术系统的问题属性和产生问题的根源。根据问题所表现出来的“参数属性”、“结构属性”和“资源属性”，TRIZ 的问题模型共有四种形式：技术矛盾、物理矛盾、物质 – 场问题、知识使能问题。与此相对应，TRIZ 的工具也有四种：矛盾矩阵、分离原理、知识与效应库和标准解法系统。对于一些复杂的、无法直接用以上工具解决的问题，TRIZ 提供了一套解决问题的流程和算法——发明问题解决算法（ARIZ）（本教材不作介绍）。

表 5-1 技术系统问题的表现形式与解决问题模式

技术系统问题属性	问题根源	表现形式	问题模型	解决问题工具	解决方案模型
参数属性	技术系统中两个参数之间存在着相互制约		技术矛盾	矛盾矩阵	创新原理
参数属性	一个参数无法满足系统内相互排斥的需求		物理矛盾	分离原理	创新原理
结构属性	实现技术系统功能的某结构要素出现问题	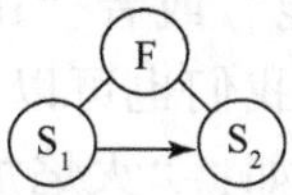	物质－场	标准解系统	标准解
资源属性	寻找实现技术系统功能的方法与科学原理	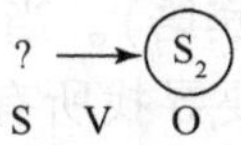	知识使能	知识库与效应库	方法与效应

1. 技术矛盾

技术矛盾指技术系统中两个参数之间存在着相互制约，简要地说，是在提高技术系统的某一个参数（特性、子系统）时，导致了另一个参数（特性、子系统）的恶化而产生的矛盾。我们把实际问题转化为技术矛盾之后，利用矛盾矩阵，可以得到推荐的创新原理。以这些创新原理作为启发，就容易找到针对实际问题的一些可行方案。（创新原理，在上一章中已经做了详细的介绍，是阿奇舒勒经过研究大量专利之后，得出的经常用来解决实际问题的方法和规律。这些原理与其他一些传统方法的区别在于它们是建立在研究了世界上不同工程领域的海量专利的基础之上总结产生的，因而更具实用性和有效性。）

2. 物理矛盾

物理矛盾指在技术系统中的某一个参数无法满足系统内相互排斥的、不同的需求，解决物理矛盾的工具是分离原理。使用分离原理有四种具体的分离方法：空间分离、时间分离、条件分离和整体与部分分离。在分离方法确认以后，可以使用符合这个分离方法的创新原理来得到具体问题的解决方案。

3. 物质－场问题

物质－场问题指实现技术系统功能的某结构要素（两个物质和一个场）出现了问题。针对要解决的实际问题，我们可以先构建出问题的初始物质－场模型。然后，针对不同的问题，在标准解法系统中找到针对该问题的物质－场的标准解法。最后根据这些标准解法的建议，得到具体的问题解决方案。

4. 知识使能问题

知识使能（也称作“实现功能”或者“How To”）问题指寻找实现技术系统功能的方法与科学原理。通常，我们也可以用“SVO”（主语＋谓语＋宾语）的模式来描述一个技术的功能，例如：“火焰加热水”——这里，火焰是 S（主语），加热是 V（谓语），水是 O（宾语）。当我们以“VO”（加热水）来定义一个系统要实现的功能时，我们必须要寻找所有可能的“S”——技术资源，即所有可能加热水的知识（科学原理、效应、技术手段等），以便让“VO”（加热水）这件事情成立（功能实现）。由于查询知识是一个耗时费力的事情，因此通常不用人工方式去做查询，而是采用在计算机辅助技术支持下的知识库和效应库的方式来解决。这也是要大力研究和开发计算机辅助创新（CAI）技术的原因之一。（关于知识使能问题，是一个正在蓬勃发展的研究领域，限于篇幅，本教材只做上述简介，不再展开叙述。）

综上所述，当我们在实际工作中遇到具体的问题时，就可以利用这四种方法，来寻求解决问题的途径。这里我们采用了将问题模型化的方法，如图 5-1 所示。由于我们针对每个问题所建立的问题模型不同，所以使用的解题工具也不同，因而得到的解决方案模型也不相同。

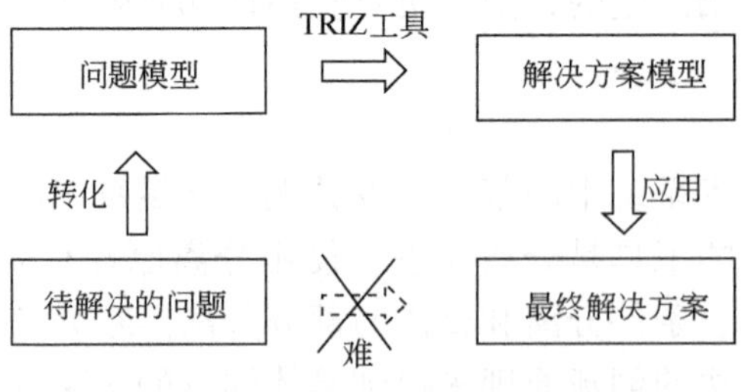

图 5-1　TRIZ 的一般解题模式与流程

从理论上讲，在遇到技术难题时，我们可以采用这四种方法中的任意一种，来寻找解决方案。但是，由于不同的方法解决问题的出发点是不同的，因而，当我们面对一个具体问题的时候，就应该对问题进行分析，考察问题的属性，探究问题的根源，看看哪一种 TIRZ 的方法更适合解决这个问题。只要具体问题具体分析，灵活地应用不同的方法，就可以得到各种不同的备选方案，然后再从中选择最好的解决方案。

第三节 39 个通用工程参数简介

39 个通用工程参数是阿奇舒勒通过对大量专利文献的分析后，为了更好地解决实际问题而陆续总结出来的，专门用于描述技术系统所发生的问题的参数属性，有助于实现具体问题的一般化表达。

阿奇舒勒发现，利用 39 个通用工程参数就足以描述工程中出现的绝大部分技术内容。故在应用矛盾矩阵来解决实际问题的时候，先把组成技术矛盾的两个参数，分别用该 39 个通用工程参数中的两个来表示。我们这样做的目的是把实际工程设计中存在的矛盾，转化为标准的技术矛盾，即用 39 个通用工程参数表示的技术矛盾。对这 39 个参数进行配对组合，产生了大约 1300 对典型的技术矛盾。

对这些工程参数的简单解释如表 5-2 所示。

通用技术参数中经常用到运动物体（moving objects）与静止物体（stationary objects）两个术语。

运动物体指受到自身或外力的作用后，可以改变所处空间位置的物体。

静止物体指受到自身或外力的作用后，并不改变其所处空间位置的物体。

在这里，物体可以被理解为一个系统。判断一个物体是运动物体还是静止物体，要根据该物体当时所处的状态来决定。

表 5-2 39 个通用工程参数及其解释

编号	参数名称	解释
1	运动物体的重量	运动物体的重量指重力场中的运动物体作用在阻止其自由下落的支撑物上的力，重量也常常表示物体的质量
2	静止物体的重量	静止物体的重量指重力场中的静止物体作用在阻止其自由下落的支撑物上或者放置该物体的表面上的力，重量也常常表示物体的质量

续表

编号	参数名称	解释
3	运动物体的长度	运动物体的长度指运动物体上的任意线性尺寸，而不一定是自身最长的长度。它不仅可以是一个系统的两个几何点或零件之间的距离，而且可以是一条曲线的长度或一个封闭环的周长
4	静止物体的长度	静止物体的长度指静止物体上的任意线性尺寸，而不一定是自身最长的长度。它不仅可以是一个系统的两个几何点或零件之间的距离，而且可以是一条曲线的长度或一个封闭环的周长
5	运动物体的面积	运动物体的面积指运动物体被线条封闭的一部分或者表面的几何度量，或者运动物体内部或者外部表面的几何度量。面积是以填充平面图形的正方形个数来度量的，如面积不仅可以是平面轮廓的面积，也可以是三维表面的面积，或一个三维物体所有平面、凸面或凹面的面积之和
6	静止物体的面积	静止物体的面积指静止物体被线条封闭的一部分或者表面的几何度量，或者静止物体内部或者外部表面的几何度量。面积是以填充平面图形的正方形个数来度量的，如面积不仅可以是平面轮廓的面积，也可以是三维表面的面积，或一个三维物体所有平面、凸面或凹面的面积之和
7	运动物体的体积	运动物体的体积以填充运动物体或者运动物体占用的单位立方体个数来度量。体积不仅可以是三维物体的体积，也可以是与表面结合、具有给定厚度的一个层的体积
8	静止物体的体积	静止物体的体积以填充静止物体或者静止物体占用的单位立方体个数来度量。体积不仅可以是三维物体的体积，也可以是与表面结合、具有给定厚度的一个层的体积
9	速度	速度指物体的速度或者效率，或者过程、作用与完成过程、作用的时间之比
10	力	力指系统间相互作用的度量。在经典力学中，力是质量与加速度之积。在 TRIZ 中，力是试图改变物体状态的任何作用
11	应力、压强	应力、压强指单位面积上的作用力，也包括张力。例如，房屋作用于地面上的力；液体作用于容器壁上的力；气体作用于气缸－活塞上的力。压强也可以来表示无压强（真空）
12	形状	形状指一个物体的轮廓或外观。形状的变化可能表示物体的方向性变化，或者表示物体在平面和空间两种情况下的形变

续表

编号	参数名称	解释
13	对象的稳定性	对象的稳定性指物体的组成和性质（包括物理状态）不随时间改变而变化的性质，它表示了物体的完整性或者组成元素之间的关系。磨损、化学分解及拆卸都代表稳定性的降低，而增加物体的熵，则是增加物体的稳定性
14	强度	强度指物体受外力作用时，抵制使其发生变化的能力；或者在外部影响下抵抗破坏（分裂）和不范性形变的性质
15	运动物体的作用时间	运动物体的作用时间指运动物体具备其性能或者完成作用的时间、服务时间以及耐久时间等。两次故障之间的平均时间，也是作用时间的一种度量
16	静止物体的作用时间	静止物体的作用时间指静止物体具备其性能或者完成作用的时间、服务时间以及耐久时间等。两次故障之间的平均时间，也是作用时间的一种度量
17	温度	温度表示物体所处的热状态，反映在宏观上系统热动力平衡的状态特征，也包括其他的热学参数，比如影响温度变化速率的热容量
18	照度	照度指照射到物体某一表面上的光通量与该表面面积的比值，也可以理解为物体的适当亮度、反光性和色彩等
19	运动物体的能量消耗	运动物体的能量消耗指运动物体完成指定功能所需的能量，其中也包括超系统提供的能量。经典力学中，能量指作用力与距离的乘积
20	静止物体的能量消耗	静止物体的能量消耗指静止物体完成指定功能所需的能量，其中也包括超系统提供的能量。经典力学中，能量指作用力与距离的乘积
21	功率	功率指物体在单位时间内，完成的工作量或者消耗的能量
22	能量损失	能量损失指做无用功消耗的能量。为减少能量损失，有时需要应用不同的技术手段，来提高能量利用率
23	物质损失	物质损失指物体在材料、物质、部件或者子系统上，部分或全部、永久或临时的损失
24	信息损失	信息损失指系统数据或者系统获取数据部分或全部、永久或临时的损失，经常也包括气味、材质等感性数据
25	时间损失	时间损失指一项活动持续时间、改善时间的损失，一般指减少活动内容时所浪费的时间
26	物质的量	物质的量指物体（或系统）的材料、物质、部件或者子系统的数量，它们一般能被全部或部分、永久或临时地改变
27	可靠性	可靠性指物体（或系统）在规定的方法和状态下，完成指定功能的能力。可靠性常常可以被理解为无故障操作概率或无故障运行时间

续表

编号	参数名称	解释
28	测量精度	测量精度指对系统特性的测量结果与实际值之间的偏差程度，减小测量中的误差可以提高测量精度
29	制造精度	制造精度指所制造的产品在性能特征上，与技术规范和标准所预定内容的一致性程度
30	作用于对象的有害因素	作用于对象的有害因素指环境或系统对于物体的（有害）作用，它使物体的功能参数退化
31	对象产生的有害作用	对象产生的有害作用指使物体或系统的功能、效率或质量降低的有害作用，这些有害作用一般来自物体或者与其操作过程有关的系统
32	可制造性	可制造性指物体或系统在制造过程中的方便或者简易程度
33	操作流程的方便性	操作流程的方便性指在操作过程中，如果需要的人数越少，操作步骤越少，以及所需工具越少，同时又有较高的产出，则代表方便性越高
34	可维修性	可维修性是一种质量特性，包括方便、舒适、简单、维修时间短等
35	适应性、通用性	适应性、通用性指物体或系统积极响应外部变化的能力；或者在各种外部影响下，具备以多种方式发挥功能的可能性
36	系统的复杂性	系统的复杂性指系统元素及其相互关系的数目和多样性。如果用户也是系统的一部分，将会增加系统的复杂性。人们掌握该系统的难易程度是其复杂性的一种度量
37	控制和测量的复杂度	控制或者测量一个复杂系统，需要高成本、较长时间和较多人力去完成。如果系统部件之间关系太复杂，也使得系统的控制和测量困难。为了降低测量误差而导致成本提高，也是一种测试复杂度增加的度量
38	自动化程度	自动化程度指物体或系统，在无人操作的情况下，实现其功能的能力。自动化程度的最低级别，是完全的手工操作方式。中等级别，则需要人工编程，根据需要调整程序，来监控全部操作过程。而最高级别的自动化，则是由机器自动判断所需操作任务、自动编程和自动对操作监控
39	生产率	生产率指在单位时间内，系统执行的功能或者操作的数量；或者完成一个功能或操作所需时间，以及单位时间的输出；或者单位输出的成本等

为了应用方便和便于理解，上述39个通用工程参数大致分为以下三类：

通用物理及几何参数：运动物体的重量、静止物体的重量、运动物体的尺寸、静止物体的尺寸、运动物体的面积、静止物体的面积、运动物体的体积、静止物体的体积、速度、力、应力或压强、形状、温度、照度、功率；

通用技术负向参数：运动物体的作用时间、静止物体的作用时间、运动物体的能量消耗、静止物体的能量消耗、能量损失、物质损失、信息损失、时间损失、物质的量、作用于对象的有害因素、对象产生的有害因素；

通用技术正向参数：对象的稳定性、强度、可靠性、测量精度、制造精度、可制造性、操作流程的方便性、可维修性、适应性和通用性、系统的复杂性、控制和测量的复杂度、自动化程度、生产率。

所谓负向参数（negative parameters），是指这些参数变大时，使系统或子系统的性能变差。如子系统为完成特定的功能时，所消耗的能量（No. 19～20）越大，则说明这个子系统设计得越不合理。

所谓正向参数（positive parameters），是指这些参数变大时，使系统或子系统的性能变好。如子系统的可制造性（No. 32）指标越高，则子系统制造的成本就越低。

第四节　解决技术矛盾的矛盾矩阵表

在表5-1中，我们已经指出，当技术系统中两个参数之间存在着相互制约、此消彼长的情况时，就产生了技术矛盾。解决技术矛盾通常要使用上一章介绍过的40条创新原理。

为了提高解决技术矛盾的效率，搞清楚具体在什么情况下使用哪些创新原理，阿奇舒勒创建了矛盾矩阵表（表5-3），来作为解决技术矛盾的工具。

在矛盾矩阵表中，表的第一行和第一列所列的都是39个通用工程参数中的参数。不同的是，第一列所列的是系统需要改善的参数的名称；而第一行所列的是系统在改善那个参数的同时，导致恶化了的另一个参数的名称。在矛盾矩阵表上每一个单元格内的数字，均表示解决对应的技术矛盾时对人们最有用的那些创新原理的编号。也就是说，矛盾矩阵建议大家优先采用这些创新原理，以帮助人们解决技术矛盾。如果在某个单元格内的数字超过一个时，则各个数字之间用逗号隔开。

例如，某一对技术矛盾是：为了改善生产车间的“温度”条件，导致了产品流水线上“生产率”指标的降低。我们可以利用矛盾矩阵来解决这一对技术矛盾（表5-3）。具体的步骤是：在矛盾矩阵表的第一列里找出温度这个参数的名称，在第一行里找出生产率这个参数的名称；温度所在的行与生产率所在的列的交叉处，有一个单元格；单元格内有三个数字，即15、28、35；这就是解决问题的创新原理（或启示）。也就是说，15#、28#、35#创新原理，常被人们用来解决温度与生产率之间的技术矛盾。在后面，我们还要通过更多的实例，给大家更加详细的介绍。

表5-3 矛盾矩阵表

改善的工程参数 \ 恶化的工程参数		运动物体的重量	静止物体的重量	运动物体的长度	时间损失	物质的量	系统的复杂性	控制和测量的复杂性	自动化程度	生产率
		1	2	3	25	26	36	37	38	39
1	运动物体的重量	+	–	15，8，29，34	10，35，20，28	3，26 18，31	26，30，36，34	28，29，26，32	26，35，18，19	35，3，24，37
2	静止物体的重量	–	+	–	10，20，35，26	19，6，18，26	1，10，26，39	25，28，17，15	2，26，35	1，28，15，35
15	运动物体的作用时间	19，5，34，31	–	2，19，9	20，10，28，18	3，35，10，40	10，4，29，15	19，29，39，35	6，10	35，17，14，19
16	静止物体的作用时间	–	6，27，19，16	–	28，20，10，16	3，35，31	–	25，34，6，35	1	20，10，16，38
17	温度	36，22，6，38	22，35，32	15，19，9	35，28，21，18	3，17，30，39	2，17，16	3，27，35，31	26，2，19，16	15，28，35
18	照度	19，1，32	2，35，32	19，32，16	19，1，26，17	1，19	6，32，13	32，15	2，26，10	2，25，16
19	运动物体的能量消耗	12，18，2，8，31	–	12，28	35，38，19，18	34，23，16，18	2，29，27，28	35，38	32，2	12，28，35

技术矛盾的完整定义如下：如果技术系统中两个通用工程参数（特性、功能、子系统）间的矛盾呈现以下特征，即被称作是技术矛盾——在某一子系统强化有用功能，引起另一子系统产生有害功能；在某一子系统消除有害功能，引起另一子系统有用功能的弱化；强化有用功能或减少有害功能，引起另一子系统或全体系统产生无法接受的并发症。

在矛盾矩阵表中，相同序号的行和列的参数所构成的矛盾，不是技术矛盾，而被称为物理矛盾。也就是说，因不同需求所导致的对同一个参数的矛盾，被称为物理矛盾。我们会在后续章节中向大家详细介绍物理矛盾的解决方法。

如果矛盾矩阵表中的单元格为空，则表示没有可以推荐的创新原理。

第五节　技术矛盾的特点与解题流程

技术矛盾是在一个系统中两个参数之间的矛盾。产生技术矛盾的这两个参数之间是矛盾对立统一的双方，相互制约，相互依存，具有紧密的相关性。在所有的人工制造物中，可以说技术矛盾无处不在，无时不有。

例如，提高了汽车的速度，导致了汽车的安全性发生恶化。在这个例子中，涉及的两个参数是汽车这个运动物体的速度，以及由这个运动物体速度提升后所产生的有害因素。显然，这是一对具有紧密相关性的参数。

传统解决技术矛盾的办法，是采用“优化”和“折中”两种方法，但是如果基本矛盾没有解决，能够对参数做“优化”的程度是有限的，因为矛盾双方彼此相关，优化了一个参数，就恶化了另一个参数，因此才造成了无奈的“折中”，而“折中”结果却往往是矛盾的双方都没有得到百分之百的满足。一般情况下，人们获得的多是一种折中结果，并非是最优的解决方法。

而利用 TRIZ，人们往往能够得到较为彻底的解决方案。让矛盾的双方实现“双赢”，即让矛盾的双方——两个通用工程参数——都达到最优。

技术矛盾的解题过程是：先将一个用通俗语言描述的待解决的具体问题，转化为利用 39 个通用工程参数（TRIZ 术语）描述的技术矛盾——所谓标准的“问题模型”。然后，针对这种类型的问题模型，进一步利用解题工具——矛盾矩阵，找到针对问题的创新原理。依据这些创新原理，人们受到启发，经过演绎与具体化，最终找到解决具体的实际问题的一些可行方案。解决技术矛盾的一般解题模式如图 5-2 所示。

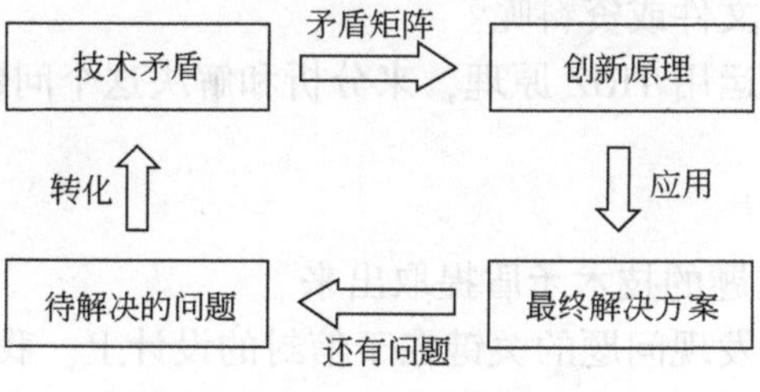

图 5-2　技术矛盾的解题模式

第六节　技术矛盾的解题实例

下面，我们来看一个解决技术矛盾的解题实例——安全便捷的信封设计。类似这样的例子，我们在后面的第八章还要给大家提供，以更加详细地展示利用 TRIZ 来解决技术矛盾的思维方法和解题流程。

1. 应用背景

在拆信时，我们经常会遇到这样的麻烦，一不小心就会撕坏里面的文件或者资料，如何迅速、安全地取出信封内的文件或资料呢？信封的结构如图 5-3 所示。

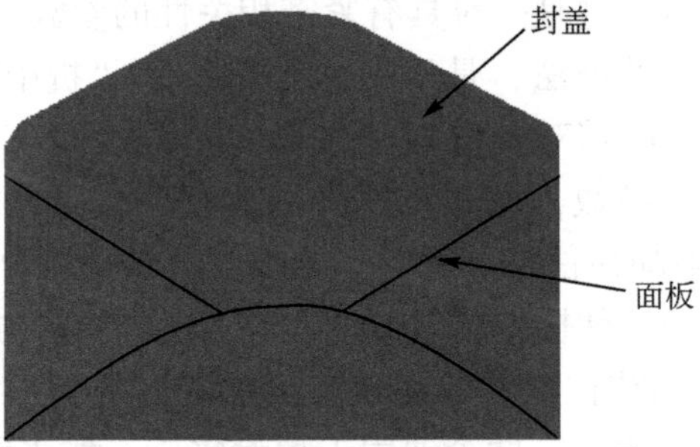

图 5-3　原有的信封设计

2. 问题描述

为了保护里面的文件，我们可以使用一些辅助工具，如剪子和专门的拆信刀等。但是，这样一来，拆信这样一件生活小事，就变得既麻烦又费事了。那么，我们是否有方便快捷，同时又安全可靠的拆信方式呢？即我们如何用最少的时间安全地取出信封内的文件或资料呢？

其实，我们可以运用 TRIZ 原理，来分析和解决这个问题。

3. 问题分析

（1）将待解决问题的技术矛盾提取出来

通过分析，我们发现问题的关键在于信封的设计上。我们应当设计一种启封快捷、拆开安全的信封。下面，我们首先对现在的拆信方式做分析。

1）最快拆信方式：直接撕开。

优点：快捷；

缺点：容易损坏内部文件。

存在的矛盾：想节约时间，结果却降低了拆信的可靠性。

2）最可靠拆信方式：用辅助器具，如剪刀、拆信刀等。但拆信前，往往需要摇晃信封，使信封内的文件躲开要拆的位置。

优点：信封外形保持完整，且不损坏内部文件；

缺点：麻烦，费时。

存在的矛盾：虽然改善了拆信的可靠性，结果却导致拆信方便性的降低。

现在就存在这样两个矛盾：

矛盾一：节约拆信时间与降低拆信的可靠性之间的矛盾。

我们用 39 个通用工程参数中的两个来表示它们。

需要改善的特性：25#时间损失；

系统恶化的特性：27#可靠性。

矛盾二：改善拆信的可靠性与恶化拆信方便性之间的矛盾。

我们用 39 个通用工程参数中的两个来表示它们。

需要改善的特性：27#可靠性；

系统恶化的特性：33#操作流程的方便计生。

（2）从矛盾矩阵中得到相应的创新原理

对应第 25 行第 27 列，我们从矛盾矩阵表中得到三个创新原理：

10#预先作用原理；

30#柔性壳体或薄膜原理；

04#增加不对称性原理。

对应第 27 行第 33 列，我们从矛盾矩阵表中得到三个创新原理：

27#廉价替代品原理；

17#空间维数变化原理；

40#复合材料原理。

（3）应用这些创新原理的启示，找到解决问题的方案

对于技术矛盾一，我们得到 30#柔性壳体或薄膜原理、10#预先作用原理和 04#增加不对称性原理等创新原理。

对于技术矛盾二，我们得到 27#廉价替代品原理、17#空间维数变化原理和 40#复合材料原理等创新原理。

基于这些创新原理，我们就可以找到最佳的解决方案。作为一个很好的练习，我们把这个工作留给大家。希望大家仿照前面几个例子，把整个解题过程补

全。我们也希望把这个解决过程，作为利用 TRIZ 来解决实际问题的开始。

4. 最终方案

经分析后，我们得到如图 5-4 所示的快捷安全信封设计方案。改进后的设计是一种带有“撕带”的信封。当拆信时，人们只要轻轻一拉“撕带”，就可以很轻松地拆开信封。而且撕开信封的同时，即不会损坏信封内部的文件和资料，也很好地保持了信封的整洁。

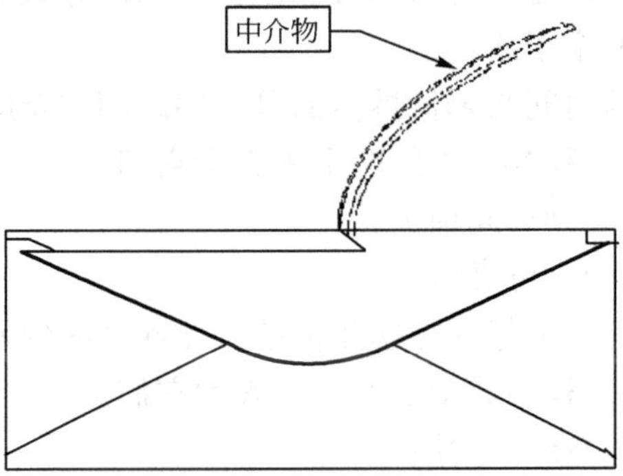

图 5-4　改进后的设计方案——安全便捷的信封

第七节　技术矛盾及解决方法小结

39 个通用工程参数专门用于描述技术系统所发生的问题的参数属性，对具体问题实现一般化表达。

矛盾矩阵表作为解决技术矛盾的工具，说明了具体在什么情况下该使用哪些创新原理来解决具体问题，其结果是可以让矛盾的双方实现“双赢”，同时提高了解决技术矛盾的效率。

矛盾矩阵表的缺点是，在技术系统的“参数属性”不明显（找不到矛盾，但是有问题存在）的情况下，则不容易使用它。解决技术矛盾的一般过程如表 5-1所示。

思考题

1. 为什么要定义 39 个通用工程参数？
2. 39 个通用工程参数描述了技术系统的什么属性？

3. 在现代社会，大量人群不断地涌入城市生活，为了满足人们的居住需求，这些城市不得不启动大量高楼建设项目。但是，楼房一旦建得很高，必然会引来一系列各种各样的问题。比如，楼房的抗震性能下降，影响周边建筑的采光效果等。过于集中的楼房，还会造成严重的交通堵塞问题。显而易见，在上面这个实例中，存在着很多待解决的技术矛盾。请你从这些实际问题中，提炼出1~2个技术矛盾，并考虑如何利用矛盾矩阵来获得解决方案。
4. 什么是技术矛盾？
5. 简述矛盾矩阵的作用与使用方法。
6. 请找出解决“力与可靠性”之间的技术矛盾的创新原理。
7. 技术矛盾的特点是什么？
8. 请列举几个技术矛盾的实例。
9. 请叙述技术矛盾的解题流程。

第六章 物理矛盾及解决方法

第一节 什么是物理矛盾

所谓物理矛盾是指当一个技术系统中对同一个元素具有相互排斥的（相反的或是不同的）需求时，就出现了物理矛盾。

物理矛盾是技术系统中一种常见的、更难以解决的矛盾。通常，物理矛盾会让人们感到左右为难，无所适从。例如，狮子和驯兽员之间的矛盾，既要狮子表现出必要的野性，又不能伤害驯兽员。这时，对狮子的要求是，既要表现野性又不能真有野性，这就是一个物理矛盾。

再看一些其他的物理矛盾的例子。

道路应该有十字路口，以便车辆驶向目的地；道路又应该没有十字路口，以避免车辆相撞。

自行车在使用的时候体积要足够大，以方便人来骑乘；在停放或携带其乘坐其他公共交通工具的时候体积要小，以便不占用空间。

飞机的起落装置在飞机起飞和降落时是必须的；但是在飞机飞行的过程中是不需要的。

飞机的机翼应该尽量大，以便在起飞时获得更大的升力；飞机的机翼又应该尽量小，以减少在高速飞行时产生的阻力。

钢笔的笔尖应该细，以使钢笔能够写出较细的文字；同时钢笔的笔尖又应该粗，以避免锋利的笔尖将纸划破。

某人具有出色的专业工作经验，应该安排到企业的对口部门；但是由于企业对该部门的员工总人数有限制，又不能安排该人到该部门。

通过上面实例可以看出，物理矛盾是对技术系统中的同一参数，提出相互排斥的需求这样一种物理状态。无论对于技术系统描述宏观量的参数，如长度、导电率及摩擦系数等，还是对于描述微观量的参数，如粒子浓度、离子电量及电子速度等，都可以对其中存在的物理矛盾进行描述。

物理矛盾反映的是唯物辩证法中的对立统一规律，矛盾双方存在着两种互相依赖的关系——对立的关系及统一的关系。一方面，物理矛盾讲的是相互排斥，即同一性质相互对立的状态，假定为非此即彼；另一方面，物理矛盾又要求所有相互排斥和对立状态的统一，即矛盾的双方存在于同一客体之中。

对物理矛盾的表述使得人们摒弃了一贯的思维习惯，并促使人们去探索解决问题的有效方法。要解决物理矛盾，就有必要对矛盾的需求所涉及的参数（空间、时间、形式、内容、结构和不同性质）进行一番选择，然后有必要找到一个适当的方式，改变所选的参数，让矛盾从对立走向统一，从而使得该矛盾得以解决。

第二节　怎样定义物理矛盾

在技术系统中出现物理矛盾的元素，成为关键元素，该元素可以是任何的参数（子系统、特性、物质或场）。针对这种问题情境，如何准确地描述和定义其中的物理矛盾，对于问题的最终有效解决十分关键。一般可以通过表 6-1 中的七个简单步骤，逐步完成对其中物理矛盾的准确描述。这里，以对汽车材料密度提出截然相反的要求为例来加以说明。

表 6-1　定义物理矛盾的步骤

步　骤	举　例
1. 元素或其组成部分（指定技术系统的元素）	卡车车身
2. 必须（是、有）（指定要求的作用、物理状态、性质或参数值）	必须由高密度材料制成
3. 满足（指定某一项需求，例如：X）	应坚固及能运输重货
4. 与/但是	但是
5. 元素或其组成部分（同第一步）	卡车车身
6. 必须（是、有）（指定与第二步相反的作用、物理状态、性质或参数值）	必须由低密度材料制成
7. 满足（指定另一需求，例如：Y）	节省运货卡车运输所需的燃油

我们可以将物理矛盾按照 TRIZ 的方式进行简单地表述：“技术系统或其元素存在一参数 A，同时存在另一参数非 A。”

在具体问题中，对卡车车身这一实例中存在的物理矛盾，则可以简单表述为：卡车车身的材料应是高密度的；同时也应是低密度的。

第三节 物理矛盾与技术矛盾

技术矛盾和物理矛盾都反映的是技术系统的参数属性，就定义而言，技术矛盾是技术系统中两个参数之间存在着相互制约；物理矛盾是技术系统中一个参数无法满足系统内相互排斥的需求。

物理矛盾和技术矛盾是有相互联系的。例如，为了提高子系统 Y 的效率，需要对子系统 Y 加热；但是加热会导致其邻接子系统 X 的降解。这是一对技术矛盾。同样，这样的问题可以用物理矛盾来描述，即温度要高又要低。温度高可提高 Y 的效率，但是恶化了 X 的工况；而温度低无法提高 Y 的效率，但也不会恶化 X 的工况。所以，技术矛盾与物理矛盾之间，是可以相互转化的。

第四节 分离原理的类型

解决物理矛盾的核心思想是实现矛盾双方的分离，其解决问题的模式如图 6-1 所示。

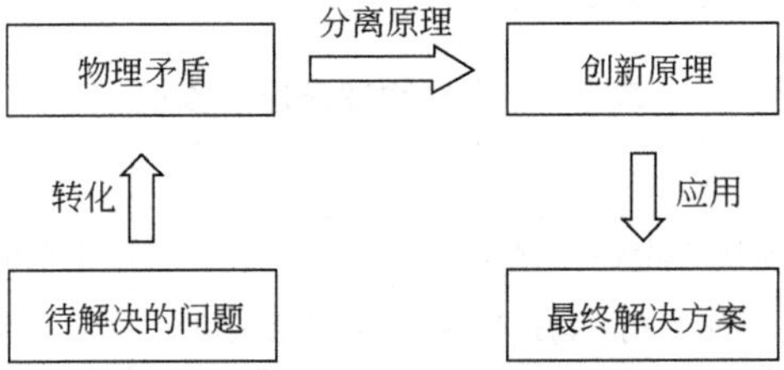

图 6-1 物理矛盾的解题模式

现代 TRIZ 理论在总结解决物理矛盾方法的基础上，将分离原理分成四种基本类型，即空间分离、时间分离、条件分离和整体与部分分离，如图 6-2 所示。下面，将对这四种类型的分离原理分别加以介绍。

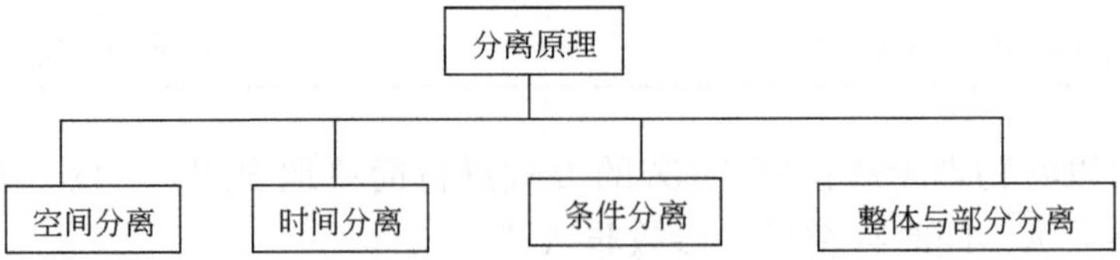

图 6-2 分离原理的四种类型

一、空间分离原理

所谓空间分离原理，是指将矛盾双方在不同的空间上分离。当关键子系统的矛盾双方，在某一空间中只出现一方时，可以进行空间分离。

【案例6-1】

轮船与声呐探测器的分离

在利用轮船进行海底测量工作的过程中，早期是把声呐探测器安装在轮船上的某个部位。这样在实际测量时，轮船本身就会成为干扰源影响到测量的精度和准确性。解决的一种方法是轮船利用电缆拖着千米之外的声呐探测器，以在黑暗的海洋中感知外部世界的信息。因此，被拖拽的声呐探测器与产生噪声的轮船之间在空间上就处于分离状态，互不影响，实现了矛盾的合理解决。

【案例6-2】

双光眼镜，双焦点眼镜

一些患有屈光不正的老年人，看远处和看近处时，需要戴两副不同度数的眼镜。这多见于远视眼合并老花眼，或近视眼合并老花眼的情况。如50岁的100度近视眼的老年人，看远处时用100度近视眼镜，看近处时则需100度老视眼镜。但是，如果他准备两副眼镜，拿上拿下地反复更换时，肯定会感到极不方便。

在改进眼镜的历史上，美国的富兰克林首先提倡制造双光眼镜，又称为富兰克林型眼镜。所谓双光眼镜，是在这些眼镜的同一块镜片上，有两种屈光度数（远或近/老花）的区域，矫正远距离视力的屈光度数区域，通常位于镜片的上方；矫正近距离视力的屈光度数区域，则设在镜片的下方。由于在同一镜片上，同时包括看远及看近的屈光度数区域，人们交替地看远处及近处时，就不需更换眼镜，这比单用老花眼镜较为方便。

【案例6-3】

自行车的飞轮

自行车采用链轮与链条传动，是一个采用空间分离原理的典型例子。在链轮与链条发明之前，自行车的脚蹬子是与前轮连接成一体的。这种早期的自行车存在的物理矛盾是：骑车人既要快蹬脚蹬子，通过提高车轮转速来提高自行车的速度；又要希望慢蹬以感觉舒适。链条、链轮及飞轮的发明，成功地解决了这个物理矛盾。在空间上，将链轮与脚蹬子和飞轮与车轮两部分分离，再用链条连接链轮和飞轮。因为，链轮的直径大于飞轮的直径，即使链轮以较慢的速度旋转，仍将导致飞轮以较快的速度旋转。因此，骑车人可以较慢的速度蹬踏脚蹬子，自行车后轮仍将以较快的速度旋转。

【案例 6-4】

打桩问题

在把混凝土桩打入地基的过程中，人们希望桩头比较锋利，以便使桩容易进入地面；同时又不希望桩头过于锋利。因为，在桩到达制定的位置后，过于锋利的桩头，不利于桩承受较重的负荷而保持稳定。运用空间分离原理，人们解决混凝土打桩的问题。如图 6-3 所示，在桩的上部附加一个锥形的圆环，并将该圆环与桩牢牢地固定在一起，从空间上将矛盾进行分离。这样一来，既保证了混凝土桩容易打入地基，同时又可以使混凝土桩能够承受较大的载荷。

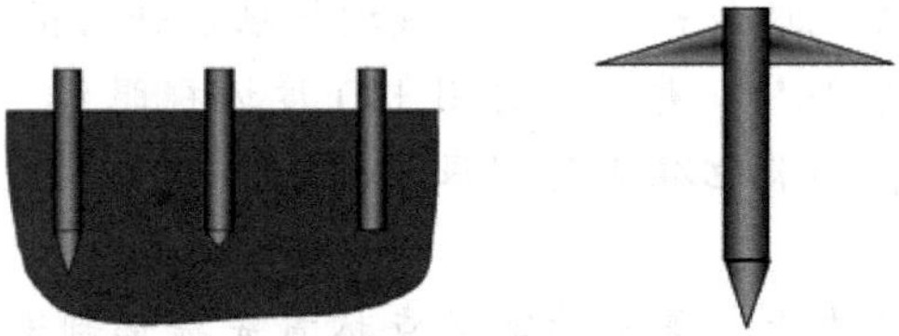

图 6-3　空间分离原理解决混凝土桩问题

二、时间分离原理

所谓时间分离原理，是指把矛盾双方在不同的时间段上分离，以解决问题或降低解决问题的难度。当关键子系统的矛盾双方，在某一时间段上只出现一方时，就可以进行时间分离。

【案例 6-5】

折叠式自行车

折叠式自行车在行走时，体积较大；在储存时，因已折叠起来，故而体积变小。这时，因为行走与储存发生在不同的时间段，因此，采用了时间分离原理来解决问题。

【案例 6-6】

舰载飞机的机翼

对于舰载飞机的机翼来说，为了具有更好的承载能力，以提供更大的升力，我们希望它大一些；但是，为了在航空母舰有限的面积上多放些飞机，我们又希望它小一些。我们用时间分离原理，来解决这样一个物理矛盾：在航空母舰上停放时，机翼（包括前翼、尾翼）可以折叠存放；而在飞行时，飞机机翼打开。请参见图 6-4 所示苏-33 重型舰载机在航母甲板上的起飞与停放情况。

图 6-4　苏-33 重型舰载机在航母甲板上的起飞与停放

【案例 6-7】

喷砂处理工艺

在喷砂处理工艺中，人们必须使用研磨剂。但是，在完成喷砂工艺的过程之后，产品的内部或一些凹处，或多或少会残留一些研磨剂。这些残留研磨剂的存在，将影响后续工艺的正常进行。所以，研磨剂对于产品而言，又是不需要的。

考虑在喷砂处理工艺中砂粒聚集的问题，一个有效的解决方案是：采用干冰块作为研磨剂。当喷砂处理工艺结束后，干冰块将会由于升华而消失，从而解决了砂粒聚集问题。

【案例 6-8】

二谈“打桩问题”

前面提到的打桩问题，我们在这里运用时间分离原理来解决。如图 6-5 所示，在混凝土桩的导入阶段，我们采用锋利的桩头将桩打入地面；当桩到达指定的位置后，将桩头分成两半或者采用内置的爆炸物破坏桩头，使得桩头有较大的面积而可以承受较大的载荷。

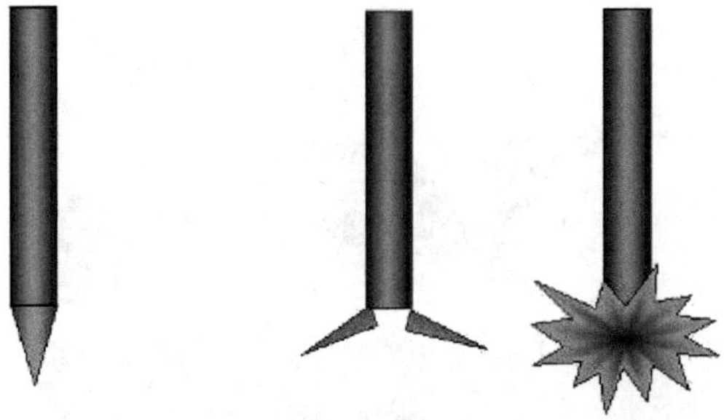

图 6-5　时间分离原理解决混凝土打桩问题

三、条件分离原理

所谓条件分离原理，是将矛盾双方在不同的条件下分离，以解决问题或降低解决问题的难度。当关键子系统的矛盾双方，在某一条件下只出现一方时，可以进行条件分离。

【案例 6-9】

水池箅子

在厨房中使用的水池箅子，对于水而言是多孔的，允许水流过；而对于食物而言则是刚性的，不允许食物通过。

【案例 6-10】

跳水

在水与跳水运动员所组成的系统中，水既是硬物质，又是软物质，完全取决于运动员入水时的相对速度。如果入水的相对速度高，水就是硬物质；反之，则是软物质。

【案例 6-11】

水射流

水射流可以用来淋浴，也可以用来进行金属切割。水射流既是硬物质，又是软物质，取决于水射流的速度。

【案例 6-12】

三谈"打桩问题"

前面提到的打桩问题，我们在这里运用条件分离原理来解决。如图 6-6 所示，我们在桩上增加一些螺纹结构。当把桩旋转起来时，桩就向下运动；如果桩不旋转，桩就保持静止。从而解决了方便地导入桩与使桩承受较大的载荷之间的矛盾。

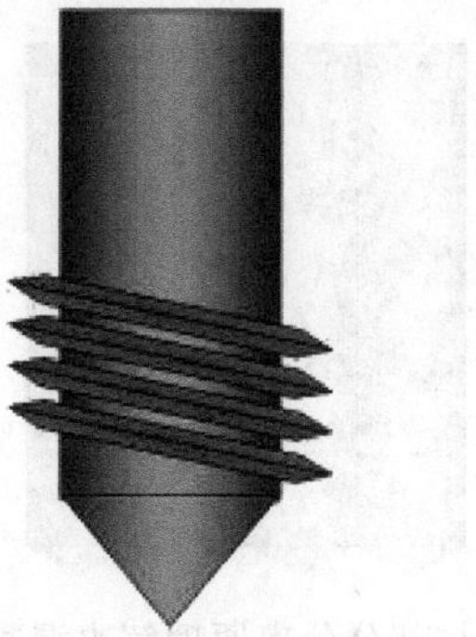

图 6-6　运用条件分离原理解决混凝土打桩问题

四、整体与部分分离原理

所谓整体与部分分离原理，是将矛盾双方在不同的层次分离，以解决问题或降低解决问题的难度。当矛盾双方在关键子系统的层次只出现一方，而该方在子系统、系统或超系统层次内不出现时，可以进行整体与部分分离。

【案例 6-13】

自行车链条

对于自行车链条来说，在微观层面上是刚性的；宏观层面上是柔性的。

【案例 6-14】

自动装配生产线

自动装配生产线与零部件供应的批量化之间存在着矛盾。自动装配生产线要求零部件连续不断地供应，但是，零部件从自身的加工车间或供应商处运到装配车间时，却只能批量地、间断地运来。我们可使用专用的转换装置，接受间断运来的批量零部件，但连续地将零部件输送到自动装配生产线。

【案例 6-15】

四谈“打桩问题”

前面提到的打桩问题，我们在这里运用整体与部分分离原理来解决。如图 6-7 所示，我们将原来一根较粗的桩，用一组较细的桩来代替，从而方便地解决了导入桩与使桩承受较重的载荷之间的矛盾。

图 6-7　整体与部分分离原理解决混凝土打桩问题

第五节　物理矛盾求解实例

1. 转发器载体

目前，在通信技术领域中，就如何覆盖范围更广泛的地区及开支更少的解决方案，技术人员进行着探索。其中的一个问题便是以最小的通信服务成本，覆盖最大可能的范围。传统的解决方案是采用天线塔或卫星转发器，天线塔一般不容易架设得很高。然而，对于架设得不高的天线塔，要想覆盖范围广，就必须在适当的区域内更稠密地进行布置。显然，这种情况将占用大量宝贵的土地资源。另外，依靠建设大量天线塔进行通信，也将使开支过分增大。再有一种可能的解决方案是利用卫星。卫星上的卫星转发器，可覆盖很大的地域范围。但是，其发射、维护及更新成本也是很高的。

于是，转发器载体的高度问题，便形成了要解决的物理矛盾：转发器载体必须定位在很高的高度上，以使其覆盖地域的服务面积最大，并可避免用于土地的开支；同时定位也应低些，以避免发射、维护及更新成本过高。

对转发器载体高度的物理矛盾，可简单表述为：转发器载体应定位高些（卫星因素），同时也应定位低些（非卫星因素）。

将卫星换成飞艇，便解决了这一物理矛盾。飞艇是比空气轻的像气球一样的空中飞行器。但它和气球也有不同之处，飞艇是雪茄形的，并装备了电动机和推进器，可用于水平飞行的控制，如图 6-8 所示。

飞艇壳体上部的太阳能电池或蓄电池，为电机提供动力。和一个卫星运行在100km 以上高度不同的是，若干个飞艇将被发射到 20km 的高度。每个飞艇服务的区域组合在一起，便是所要求提供服务的整个区域。

从解决物理矛盾的角度出发，飞艇的高度低，可避免过高的发射、维护及更新成本；同时，它也处在足够的高度，完全可以提供大范围的通信服务。

因此，用飞艇作为转发器载体的好处之一，便是可节约发射、维护及更新的成本。除此之外，由于能够随时校正发动机的运行状态，转发器飞艇可持续飘浮在某一单个区域的上空，可为该区域提供连续的服务。

2. 咖啡壶的设计

当人们在设计一个便携式咖啡壶时，就会面临冷热方面的物理矛盾。人们希望咖啡在杯子里时尽可能热些，以便能保温较长时间；同时，人们又希望咖啡温

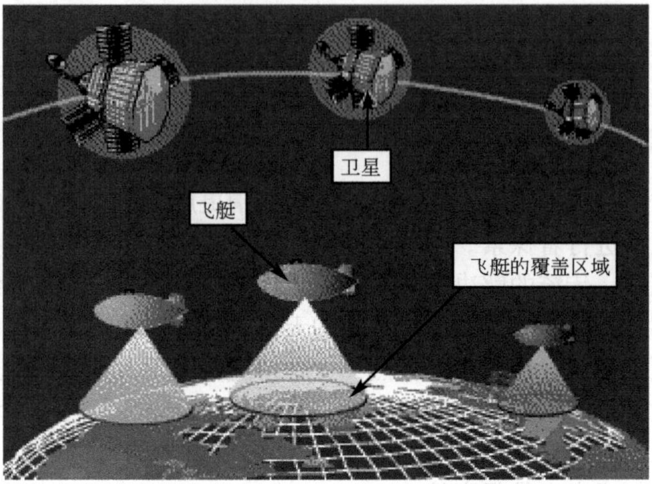

图6-8　卫星可服务很大的区域且昂贵

度适中些，以便饮用时不致烫伤。

怎样解决这个问题呢？

（1）空间上分离

把咖啡壶分成冷区和热区两个部分，就可以解决这个问题。在冷区，加强对流换热；在热区，改善保温效果。

（2）整体与部分分离

可以设计一个与咖啡壶配套的、能迅速制冷的咖啡杯。这样，咖啡壶只需具备保温功能来提供热咖啡。当热咖啡倒入咖啡杯时，使其迅速降温，马上就有温度适中的咖啡喝了。我们实际上是在使用超系统来解决问题。

3. 受油机受油探头喷嘴的设计

加油机在高空中给受油机进行加油时，受油探头要伸到受油机的锥套中。由于加油机和受油机在飞行中存在着相对位移，会使受油探头振动。轻微的振动不会影响加油的正常进行，但是在有的情况下，剧烈的振动就有可能使受油机的受油探头喷嘴断裂，或者使受油机的结构受损，甚至会发生整个受油机机毁人亡事故。这就要求在发生剧烈的振动时，受油探头喷嘴即可折断，以使加油机和受油机分离。

这就产生了物理矛盾：要求受油机受油探头喷嘴的强度既要强，以保证加油过程的顺利进行；又要弱，以便在严重情况下使加油机和受油机分离。

我们运用条件分离原理，使用一些经过特殊设计的螺栓来紧固受油探头头部。这些螺栓具有一定的强度，可以保证轻微振动下，受油探头加油的正常进行；当振动幅度比较大的时候，超过了受油探头紧固连接的许可受力限度，受油探头头部的连接螺栓会自动断裂，从而使得加油机的和受油机分离。这样的设计，有效地解决了受油探头头部的连接螺栓的强度既要高、又要低的问题。

【案例 6-16】

如何扶持国内的技术弱势企业

在当前全球化的激烈竞争的市场环境中，中国的很多出口型企业还缺乏自己的核心技术，难以抵御国外同行厂商的市场攻势。从产业发展的角度来看，中国政府应该对这样的企业加以扶持和补贴，提高它们的国际市场竞争能力。但是由于中国加入了 WTO，根据 WTO《补贴与反补贴措施协议》的规定，已经将出口补贴视为禁止类补贴项目，中国政府的补贴将遭到某些西方国家的投诉。因此，是否补贴中国的出口型企业就成为一个“物理矛盾”类型的问题。

解决这个问题的方法是采取“空间分离”的策略——可以由非政府组织出面，组织一个（或多个）由行业学会、企业、研究所、高校组成的“产、学、研”一体化的“某某核心技术”联盟，由联盟出面来立项，政府对技术联盟的立项给予投资，然后联盟组织联盟成员来做关键核心技术的研发与攻关。这样既保证了政府对扶持对象的资金补贴，调解了国内同行企业的竞争，同时也有效地避免了西方国家的投诉。

思考题

1. 什么是物理矛盾？
2. 怎样定义物理矛盾？
3. 物理矛盾与技术矛盾的区别是什么？
4. 叙述一下物理矛盾的几种解决方法。
5. 列举几个你生活中遇到的物理矛盾，你可以用什么方法去解决？
6. 普通的胶是一种黏稠的液体。胶必须是有黏性的，这样，可使需粘连的物体粘连在一起。但是，当我们把胶涂在物体表面时，它也常常会将手指粘连，这种情况我们是不希望发生的。请你对上述情况进行分析，定义出其中的物理矛盾，并运用分离原理加以解决。

7. 在利用使用过的轮胎橡胶作为原料进行橡胶产品生产时，有必要将橡胶磨成粉末。但是橡胶是有弹性的，因此在使用诸如机械球磨机等设备将橡胶磨碎是困难的。请你对上述情况进行分析，定义出其中的物理矛盾，并运用分离原理加以解决。

第七章 物质－场分析与标准解

物质－场分析法是阿奇舒勒于1979年在他的专著《创造是精密的科学》中提出的解决问题的方法。我们在前面提到过用矛盾矩阵表解决问题的一个缺点，在技术系统的“参数属性”不明显的情况下，矛盾矩阵表无法有效地发挥作用。因为在有些情况中，矛盾是不可见的，但是问题依然存在，并且可以得到解决。此时，技术系统问题的“结构属性”比较明显，适于使用物质－场分析法。

物质－场分析法通过建立系统内结构化的问题模型来正确地描述系统内的问题，用符号语言清楚地表达技术系统（子系统）的功能，正确地描述系统的构成要素以及构成要素之间的相互联系。

第一节 什么是物质－场分析方法

所谓物质－场分析方法，是指从物质和场的角度来分析和构造最小技术系统的理论与方法学。物质－场分析方法是TRIZ中一种常用的解决问题的方法。

物质－场分析方法是一种与现有技术系统相关联的问题建模方法，它所构造的每个系统是为了完成某些功能要求而存在的，它所希望的功能是：物体或者物质（S_1）的输出，是由于另一个物体或者物质（S_2）在某些场（能量类型、工具）的作用下引发的。物质－场分析方法研究的是最佳的、已经结构化了的问题。做好物质－场分析，要求使用者（比做矛盾分析）具有更多的技术知识，例如工程知识、实现物理效应的知识等。

物质－场分析方法同样遵循着TRIZ中解决问题的一般流程。物质－场模型作为问题模型，中间工具是标准解法系统，对应的解决方案模型是标准解法系统中的标准解。

因为标准解法系统提供的是较为具体的解决方案的模型，所以很多TRIZ专家都喜欢用物质－场理论和标准解法系统去解决实际的问题。

阿奇舒勒对大量的技术系统进行分析后发现，一个技术系统如果想发挥其有用的功能，就必须至少构成一种最小的系统模型。这个最小的系统模型，应当具备三个必要的元素：两种物质和一个场。物质 – 场的基本模型如图 7-1 所示。

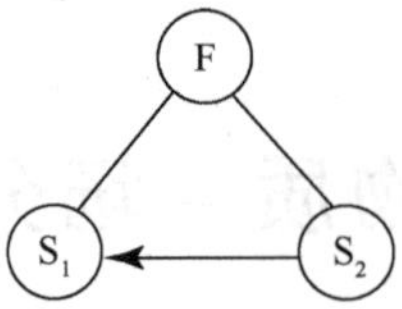

图 7-1　物质 – 场的基本模型

物质 – 场分析方法引入了三个基本概念：物质、场、相互作用。

“物质”指任何一种物质，它比一般意义上的物质含义更为广泛，不仅包括各种材料，还包括技术系统（或其子系统）、外部环境甚至是各种生物。这样做的目的在于，物质 – 场分析为了简化解决问题的进程，需要人们抛开（暂时忘记）物体所有多余的属性，只区分那些引起矛盾的特性。物体名称被更为一般化的“物质”替代后，一下子解除了以往对该物体的认知惯性，矛盾显得更突出、更明显。任何物体都是系统，因此当我们把物质带入到物质 – 场公式中去的时候，实际上是在对系统施加作用。

“物质”可以是自然界中的任何东西，如桌子、房屋、空气、水、地球、太阳、人、计算机等。物质的代号是 S，对于一个系统中的多种物质，可以利用下角标的序号加以区分，如 S_1、S_2、S_3 等。通常我们用 S_1 来表示被动作用体，用 S_2 来表示主动作用体，用 S_3 来表示被引入的物质。

“场”是物质引起粒子相互作用的一种物质形式，它的概念同样有别于物理学中的场。物理场的相互作用只有四种，即重力场、电磁场、强相互作用场（核力场）、弱相互作用场（基本粒子场），这些场的作用解释了自然界中的所有过程。但是，对于工程技术来说，这样分类是不够的——技术系统对各种场的定量和定性特性非常“敏感”。因此，在物质 – 场分析中，我们使用了更细的分类法：力场（压力、冲击、脉冲），声场（超声波、次声波），热能场，电场（静电、电流），磁场，电磁场，光场，化学场（氧化、还原、酸性环境、碱性环境），气味场等。只要物质之间存在相互作用，如拍打、承受、毒害、加热等，都可以称其为物质 – 场模型中的一种“场”。场的代号是 F，对于一个系统中的多种场，可以利用下角标的序号加以区分，如 F_1、F_2、F_3 等。

“相互作用”是指在场与物质的相互作用与变化中，所实现的某种特定功能。

物质 – 场中物质之间彼此相互作用的符号及含义如表 7-1 所示。

表 7-1　物质－场分析的符号说明

文字符号	图形符号	含义说明
S	S_1	物质——物体、装置、组合装置、部件、部件材料或其单元
F	F	场——一种作用力、一种能量或信息形式
S_0，S_1，…，S_k	S_0，S_1，S_K	不同类型的物质
F_0，F_1，…，F_k	F_0，F_1，F_k	不同类型的场
S'，S"	S'_1，S'_2…	一种物质的改变
F'，F"	F'，F''…	一种场的改变
$F_{\#}$	$F_{\#}$	具有一定时空结构的场
$S_{\#}$	$S_{\#}$	具有一定时空结构的物质
$F_{\#}f_0$	F_{2} f0	具有频率（f_0）的场
$S_{\#}f_0$	S_{1} f0	具有自然振动频率（f_0）的物质
$F_{\|-\|}$	F_1 ⊔	（F）作用时的暂停
$F_{\|+\|}$	F_2 |+|	在另一次作用暂停过程中（F）的作用
S_{micro}	S Micro	微观级的物质
$S_{超系统}$	S_1 超系统	改变后的环境（超系统）物质

续表

文字符号	图形符号	含义说明
$S_{铁磁体}$，$S_{水}$		特定类型的物质
$F_{电场}$，$F_{机械}$		特定类型的场
——	——	物质间或物质与场之间相连的有效而正常的相互作用
------------	------------	有效的相互作用，不充分的连接
S_1　S_2		不存在相互作用，未注明相互作用
+ + + + +	+ + + + +	有效而过度的相互作用
/\/\/\/	/\/\/\/\	有害的相互作用
———>	———→	有效而定向的正常作用
– – –>	----→	有效的、定向而不充分的作用
/\/\/\/>	/\/\/\/\→	有害的定向作用
+ + + + +〉	+ + + + → 或 ⇉	有效的、定向而过度的作用
–?–?–>	—?—?→	缺少信息
(　)		圆括号表示物场的一种组合，其中可以在内部添加（物质、场或物场的形式）
[　]		方括号表示物场的一种组合，其中可以在外部添加（物质、场或物场的形式）
==>	⟹	将初始技术系统模型符号转换到所需要的物场中

利用物质和场来描述系统问题的方法，叫做物质－场分析方法。有时候，我们也称作物质－场理论。在分析某个系统的问题时，建立起的这种用物质和场描述的模型，就叫做物质－场模型。

【案例 7-1】

手拿杯子

手和杯子是这一系统中的两种物质。支撑力是它们之间的相互作用场，这种场被称为机械场，当然，也可以直接叫做支撑力。这时，建立起的物质－场模型如图 7-2 所示。

【案例 7-2】

空中的风筝

风筝可以飘在空中。在这一系统中，风筝和空气是两种物质，风力是它们之间的场，其物质－场模型如图 7-3 所示。

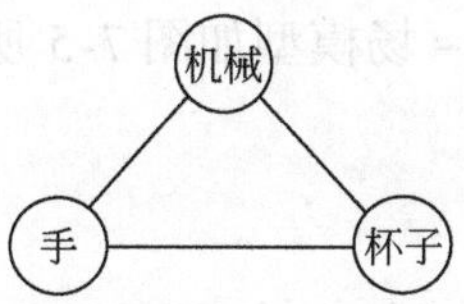

图 7-2　手拿杯子的物质－场模型

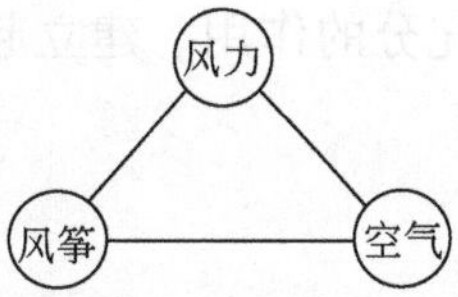

图 7-3　空中风筝的物质－场模型

第二节　物质－场模型的种类

物质－场模型可以用来描述系统中出现的结构化问题，这些问题的类型主要有以下四种：

1）有用并且充分的相互作用；
2）有用但不充分的相互作用；
3）有用但过度的相互作用；
4）有害的相互作用。

针对不同的问题类型，可以用四种不同的物质－场模型来描述。

1. 有用并且充分的相互作用

【例 7-1】　手拿杯子

手握住杯子，杯子不会落到地上。这时，实现的就是有用并且充分的相互作用。建立起来的这种系统的物质－场模型如图 7-4 所示。

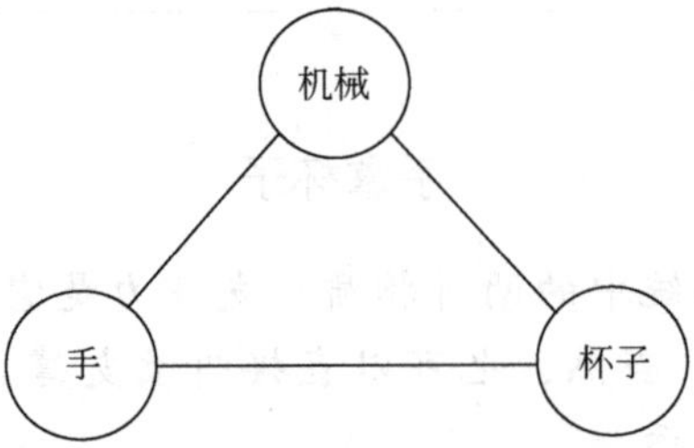

图 7-4　有用并且充分的相互作用

2. 有用但不充分的相互作用

【例 7-2】　手拿杯子

手握住杯子，但是力度不够，杯子还是不断地往下滑。比如，小孩手握一个很沉的杯子的情况。这时，如果把手定义为主动作用体的话，那么手对杯子就是有用但不充分的作用。建立起来的这种系统的物质－场模型如图 7-5 所示。

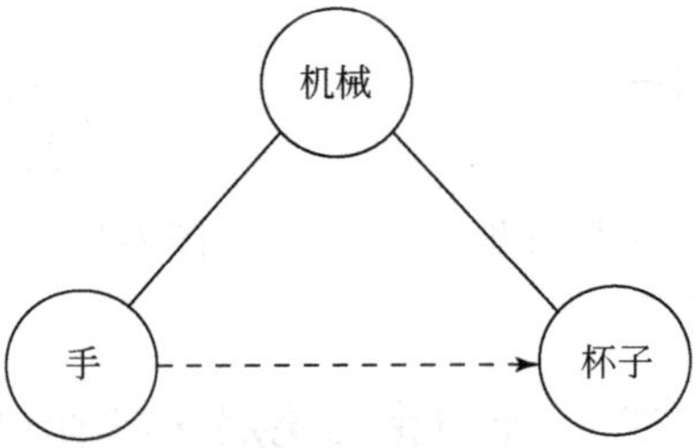

图 7-5　有用但不充分的作用

3. 有用但过度的相互作用

【例 7-3】　手拿杯子

手握住杯子，但是力度太大，杯子被手捏得变形。这时，如果把手定义为主动作用体的话，那么手对杯子就是有用但过度的作用。建立起来的这种系统的物质－场模型如图 7-6 所示。

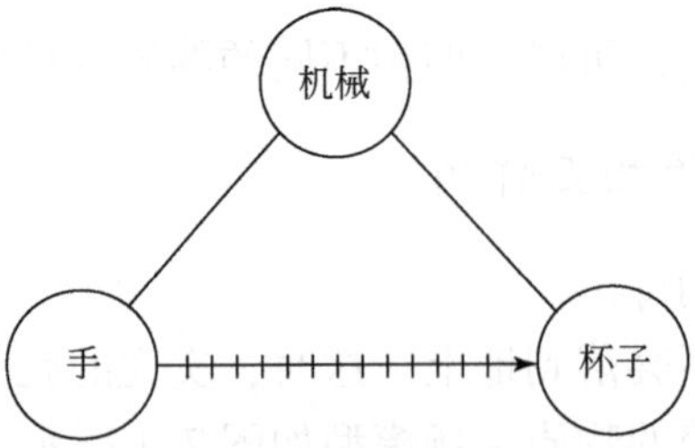

图 7-6　有用但过度的作用

4. 有害的相互作用

【例 7-4】　手拿杯子

玻璃杯的边缘没有打磨圆滑，手被玻璃边缘割破了。在这个系统中，除了手对杯子的有用作用外，还存在着杯子对手的有害作用。建立起来的这种系统的物质－场模型如图 7-7 所示。

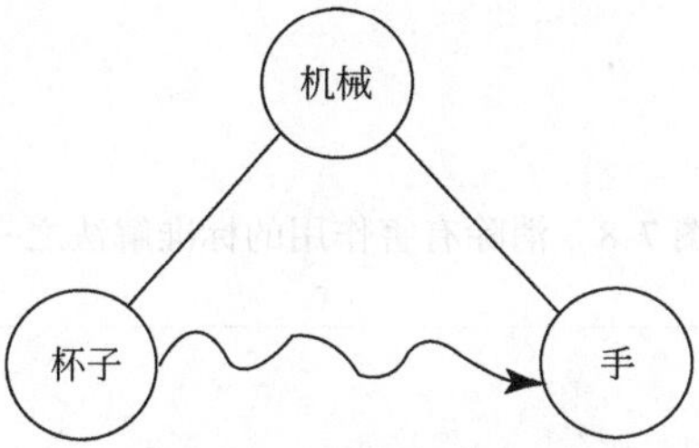

图 7-7　杯子对手的有害的作用

利用物质－场模型来分析和解决问题，就是要把后三种物质－场模型中的不足的、过度的、有害的作用消除掉，将其转换成第一种（有用并且充分的相互作用）的物质－场模型。

第三节　标准解法的由来

在研究物质－场分析法中发现：技术系统构成的三个要素——物质 S_1、物质 S_2、场 F——三者缺一，就会造成系统的不完整，或当系统中某一物质所特定的机能没有实现时，系统内部就会产生各种矛盾（技术难题）。为了解决系统产生的问题，可以引入另外的物质或改进物质之间的相互作用，并伴随能量（场）的生成、变换、吸收等，物质－场模型也从一种形式变换为另一种形式。因此各种技术系统及其变换都可用物质和场的相互作用形式表述，将这些变化的作用形式归纳总结后，就形成了发明问题的标准解法。发明问题的标准解法可以用来解决系统内的矛盾，同时也可以根据用户的需求进行全新的产品设计。

阿奇舒勒经过分析大量的专利后发现：如果专利所解决问题的物质－场模型相同，那么最终解决方案的物质－场模型也相同。

例如，如果一种物质 S_2，对另外一种物质 S_1 产生了有害作用，则经常引入第三种物质——S_1 或 S_2 的变形物质 S_3 来消除有害作用。问题和解决方案的物质－场模型如图 7-8 所示。

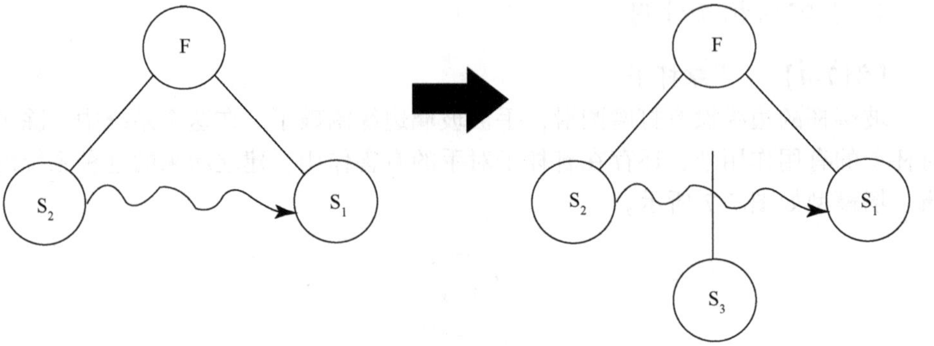

图 7-8　消除有害作用的标准解法之一

【案例 7-3】

和面

在桌子上和面时，面团会粘在桌子上。此时，面团对桌子产生的是一种有害作用。我们可以引入第三种物质——干面粉，来消除面团的有害作用。这里，面粉是面团的变形物质。

【案例 7-4】

轮胎

轮胎在泥泞路面上行进，有时会打滑。这时，人们可以在路面上铺撒第三种物质——沙子，来消除泥巴的有害作用。这里，沙子是泥巴的变形物质。

这样的解法规则，阿奇舒勒一共发现、总结了 76 个。由于这些规则对于不同工程领域的问题是通用的，所以称为标准解法。

第四节　标准解法系统

阿奇舒勒把这 76 个标准解法，按照所解决问题的类型分为五级，建立起了标准解法系统。我们把每个类别的标准解法分别以表格的形式归纳起来，并在每个表中都附加了对标准解的文字说明、图示和案例，以方便读者的学习和理解，如表 7-2 ~ 表 7-6 所示。

表 7-2　第一级——物质－场建立与破坏的 13 条标准解法

标准解编号	问题描述	问题模型		解决方案模型	案例
1.1	建立物质－场模型				
1.1.1 完善一个不完整的物质－场模型	标准解法 1，在建立物质－场模型时，如果发现仅有一种物质 S_1，那么就要增加第二种物质 S_2 和一个相互作用场 F，只有这样才可以使系统具备必要的功能	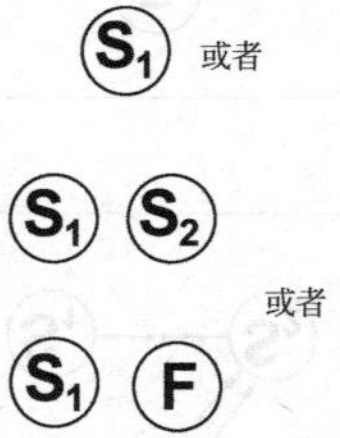	⇒	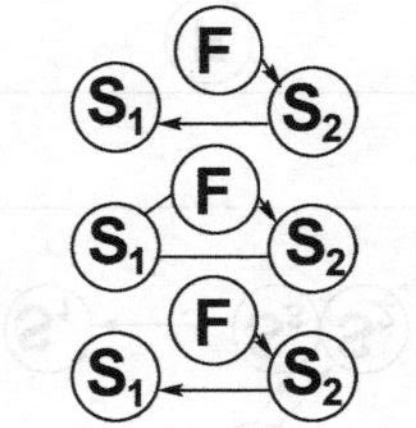	用锤子（S_2）钉钉子（S_1）。作为一个完整的系统，必须有锤子（S_2）、钉子（S_1）和锤子作用于钉子上的机械场（F），才能实现钉钉子的功能
1.1.2 向内部复杂物质－场跃迁	标准解法 2，如果系统中已有的对象无法按需改变，可以在 S_1 或者 S_2 中引入一种永久的或者临时的内部添加物 S_3，帮助系统实现功能	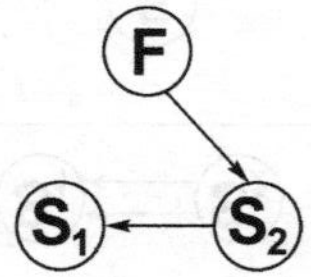	⇒	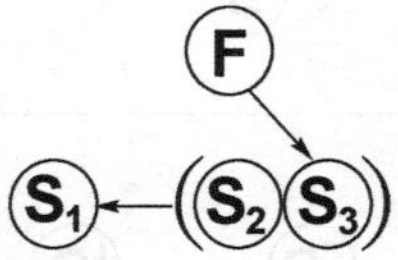	喷漆时，在油漆（S_2）中添加稀料（S_3）
1.1.3 向外部复杂物质－场跃迁	标准解法 3，同 1.1.2 相同的情况下，也可以在 S_1 或者 S_2 的外部引入一种永久的或者临时的外部添加物 S_3	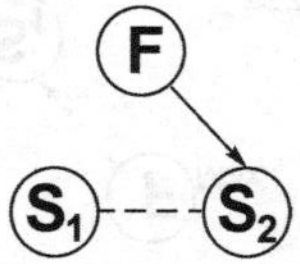	⇒	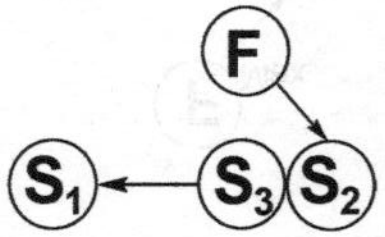	可以通过在滑雪橇（S_2）上涂上蜡（S_3），来改善滑雪橇和雪（S_1）所组成的技术系统的功能
1.1.4 向环境物质－场跃迁	标准解法 4，同 1.1.2 相同的情况下，如果不允许在物质的内部引入添加物，可以利用环境中已有的（超系统）资源实现需要的变化	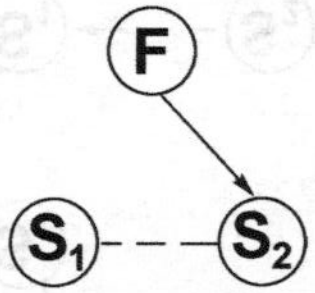	⇒	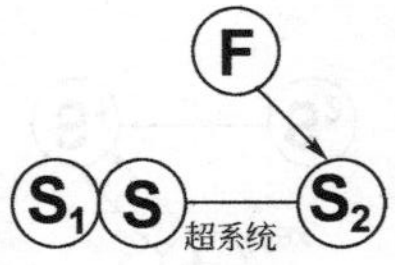	航道中的航标（S_1）摇摆得太厉害，可以利用海水（$S_{超系统}$）作为镇重物
1.1.5 通过改变环境向环境物质－场跃迁	标准解法 5，同 1.1.2 相同的情况下，如果不允许在物质的内部或外部引入添加物，可以通过在环境中引入添加物来解决问题	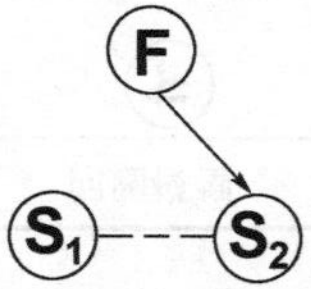	⇒	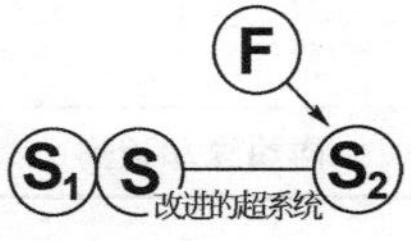	办公室中的电脑设备（S_2）发热量较大，造成室温增加。可以在办公室（S_1）内加上空调（$S_{改进的系统}$），较好地调节室温

续表

标准解编号	问题描述	问题模型		解决方案模型	案例
1.1.6 向具有物质最小作用的物场跃迁	标准解法 6，有时候很难精确地达到需要的量，通过多施加需要的物质，然后再把多余的部分去掉	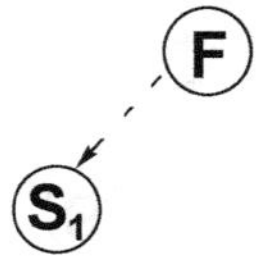 或者 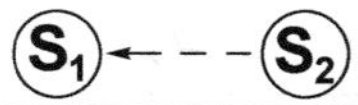	⇒	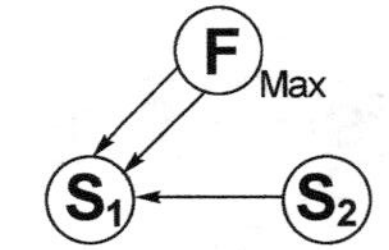	人们在一个方框中倒入混凝土（S_1），很难用抹子（S_2）直接做出一个很平的表面。如果把混凝土加满方框并超出一部分，那么在去掉多余部分的过程中，人们就不难抹出一个比较理想的平面来
1.1.7 向具有施加于物质最大作用的物场跃迁	标准解法 7，如果由于各种原因不允许达到要求作用的最大化，那么让最大化的作用通过另一个物质 S_2 传递给 S_1	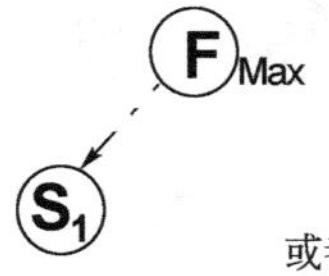 或者 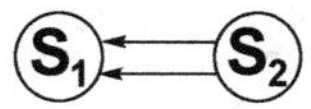	⇒	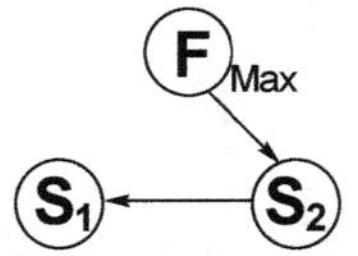	蒸锅不能直接放到火焰上来蒸煮食物（S_1）。但是可以在蒸锅里加水（S_2），利用火焰来加热蒸锅里的水，然后通过水（S_2）再把热量传递给食物（S_1）。因为加热食物的温度不可能超过水的沸点，所以不会烧焦食物
1.1.8 引入保护性物质	标准解法 8，系统中同时需要很强的场和很弱的场，那么在给系统施以很强的场的同时，在需要较弱场作用的地方引入物质 S_3 来起到保护作用	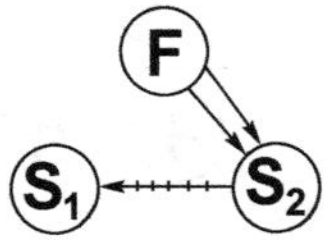	⇒	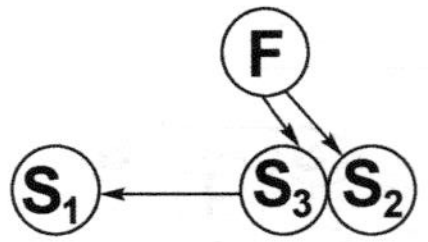	用火焰给小玻璃药瓶（S_2）封口，因为火焰的热量很高，因而会使药瓶内的药物（S_1）分解。但是，如果将药瓶盛药物的部分放在水（S_3）里，就可以使药保持在安全的温度之内，免受破坏
1.2	物质－场模型的破坏，消除或抵消系统内的有害作用				
1.2.1 通过引入外部物质消除有害关系	标准解法 9，当前系统中同时存在有用的、有害的作用。此时如果无法限制 S_1 和 S_2 接触，可以在 S_1 和 S_2 之间引入 S_3，从而消除有害作用	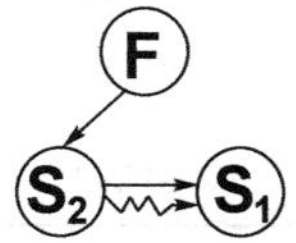	⇒	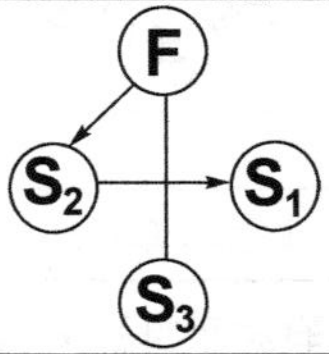	医生需要用手（S_2）在病人身体（S_1）上做外科手术时，手有可能对病人的身体带来细菌感染。戴上一双无菌手套（S_3）就可以消除细菌带来的有害作用

续表

标准解编号	问题描述	问题模型		解决方案模型	案例
1.2.2 通过改变现有物质来消除有害关系	标准解法 10，同 1.2.1，但是不允许引入新的物质 S_3。此时可以改变 S_1 或 S_2 来消除有害作用，如利用空穴、真空、空气、气泡、泡沫等，或者加入一种场，这个场可以实现所需添加物质的作用	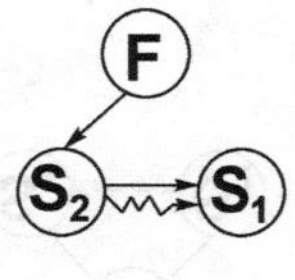	⇒	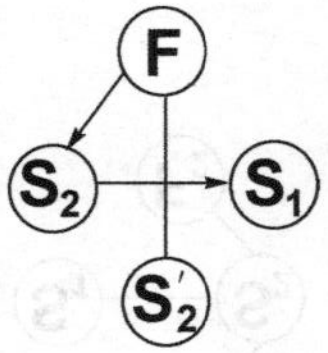	冰鞋（S_1）在冰面（S_2）上滑冰时，冰表面坚硬（F_1）有助于冰鞋的平滑运动；冰鞋与冰面之间的摩擦（F_2）妨碍了连续滑动。但摩擦使冰发热，产生水（S'_2），水大幅降低了摩擦并有利于滑动
1.2.3 通过消除场的有害作用消除有害关系	标准解法 11，如果由某个场对物质 S_1 产生了有害作用，可以引入物质 S_2 来吸收有害作用		⇒	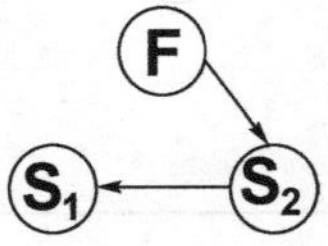	为了消除来自太阳电磁辐射（F）对人体（S_1）的有害作用（紫外线灼伤或者生长皮肤癌），可在皮肤的暴露部分涂上防晒霜（S_2）
1.2.4 采用场抵消有害关系	标准解法 12，如果系统中同时存在有用作用和有害作用，而且 S_1 和 S_2 必须直接接触．这个时候，通过引入 F_2 来抵消 F_1 的有害作用，或将有害作用转换为有用作用	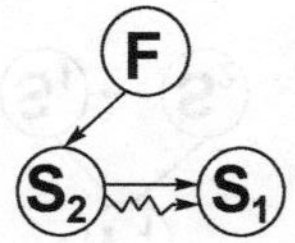	⇒	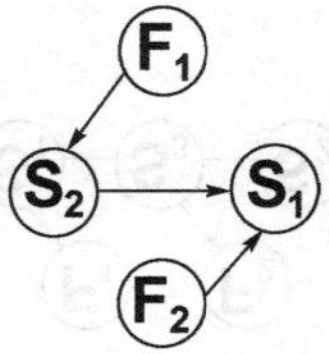	在脚腱拉伤后必须固定起来。绷带（S_2）作用于脚（S_1）起到固定的作用（机械场 F_1）。如果肌肉长期不用将会萎缩，造成有害作用。为防止肌肉的萎缩，在物理治疗阶段向肌肉加入一个脉冲的电场 F_2
1.2.5 采用场来“关闭”磁力键	标准解法 13，系统内的某部分的磁性质可能导致有害作用。此时可以通过加热，使这一部分处于居里点以上，从而消除磁性。或者引入一种相反的磁场	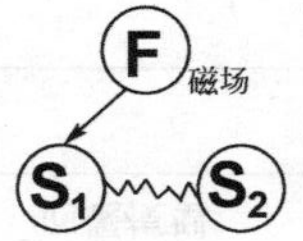	⇒	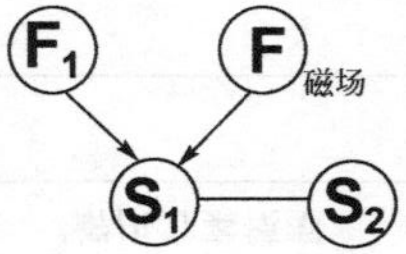	让带铁磁介质的研磨颗粒，在旋转磁场的作用下打磨工件的内表面。如果是铁磁材料的工件，其本身对磁场的响应会影响加工过程。解决方案是提前将工件加热到居里温度以上

表 7-3　第二级——增加柔性和移动性的 23 条标准解法

标准解编号	问题描述	问题模型		解决方案模型	案例
2.1	转化成复杂的物质－场模型				
2.1.1 向链式物质－场跃迁的常规形式	标准解法 14，将单一的物质－场模型转化成链式模型。转化的方法是引入一个 S_3，让 S_2 产生的场 F_2 作用于 S_3，同时，S_3 产生的场 F_1 作用于 S_1	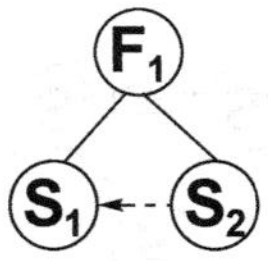	⇒	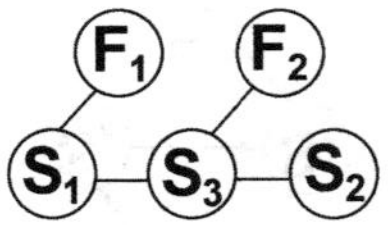	人们用锤子砸石头，完成分解巨石的功能。为了增强分解功能，可以通过在锤子（S_2）和石头（S_1）之间加入凿子（S_3）。锤子（S_2）的机械场（F_2）传递给凿子（S_3），然后凿子（S_3）的机械场（F_1）传递给石头（S_1）
2.1.2 向双物质－场跃迁	标准解法 15，双物质－场模型：现有系统的有用作用 F_1 不足，需要进行改进，但是又不允许引入新的元件或物质。这时，可以加入第二个场 F_2，来增强 F_1 的作用	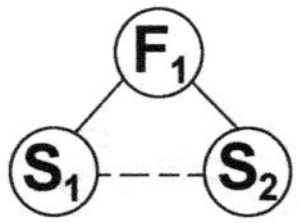	⇒	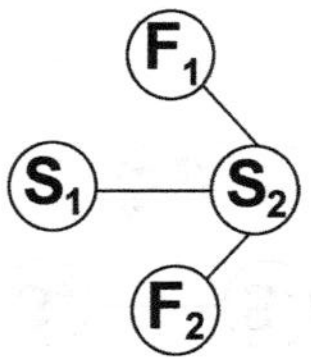	用电镀法生产铜片，在铜片表面会残留少量的电解液（S_1）。用水（S_2）清洗（F_1）的时候，不能有效的除掉这些电解液。解决方案是增加第一个场——在清洗的时候，加入机械振动或者在超声波（F_2）清洗池中清洗铜片
2.2	增强物质－场模型				

续表

标准解编号	问题描述	问题模型		解决方案模型	案例
2.2.1 向具有可控场的物质－场跃迁	标准解法 16，用更加容易控制的场，来代替原来不容易控制的场，或者叠加到不容易控制的场上。可按以下路线取代一个场：重力场→机械场→电场或者磁场→辐射场	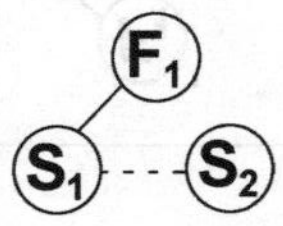	⇒	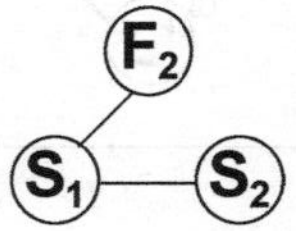	在一些外科手术中，最好采用对组织（S_1）施加热作用（F_2）的激光手术刀（S_2'）取代对组织（S_1）施加机械作用（F_1）的钢刀片式手术刀（S_2）
2.2.2 向带有工具分散物质的物质－场跃迁	标准解法 17，提高完成工具功能的物质分散（分裂）度	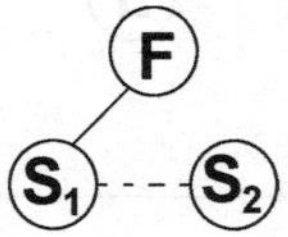	⇒	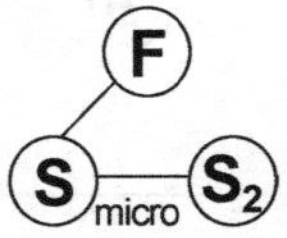	标准的钢筋混凝土由钢筋（S_1）加混凝土（S_2）组合而成。用一系列钢丝段（S_{micro}）代替较粗的钢筋可以制造出“针式”混凝土。采用这种材料可以增强结构能力
2.2.3 向具有毛细管多孔物质的物质－场跃迁	标准解法 18，在物质中增加空穴或毛细结构。具体做法是：固体物质→带一个孔的固体物质→带多个孔的固体物质（多孔物质）→毛细管多孔物质→带有限孔结构（和尺寸）的毛细管多孔物质		⇒	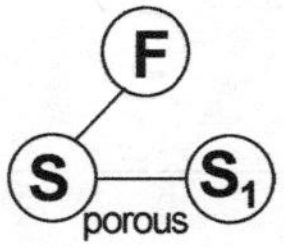	提议采用基于多孔硅（$S_{por.\ silicon}$）的毛细管多孔结构代替一组针状电极（S_{needle}），作为平面显示器的阴极
2.2.4 向动态化物质－场跃迁	标准解法 19，如果物质－场系统中具有刚性、永久和非弹性元件，那么就尝试让系统具有更好的柔韧性、适应性、动态性来改善其效率		⇒	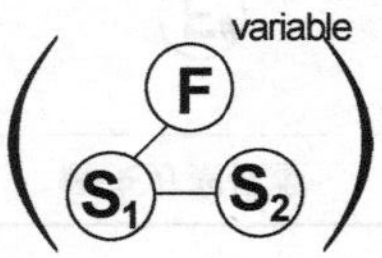	给风力发电站的风轮机安装铰链结构，有助于风轮机（S_1）在风（S_2）的作用下随时保持顺风方向

续表

标准解编号	问题描述	问题模型		解决方案模型	案例
2.2.5 采用结构化的场向物质－场跃迁	标准解法 20，用动态场替代静态场，以提高物质－场系统的效率	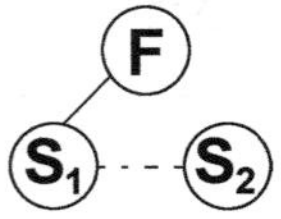	⇒	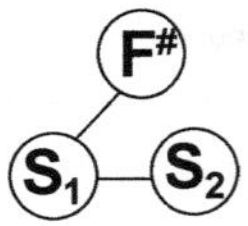	利用驻波（$F^{\#}$）来固定液体（S_2）中的微粒（S_1）
2.2.6 向结构物质－场跃迁	标准解法 21，将均匀的物质空间结构，变成不均匀的物质空间结构	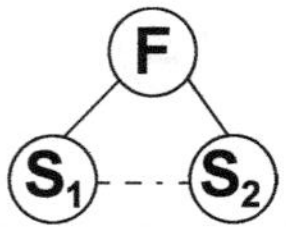	⇒	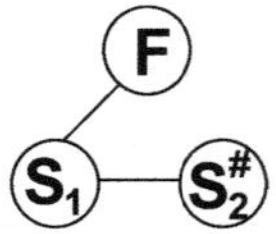	从均质固体切削工具（S_2）向多层复合材料的、自锐化切削工具（$S_2{}^{\#}$）跃迁可增加成品（S_1）的数量和质量
2.3	频率的协调				
2.3.1 向具有作用 $F_{\#f0}$ 匹配频率和产品固有频率（如 $S_{1\#0}$）的物质－场跃迁	标准解法 22，将场 F 的频率，与物质 S_1 或者 S_2 的频率相协调	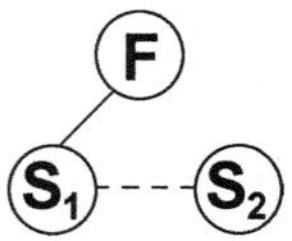	⇒	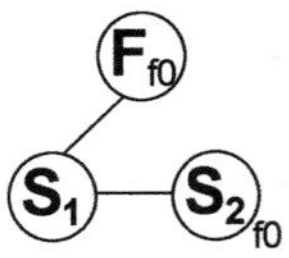	振动破碎机（S_2）的振动频率（$F_{1\#0}$）必须与被破碎材料（S_1）的固有频率一致
2.3.2 向有作用（F_1）和（F_2）匹配频率的物质－场跃迁	标准解法 23，让场 F_1 与场 F_2 的频率相互协调与匹配	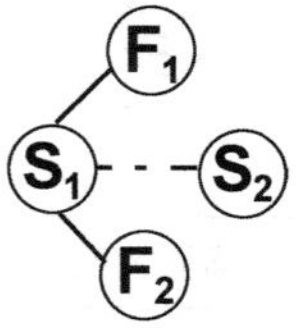	⇒	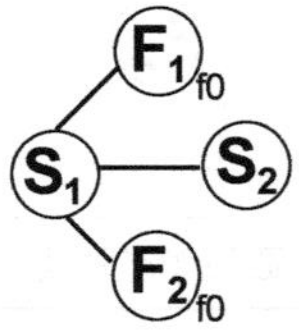	机械振动（F_1）以通过产生一个与其振幅相同但是方向相反的振动（F_2）来消除

续表

标准解编号	问题描述	问题模型		解决方案模型	案例
2.3.3 向具有合并作用物质－场跃迁	标准解法 24，两个独立的动作，可以让一个动作在另外一个动作停止的间隙完成	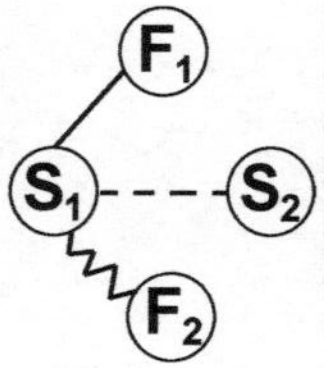	⇒	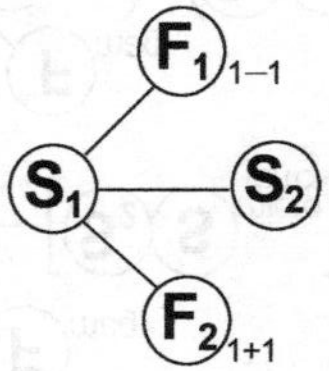	当信息由两个频道（F_1）和（F_2）在同一频带内由发射器（S_2）向接收器（S_1）传输时，一个频道的传输发生在另一个频道的停顿期间
2.4	利用磁场和铁磁材料				
2.4.1 向原铁磁场跃迁	标准解法 25，在物质－场中加入铁磁物质和磁场	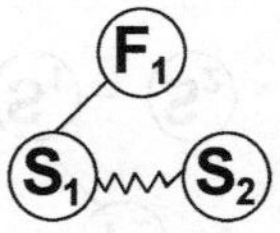	⇒	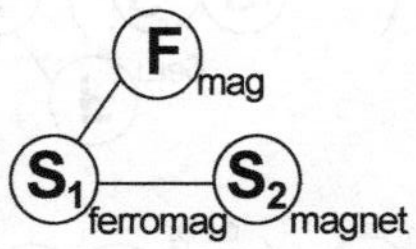	为了将海报（S_2）贴在表面（S_1）上，采用铁磁表面（$S_{ferromag}$）和小磁铁（S_{magnet}）代替图钉或者透明胶带
2.4.2 向铁磁场跃迁	标准解法 26，将标准解法 2.2.1（应用更可控的场）与 2.4.1（应用铁磁材料）结合在一起	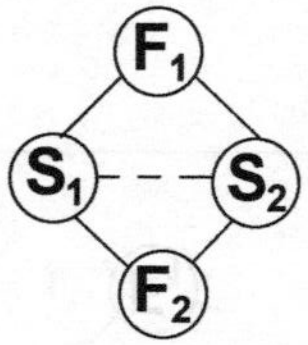	⇒	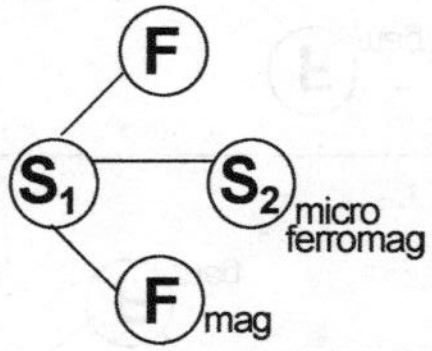	橡胶模具（S_2）的刚度，可以通过加入铁磁物质、通过磁场来进行控制
2.4.3 从低效铁磁场向基于铁磁流体铁磁场跃迁	标准解法 27，运用磁流体。磁流体可以是：悬浮有磁性颗粒的煤油、硅树脂或者水的胶状液体	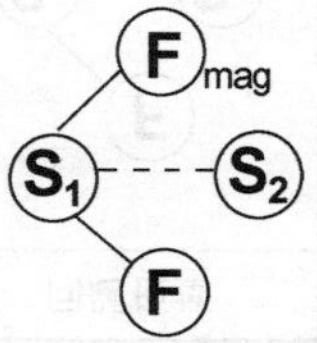	⇒	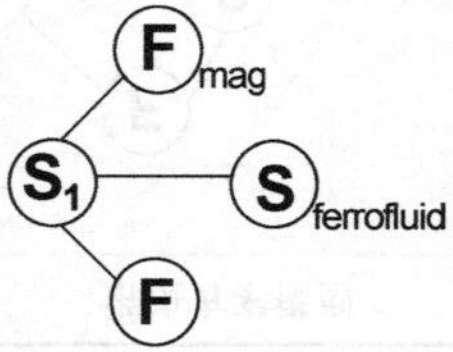	计算机马达的多孔旋转轴承中，用铁磁流体（$S_{ferrofluid}$）代替纯润滑剂（S_2），可使其保留在轴（S_1）和轴承支架之间的缝隙中，同时还可以提供毛细力（F_{cap}）

续表

标准解编号	问题描述	问题模型		解决方案模型	案例
2.4.4 向基于磁性多孔结构的铁磁场跃迁	标准解法 28，应用包含铁磁材料或铁磁液体的毛细管结构	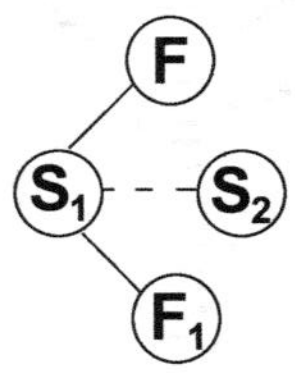	⇒	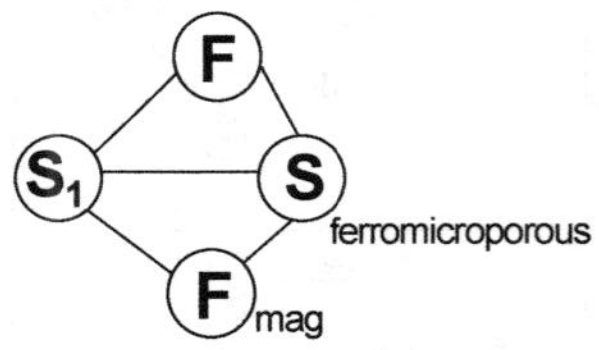	过滤器的过滤管（S_1）中，填充铁磁颗粒（S_2），形成毛细多孔一体材料（$S_{ferro\ porous}$）。利用磁场，可以控制过滤器内部的结构
2.4.5 向在 S_1 和/或 S_2 中引入添加物的外部复杂铁磁场跃迁	标准解法 29，转变为复杂的铁磁场模型。如果原有的物质－场模型中，禁止用铁磁物质替代原有的某种物质，可以将铁磁物质作为某种物质的内部添加物而引入系统	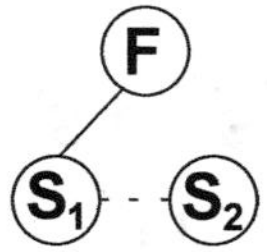	⇒	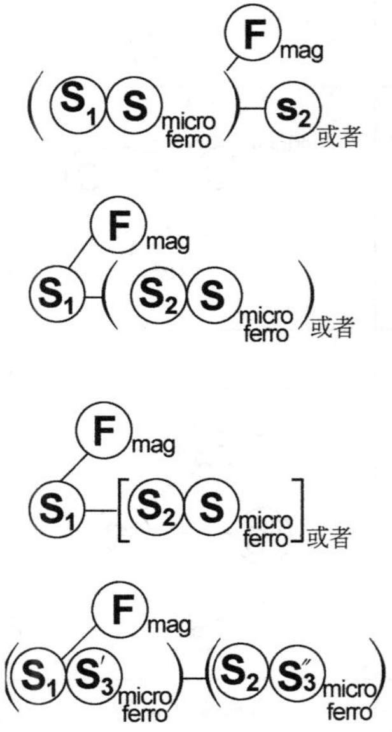	为了让药物分子（S_2）到达身体需要的部位（S_1），在药物分子上附加铁磁微粒（$S_{micro.\ ferro}$）。并且，在外界磁场（F_{mag}）的作用下，引导药物分子转移到特定的位置

续表

标准解编号	问题描述	问题模型		解决方案模型	案例
2.4.6 向环境中铁磁场跃迁	标准解法 30，在标准解法 2.4.5 的基础上，如果物质内部也不允许引入铁磁添加物，可以在环境中引入，用磁场（F_{mag}）改变环境（$S_{supersystem}$）的参数	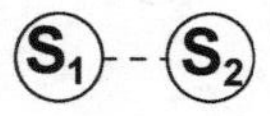	⇒	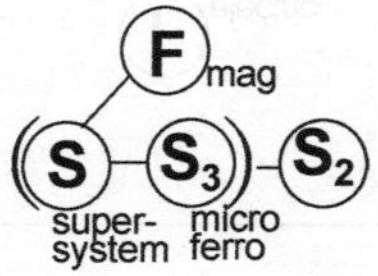	将一个内部有磁性颗粒物质的橡胶垫（S_3）摆放在汽车（S_1）的上方。这个垫子可以保证在修车时，工具（S_2）能被吸附住而随手可得。这样就不需要人们在汽车外壳内填入防止工具滑落的铁磁物质了
2.4.7 向使用物理效应的铁磁场跃迁	标准解法 31，如果采用了铁磁场系统，应用物理效应可以增加其可控性	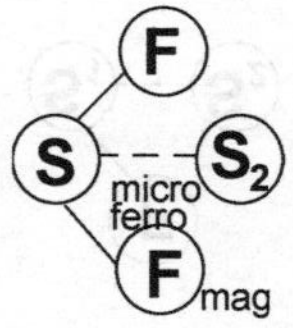	⇒	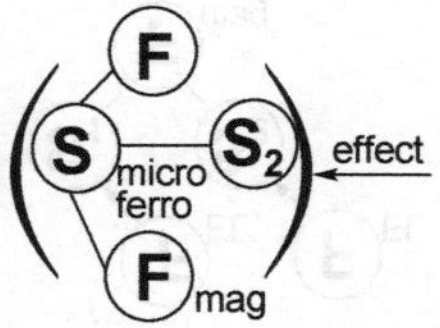	磁共振成像
2.4.8 向动态化铁磁场跃迁	标准解法 32，应用动态的、可变的（或者自动调节的）磁场	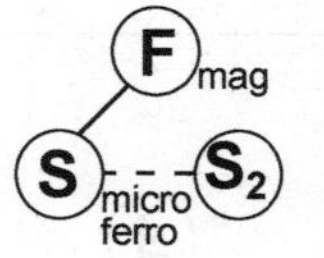	⇒	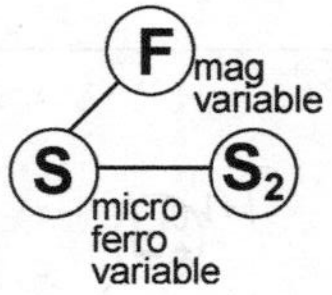	将表面有磁性微粒的弹性球体放在一个不规则空心物体内部来测量其壁厚，通过放在外部的感应器来控制这个“磁性球”，使其与待测空心物体的内壁紧紧地贴合在一起，从而实现精确测量的目的
2.4.9 向有结构化场的铁磁场跃迁	标准解法 33，利用结构化的磁场来更好的控制或移动铁磁物质颗粒	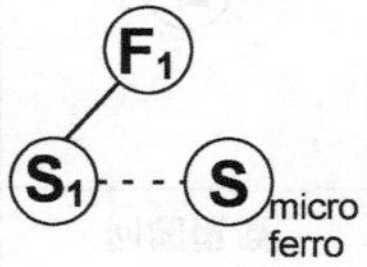	⇒	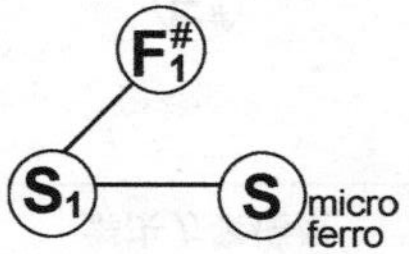	可以在聚合物（S_1）中掺杂传导材料（Smiero ferro）来提高其传导率。如果材料是磁性的，就可以通过磁场来排列材料的内部结构，这样使用材料很少，而传导率更高

续表

标准解编号	问题描述	问题模型		解决方案模型	案例
2.4.10 向节律匹配的铁磁场跃迁	标准解法 34，铁磁场模型的频率协调。在宏观系统中，利用机械振动来加速铁磁颗粒的运动。在分子或者原子级别，通过改变磁场的频率，利用测量对磁场发生响应的电子的共振频率频谱来测定物质的组成	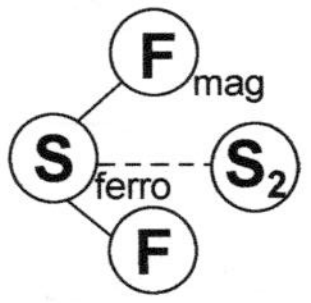	⇒	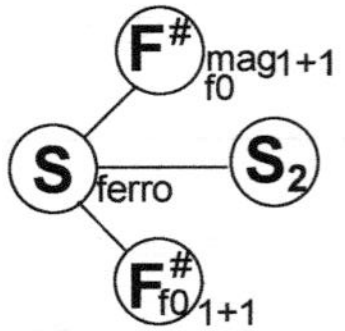	每个原子都有各自的共振频率。这种利用了元件节律匹配的测量技术，叫做电子自旋共振（ESR）
2.4.11 向电磁场跃迁	标准解法 35，应用电流产生磁场，而不是应用磁性物质	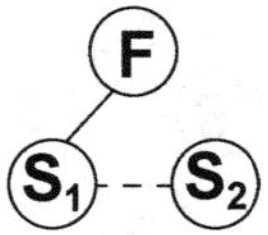	⇒	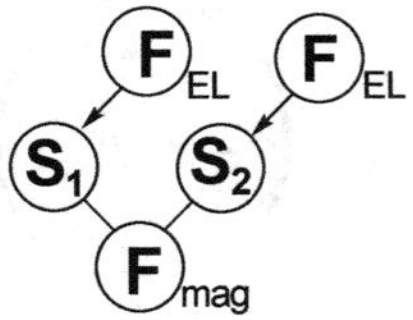	常规的电磁冲压中金属部件（S_1）采用了强大的电磁铁（S_2），该磁铁可产生脉冲磁场（F_{mag}）。脉冲磁场在坯板中产生涡电流，其磁场排斥使它们产生感应的脉冲磁场。排斥力（F_{EL}）足以将坯板（S_1）压入冲压模
2.4.12 向采用电流变液体的电磁场跃迁	标准解法 36，通过电场，可以控制流变体的黏度	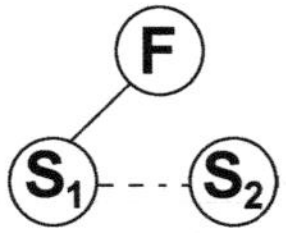	⇒	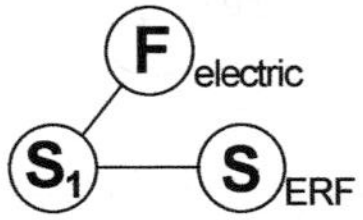	在车辆的减振器（$S_{shock\ absorber}$）中使用电流变液体（$S_{1\ ERF}$）取代标准油，原因是标准油的黏度随着温度的上升（F_{temp}）而降低

表7-4　第三级——向超系统和微观级跃迁的6条标准解法

标准解编号	问题描述	问题模型		解决方案模型	案例
3.1	转换成双系统或者多系统				
3.1.1 将多个技术系统并入一个超系统	标准解法37，系统进化方式——1a：创建双系统和多系统	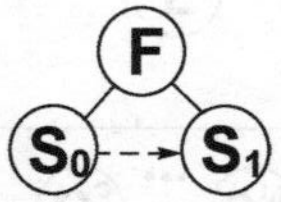	⇒	 或者 	在薄玻璃上打孔是很困难的事情，因为即使很小心，也很容易把薄薄的玻璃弄碎。我们可以用油做临时的粘贴物质，将薄玻璃堆砌在一起，变成一块“厚玻璃”，就便于加工了
3.1.2 改变双系统或者多系统之间的连接	标准解法38，改变双系统或者多系统之间的连接		⇒	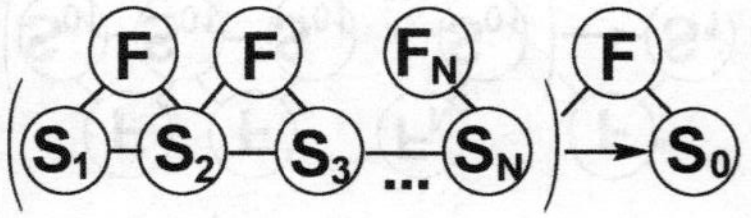	面对复杂的交通状况，应在十字路口的交通指挥灯系统里，实时地输入一些当前交通流量的信息，更好地控制各种复杂的交通变化

续表

标准解编号	问题描述	问题模型		解决方案模型	案例
3.1.3 由相同元件向具有改变特征元件的跃迁	标准解法 39，系统进化方式—1b：增加系统之间的差异性	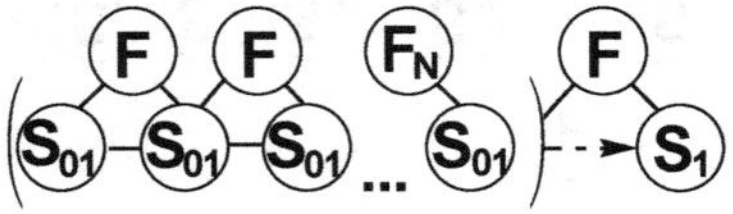	⇒		在多头订书机的各头内，人们装入不同种类的订书钉。如果在订书机上增加一个起钉器，订书机的作用就会更加丰富
3.1.4 由多系统向单系统的螺旋进化	标准解法 40，经过进化后的双系统和多系统再次简化成为单一系统	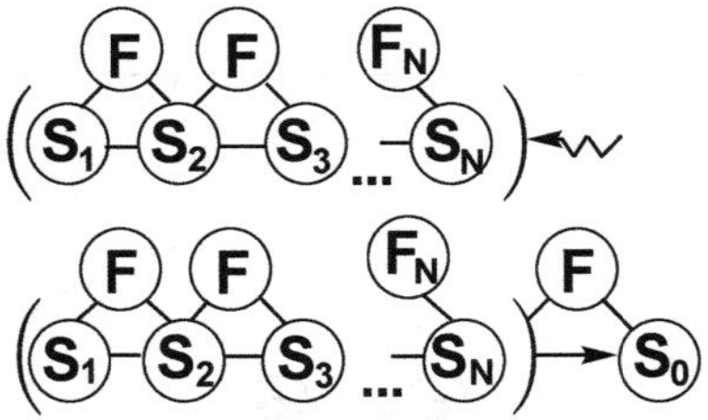	⇒	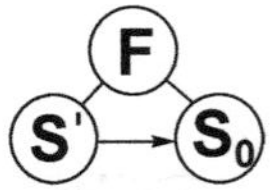	新型家用的立体声系统，是由一个外壳中加入多个音频设备组成
3.1.5 系统及其元件之间的不兼容特性分布	标准解法 41，系统进化方式—1c：部分或者整体表现相反的特性或功能	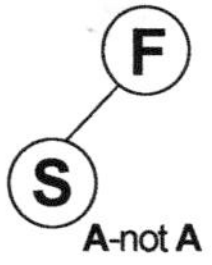	⇒	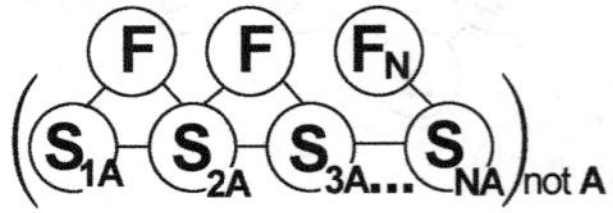	自行车的链条是刚性的，但是总体上是柔性的
3.2	向微观级进化				
3.2.1 引入“聪明”物质来实现向微观级的跃迁	标准解法 42，系统进化方式—2：转换到微观级别		⇒	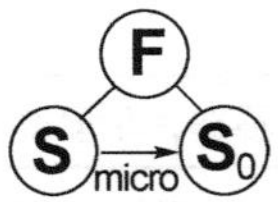	计算机就是沿着这个方向发展的

表 7-5　第四级——测量与检测的 17 条标准解法

标准解编号	问题描述	问题模型		解决方案模型	案例
4.1	间接方法				
4.1.1 采用变化问题替代检测和测量问题	标准解法 43，改变系统，从而原来需要测量的系统，现在不再需要测量		⇒	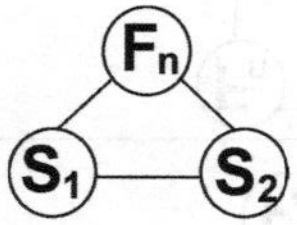	加热系统的温度自动调节装置，可以应用一个双金属片来制成
4.1.2 测量系统的复制品或者图像	标准解法 44，用针对对象复制品、图像或图片的操作替代针对对象的直接操作	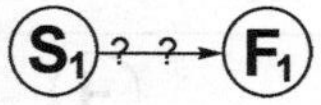	⇒		测量金字塔的高度，完全可以通过测量塔的阴影长度来算出
4.1.3 测量对象变化的连续检测	标准解法 45，应用两次间断测量，代替连续测量		⇒	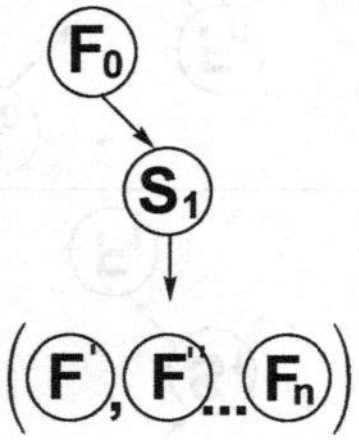	柔韧物体的直径应该实时地进行测量，从而看出它与相互作用对象之间匹配是否完好。但是实时测量不容易进行，可以通过测量它的最大直径和最小直径，确定其变化范围，来进行判断
4.2	建立新的测量系统，将一些物质或者场，加入到已有的系统中				

续表

标准解编号	问题描述	问题模型		解决方案模型	案例
4.2.1 测量物质－场的合成	标准解法 46，如果非物质－场系统（S_1）十分不便于检测和测量，就要通过完善基本物质－场或双物质－场结构来求解	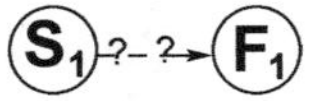	⇒	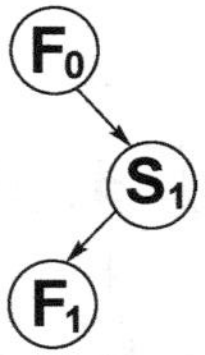	如果塑料袋上有个很小的孔很难被发现，可以先给塑料袋内填充空气，然后再将塑料袋放在水中，稍微施加压力，水中就会出现空气泡，从而指示出塑料袋泄漏的位置
4.2.2 引入易检测添加物实现向内部复杂物质－场的跃迁	标准解法 47，测量引入的附加物。如引入的附加物与原系统的相互作用产生变化，可以通过测量附加物的变化，再进行转换		⇒	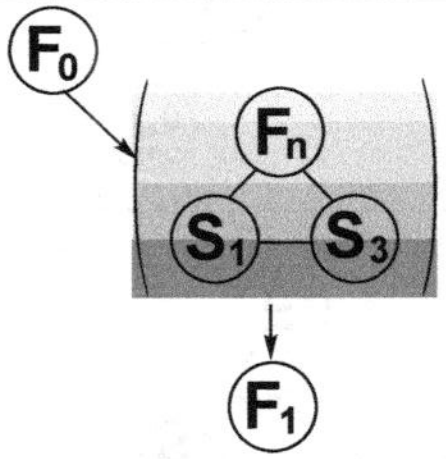	很难通过显微镜观察的生物样品，可以通过加入化学染色剂来进行观察，以了解其结构
4.2.3 引入到环境中的添加物可控制受测对象状态的变化	标准解法 48，如果不能在系统中添加任何东西，可以在外部环境中加入物质，并且测量或者检测这个物质的变化	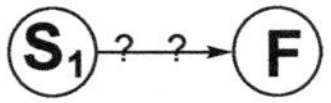	⇒	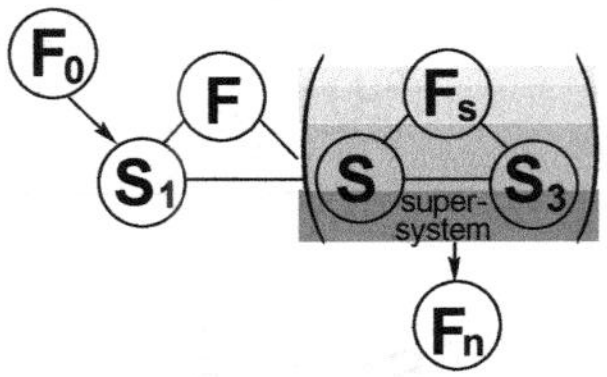	GPS 的应用
4.2.4 环境中产生的添加物可控制受控物体状态的变化	标准解法 49，如果系统或环境不能引入附加物，可以将环境中已有的东西进行降解或转换，变成其他的状态，然后测量或检测这种转换后的物质的变化		⇒	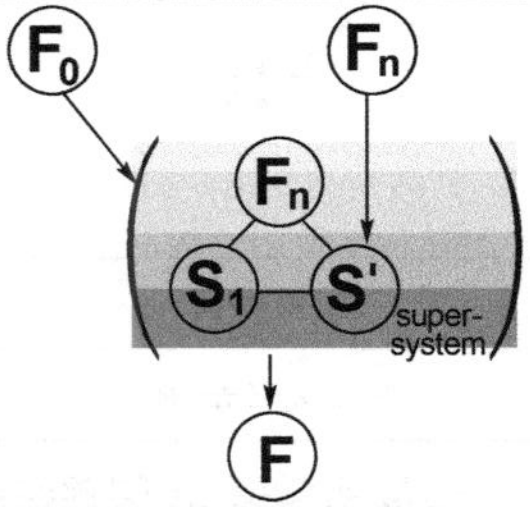	云室可以用来研究粒子的动态性能。在云室内，液氢保持在适当的压力和温度下，以便液氢正好处于沸点附近。当外界的高能量粒子穿过液氢时，液氢就会局部沸腾，从而形成一个由气泡组成的高能量粒子路径轨迹。此路径轨迹可以被拍照

续表

标准解编号	问题描述	问题模型		解决方案模型	案例
4.3	增强测量系统				
4.3.1 通过采用物理效应强制测量物质–场	标准解法 50，应用在系统中发生的已知的效应，并且检测因此效应而发生的变化，从而知道系统的状态，提高检测和测量的效率		⇒	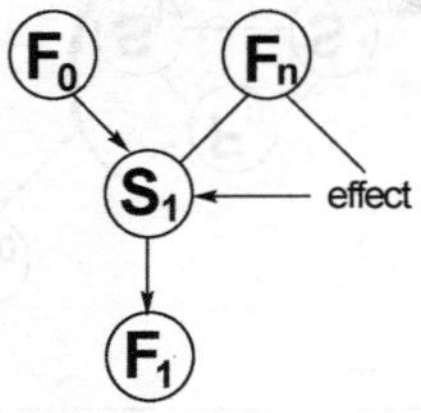	通过测量导电液体电导率的变化，来测量液体的温度
4.3.2 受控物体的共振应用	标准解法 51，如果不能直接测量或者必须通过引入一种场来测量时，可以通过让系统整体或部分产生共振，通过测量共振频率来解决问题	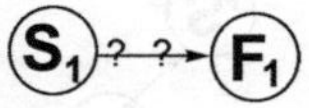	⇒		使用音叉来为钢琴调律。钢琴调律师需要调节琴弦，通过音叉与琴弦的频率发生共振，来进行调谐
4.3.3 附带物体共振的应用	标准解法 52，若不允许系统共振，可以通过与系统相连的物体或环境的自由振动，获得系统变化的信息	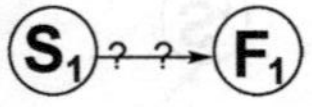	⇒	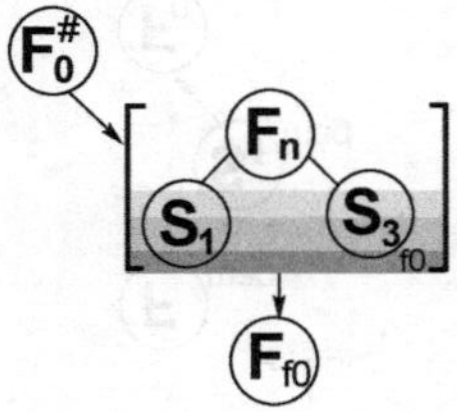	非直接法测量物体的电容量。将未知电容量的物体，插入到已知感应系数的电路中。然后改变电路中电压的频率，寻找产生谐振的共振频率。据此，可以计算出物体的电容量
4.4	测量铁磁场				

续表

标准解编号	问题描述	问题模型		解决方案模型	案例
4.4.1 向测量原铁磁场跃迁	标准解法 53，增加或者利用铁磁物质或者利用系统中的磁场，从而方便测量	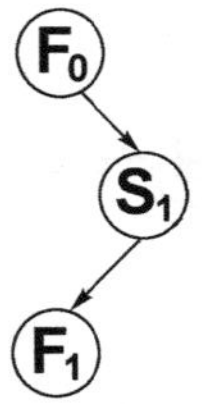	⇒	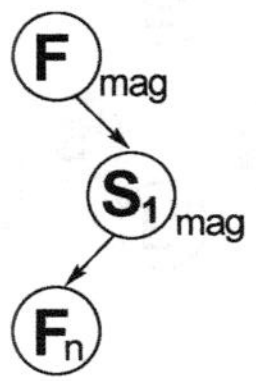	交通管理系统中使用交通灯进行指挥。如果还想知道车辆需要等候多久，或者想知道车辆已经排了多长，可以在路面下铺设一个环形感应线圈，从而轻易地检测出上面车辆的铁磁成分，经过转换后得出测量结果
4.4.2 向测量铁磁场跃迁	标准解法 54，在系统中增加磁性颗粒，通过检测其磁场以实现测量	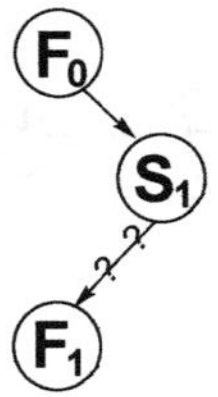	⇒	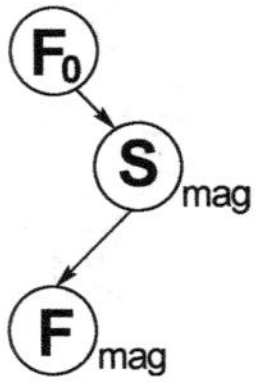	通过在流体中引入铁磁颗粒，以增加测量的准确度
4.4.3 向复杂化的测量铁磁场跃迁	标准解法 55，如果磁性颗粒不能直接加入到系统中，建立一个复杂的铁磁测量系统，将磁性物质添加到系统已有物质中	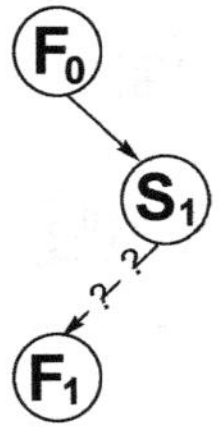	⇒	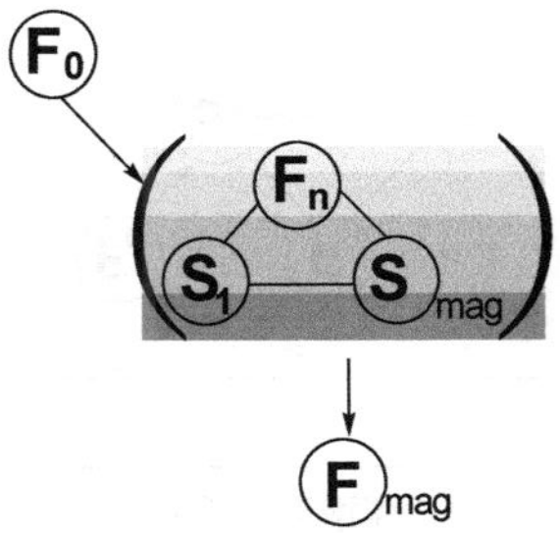	通过在非磁性物体表面涂敷含有磁性材料和表面活化剂细小颗粒的物体，以检测该物体的表面裂纹

续表

标准解编号	问题描述	问题模型		解决方案模型	案例
4.4.4 通过在环境中引入铁粒子向测量铁磁场跃迁	标准解法 56，如果不能在系统中引入磁性物质，可以通过在环境中引入	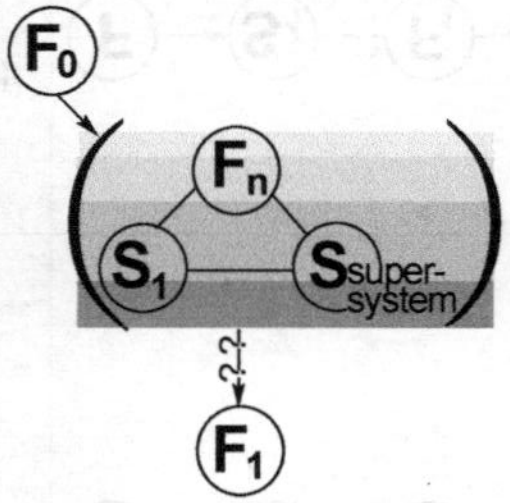	⇒	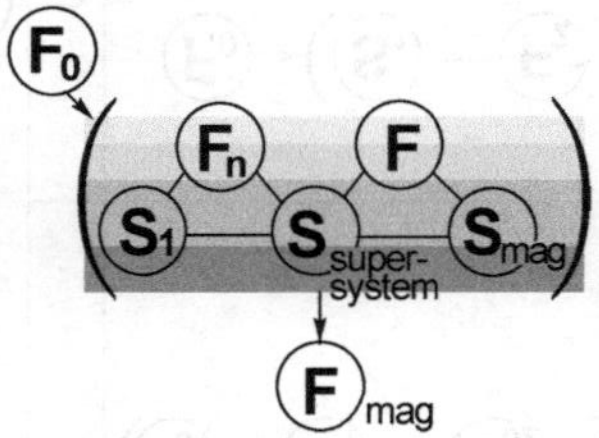	船的模型在水上移动的时候，会出现波浪。为了研究波浪的形成原因，可以将铁磁微粒添加到水中，辅助测量
4.4.5 物理科学原理的应用	标准解法 57，通过测量与磁性相关的自然现象，比如说居里点、磁滞现象、超导消失、霍尔效应等	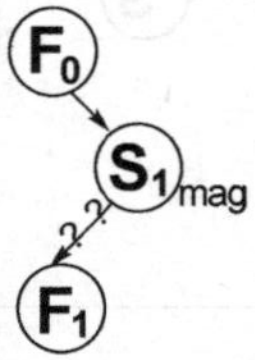	⇒	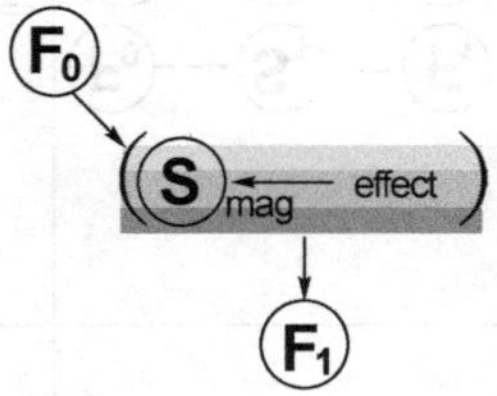	磁共振成像
4.5	测量系统的进化趋势				
4.5.1 向双系统和多系统跃迁	标准解法 58，向双系统、多系统转化。如果一个测量系统不具有高的效率，应用两个或者更多的测量系统		⇒	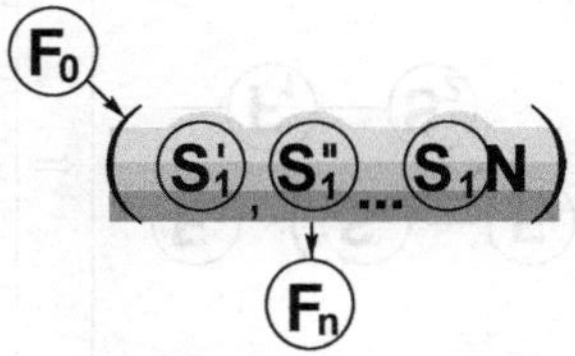	为了测量视力，验光师使用一系列的设备，来测量人眼对某物体的聚焦能力
4.5.2 向测量派生物跃迁	标准解法 59，不直接测量，而是在时间或者空间上，测量待测物的第一级或者第二级的衍生物		⇒	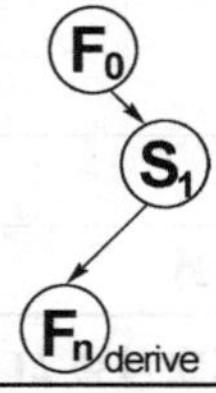	测量速度或加速度，而不是直接去测量距离

表 7-6　第五级——引入物质或场的 17 条标准解法

标准解编号	问题描述	问题模型		解决方案模型	案例
5.1	引入物质				
5.1.1 将空腔引入 S_1 或 S_2，以改进物质－场元件的相互作用	标准解法 60，应用“不存在的物体”替代引入新的物质。比如增加空气、真空、气泡、泡沫、水泡、空穴、毛细管等；用外部添加物代替内部添加物；用少量高活性的添加物；临时引入添加剂等	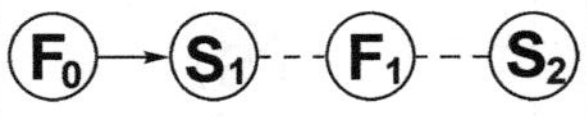	⇒	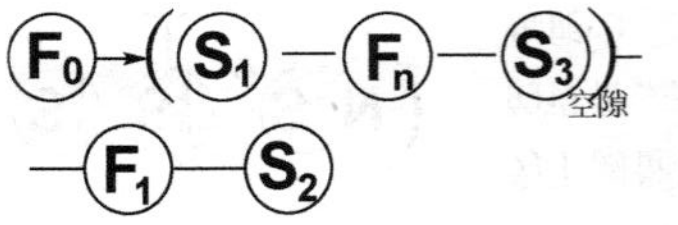	对于水下保暖衣来说，如果仅通过增加衣服厚度的方法来改善保暖性，整个衣服就会变得很厚重。我们可以在其中加入泡沫结构，既不增加衣服厚度，还可以使衣服变得轻薄
5.1.2 将产品（S_0）分成相互作用的若干部分	标准解法 61，将物质分割为更小的组成部分	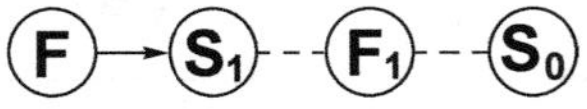	⇒	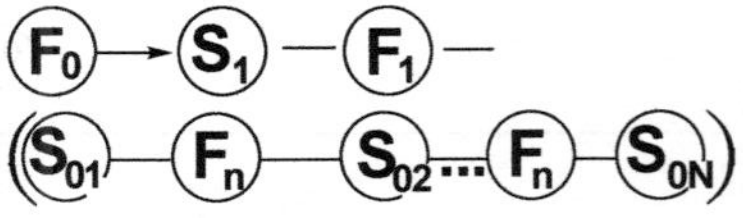	降低气流产生噪声（S_1）问题的标准解决方案是将基本气流（S_0）分成两股气流（S_{01} 和 S_{02}），从不同的方面形成涡流，并相互对消
5.1.3 引入的物质使物质－场的相互作用正常并自行消除	标准解法 62，添加物在使用完毕之后自动消失	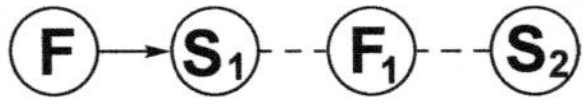	⇒	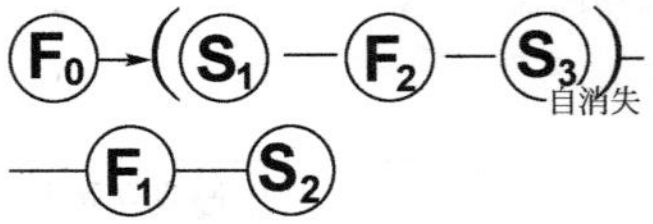	用冰把粗糙物体表面打磨光滑

续表

标准解编号	问题描述	问题模型		解决方案模型	案例
5.1.4 用膨胀结构和泡沫使物质-场的相互作用正常化	标准解法 63，如果条件不允许加入大量的物质，则加入虚空的物质	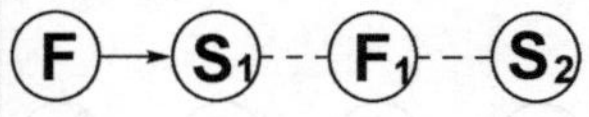	⇒	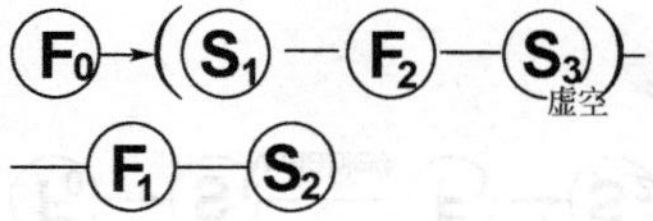	在物体内部增加空洞，以减轻物体的重量
5.2	引入场				
5.2.1 使用技术系统中现有的场不会使系统变得复杂化	标准解法 64，应用一种场，产生另外一种场	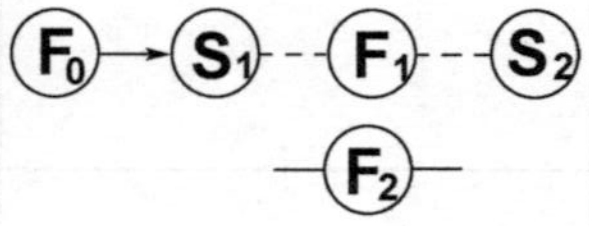	⇒	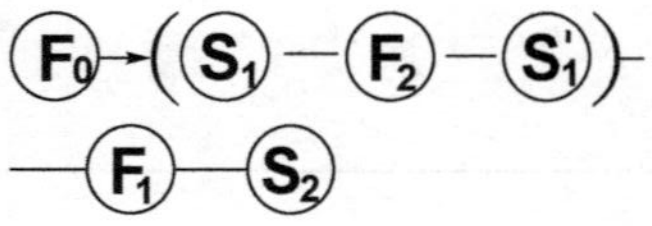	电场产生磁场
5.2.2 使用环境中的场	标准解法 65，应用环境中存在的场	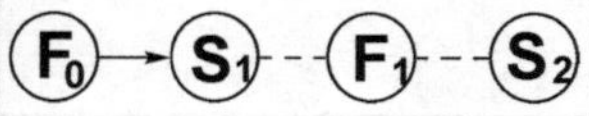	⇒	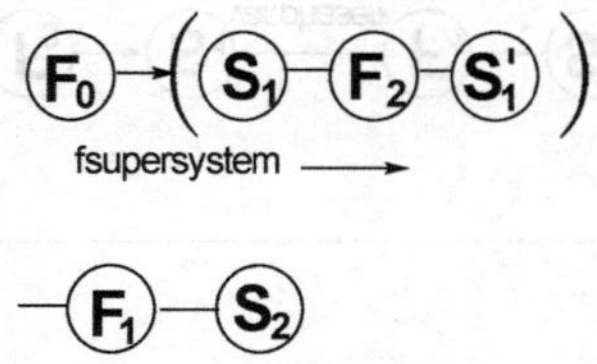	电子设备在使用时产生大量的热。这些热可以使周围空气流动，从而冷却电子设备自身
5.2.3 使用技术系统中现有物质的备用性能作为场资源	标准解法 66，应用能产生场的物质	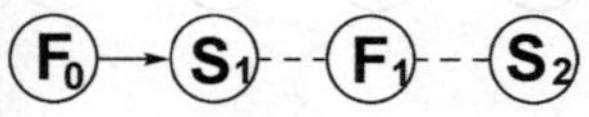	⇒	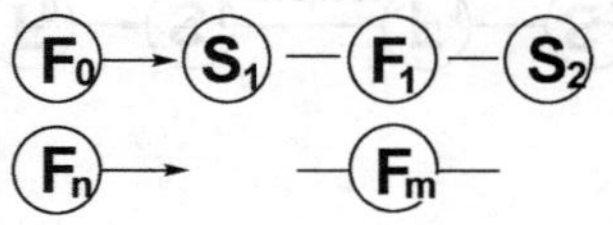	医生将放射性的物质植入到病人的肿瘤位置，来杀死癌细胞，以后再进行清除
5.3	相变				

续表

标准解编号	问题描述	问题模型		解决方案模型	案例
5.3.1 改变物质的相态	标准解法67，相变1：改变相态	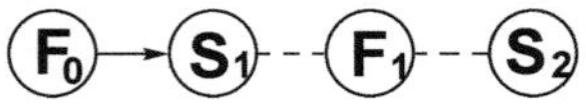	⇒	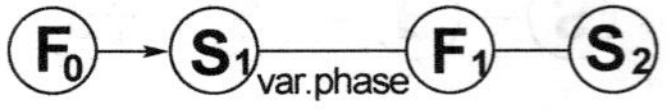	用α－黄铜取代β－黄铜。通过晶体结构的改变，导致在特定温度下，黄铜机械性质的改变
5.3.2 两种相态相互转换	标准解法68，相变2：双相互换	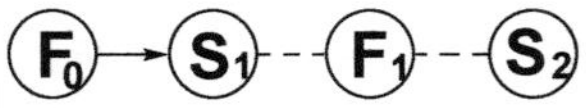	⇒	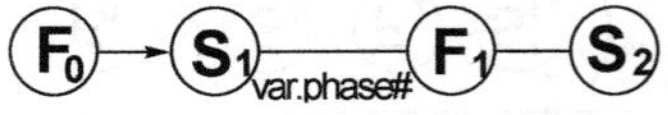	在滑冰过程中，通过将刀片下的冰转化成水，来减小摩擦力；然后，水又结成冰
5.3.3 将一种相态转换成另一种相态，并利用伴随相转移的现象	标准解法69，相变3：应用相变过程中伴随出现的现象	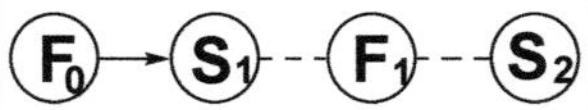	⇒		暖手器里面，有一个盛有液体的塑料袋，袋内有一个薄金属片。在释放热量过程中薄金属片在液体中弯曲，可以产生一定的声信号，触发液体转变为固体。当全部液体转变为固体后，人们将暖手器放回热源中加热，固体即可还原为液体

续表

标准解编号	问题描述	问题模型		解决方案模型	案例
5.3.4 转换到物质的双相态	标准解法70，相变4：转化为双相状态	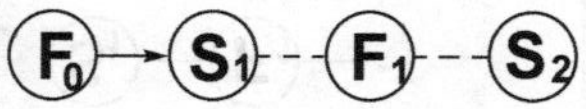	⇒		在切削区域涂敷一层泡沫，刀具能穿透泡沫持续切割；而噪声、蒸气等却不能穿透这层泡沫，这可用于消除噪声
5.3.5 利用系统部件（相位）之间的交互作用	标准解法71，利用系统的相态交互，增强系统的效率	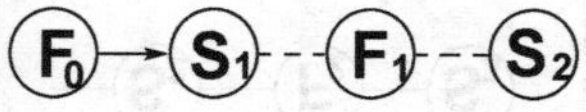	⇒	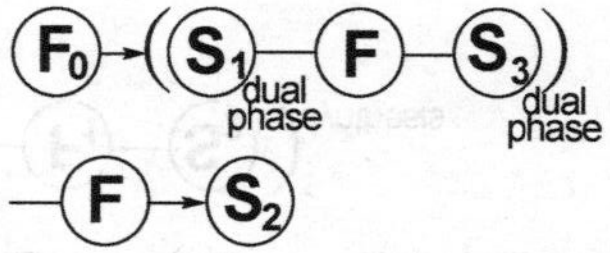	白兰地经过两次蒸馏后，放在木桶中进行保存。这时，木材和液体之间相互作用
5.4	运用自然现象				
5.4.1 利用可逆性物理转换	标准解法72，状态的自动调节和转换。如果一个物体必须处于不同的状态，那么它应该能够自动从一种状态转化为另外一种状态	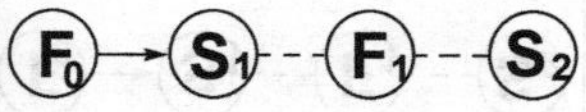	⇒	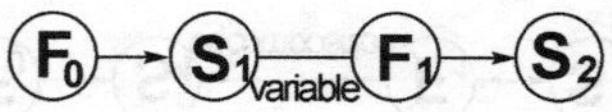	变色太阳镜在阳光下颜色变深；在阴暗处又恢复透明
5.4.2 出口处场的增强	标准解法73，将输出场放大	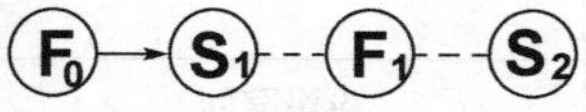	⇒	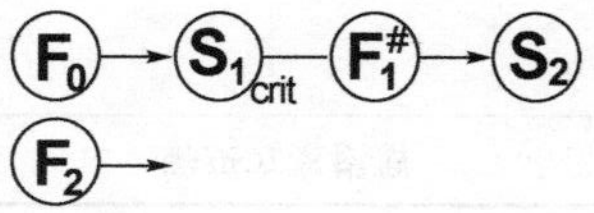	真空管、继电器和晶体管，都可以利用很小的电流来控制很大的电流

续表

标准解编号	问题描述	问题模型		解决方案模型	案例
5.5	产生物质的高级和低级方法				
5.5.1 通过降解更高一级结构的物质来获取所需的物质	标准解法 74，通过降解来获得物质颗粒（离子、原子、分子等）	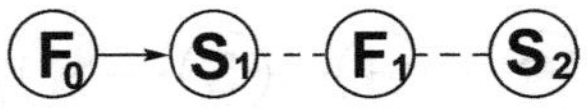	⇒	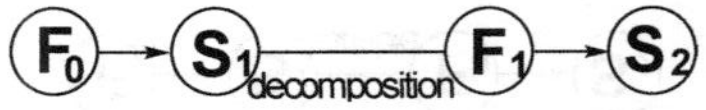	如果系统需要氢但系统本身又不允许引入氢的时候，我们可以向系统引入水，再将水电解转化成氢和氧
5.5.2 通过合并较低等级结构的物质来获得所需要的物质	标准解法 75，通过组合，获得物质粒子	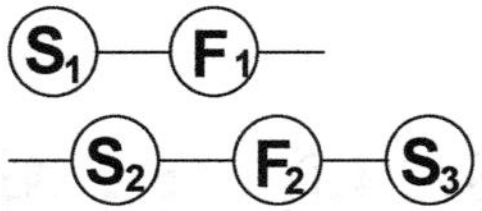	⇒	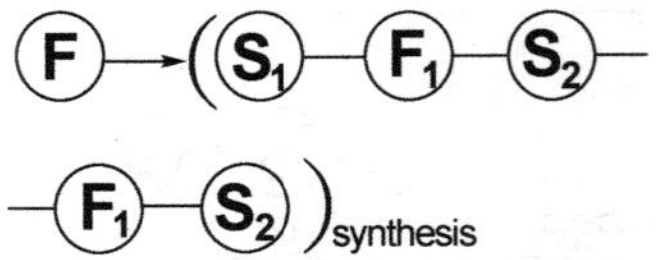	树木吸收水分、二氧化碳，并且运用太阳光进行光合作用，得以生长壮大
5.5.3 介于前两个解法之间	标准解法 76，应用 5.5.1 和 5.5.2。如果一个高级结构的物质需要降解，但是又不能降解，就应用次高水平的物质。另外，如果需要把低级结构的物质组合起来，我们就可以直接应用较高级结构的物质	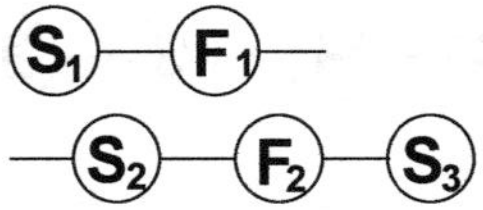	⇒	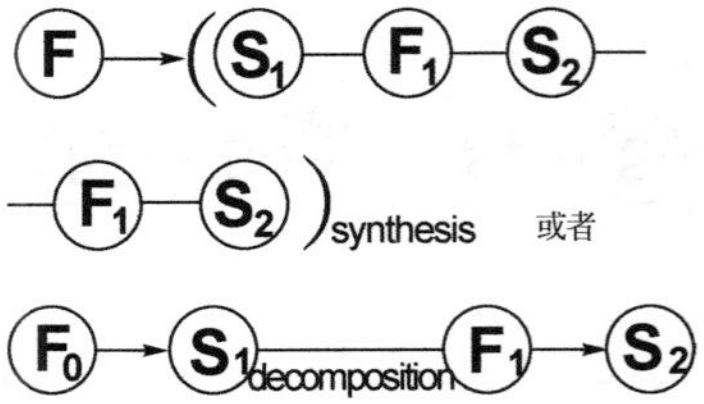	如需要传导电流，可先将物质变成导电的离子和电子。离子和电子脱离电场之后，还可以重新结合在一起

第五节 物质 – 场分析与标准解

下面从解题方法的角度，再来看一看物质 – 场分析与标准解。

就技术系统的结构属性而言，物质 – 场的概念揭示了其结构上的内涵和特点。因而，我们可以借助物质 – 场分析与标准解这个 TRIZ 解题方法，从技术系统的结构角度出发，找到物质 – 场分析与标准解的 TRIZ 解题方法，如图 7-9 所示。

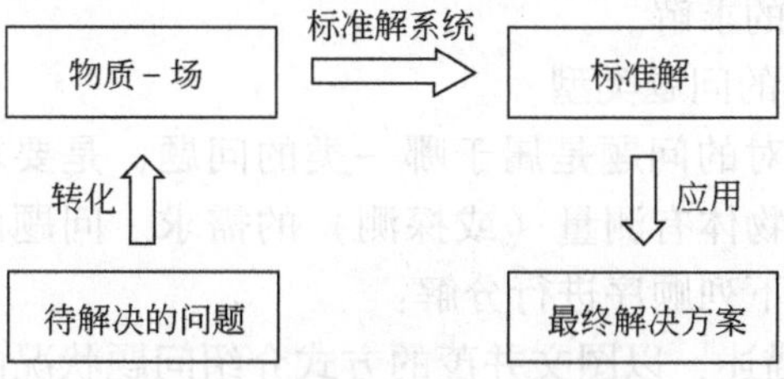

图 7-9 物质 – 场的解题模式

我们知道，实现一个技术系统的功能，至少需要物质和相互作用两个必不可少的元素。物质通过相互作用，最终实现系统的功能；而相互作用则以物质作为动作的依托，二者缺一不可。不管是超系统、系统乃至子系统，真正完备的系统结构，都少不了物质和相互作用这两种“分子”。显然，以物质和相互作用为基本元素的物质 – 场分析法，也直指解决发明问题的本质所在。进而言之，物质 – 场分析里的“物”指技术系统中牵扯到的一切东西；而“场”就是相互作用。这样，物与场包含了一个技术系统中全部最重要的东西。物质 – 场分析，自然也就反映出一个技术系统中存在的根本问题。

那么，我们又怎样理解标准解呢？上面我们已经说过，标准解是利用物质 – 场分析法解决发明问题的一个工具。我们把无数个技术系统，按物质 – 场分析法进行分析后，可归纳到不同的类别中去。对于每种类别来说，它们都有自己特别的、规范的解题方法，因而我们称之为标准解。显然，标准解具有特定性、通用性和普遍性等特点。这些特点，使得物质 – 场分析与标准解，作为一类 TRIZ 解题方法，就解决实际问题而言，更具有广泛性。

最后，我们还要说明的是，物质 – 场分析法已经把一个技术系统，分解到“物”和“场”这种“分子”的级别，显然这是一种“最细致”的解题方法。

从这个方面来说，在技术系统中，从解决技术矛盾到解决物理矛盾，再到求解物质－场问题，是一个从宏观层面逐渐进入到微观层面的过程。

第六节　物质－场标准解法的使用步骤

从以上的介绍来看，发明问题标准解有 76 个之多，似乎内容复杂，头绪较多，使用起来不是很容易和方便。其实，在对其不断的使用和实践的过程中，人们已经总结出来了一整套的使用步骤与流程，让发明问题标准解的使用能够循序渐进，变得比较容易操作。对于不太熟悉标准解法的初学者，可以尝试遵循下面四个步骤来进行问题的求解。

（1）确定所面对的问题类型

首先要确定所面对的问题是属于哪一类的问题，是要求对技术系统进行改进，还是要求对某件物体有测量（或探测）的需求。问题的确定是一个比较复杂的过程，可以按照下列顺序进行分解：

1）问题工况的描述，以图文并茂的方式介绍问题状况的描述为最好；

2）将产品或技术系统的工作过程进行分析，尤其是物流过程需要表述清楚；

3）组件模型分析，包括系统、子系统、超系统三个层面的组件，确定可用资源；

4）功能结构模型分析，将各个元素之间的相互作用表述清楚，用物质－场模型的作用符号进行标记；

5）确定问题所在的区域和组件，划分出相关的元素，作为下一步工作的核心。

（2）对技术系统进行改进

1）建立现有技术系统的物质－场模型；

2）如果是不完整物质－场模型，应用标准解法第一级（S1.1）中的 8 个标准解法。

3）如果是有害效应的完整物质－场模型，应用标准解法第一级（S1.2）中的 5 个标准解法；

4）如果是效应不足的完整物质－场模型，应用标准解法第二级中的 23 个标准解法和标准解法第三级中的 6 个标准解法。

（3）对某件东西进行测量（或探测）

应用标准解法第四级中的 17 个标准解法。

(4) 简化标准解法

当你获得了对应的标准解法和解决方案，检查模型（实际是技术系统）是否可以应用标准解法第五级中的17个标准解法来进行简化。标准解法第五级也可以被考虑为是否有强大的约束限制着新物质的引入和交互作用。

在实际应用标准解法的过程中，必须紧紧围绕技术系统所存在的问题的理想化最终结果，并考虑系统的实际限制条件，灵活进行应用，并追求最优化的解决方案。很多情况下，综合多个标准解法，对问题的彻底解决程度具有积极意义，尤其是第五级中的17个标准解法。

发明问题标准解的具体使用过程，也可以用流程图来表示，如图7-10所示。

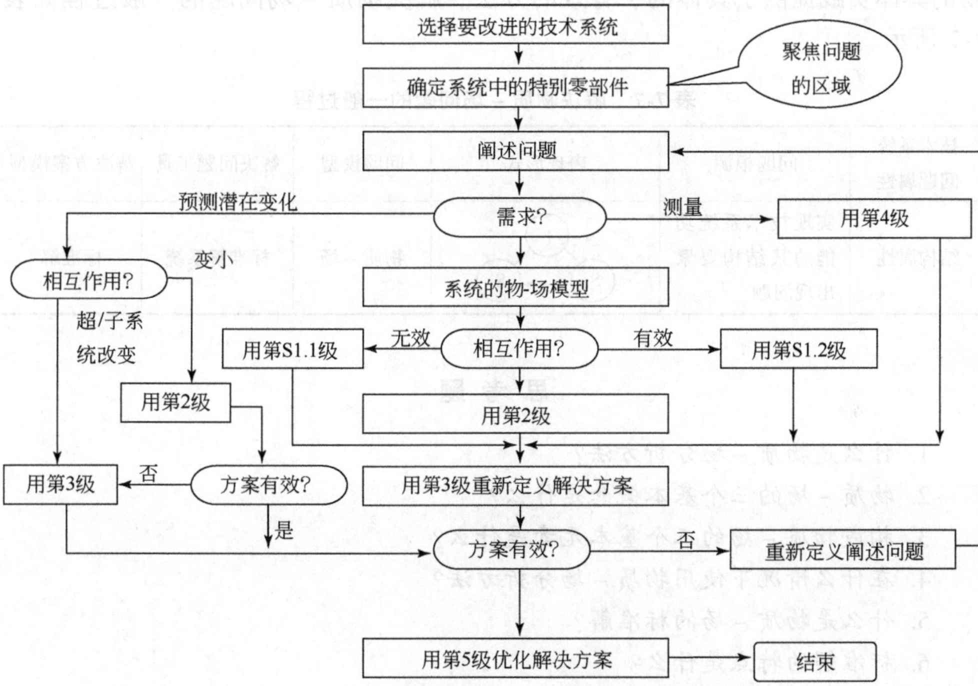

图7-10 发明问题标准解法的应用流程

第七节 物质－场分析法小结

物质－场反映了技术系统的结构属性，其作用是分析和解决实现技术系统功能的某结构要素出现的问题。在技术创新中应用物质－场分析法：

1）能正确地描述产品或者技术系统的构成要素以及构成要素之间相互联系，从而使技术人员能正确地理解系统问题的所在。

2）通过改变物质（S_1，S_2）以及它们之间的相互作用，物质–场模型从一种形式变换到另一种形式，并最终把物质–场模型映射到真实的产品改进上，从而实现技术创新。

3）伴随着技术系统问题的解决，物质–场模型可以在结构上实现形式变换，因此各种技术系统及其变换形式都可用物质和场的相互作用形式表述，这些变化的作用形式汇集成了发明问题的标准解法。

4）标准解法可以及时正确地运用先进技术和快速满足市场需求，为技术创新的具体实践提供了具体的、有效的方法。解决物质–场问题的一般过程如表 7-7 所示。

表 7-7　解决物质–场问题的一般过程

技术系统问题属性	问题根源	表现形式	问题模型	解决问题工具	解决方案模型
结构属性	实现技术系统功能的某结构要素出现问题	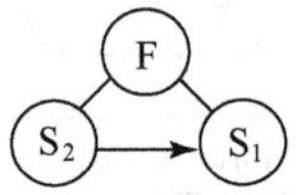	物质–场	标准解系统	标准解

思考题

1. 什么是物质–场分析方法？
2. 物质–场的三个基本概念是什么？
3. 构成物质–场的三个基本元素是什么？
4. 在什么情况下使用物质–场分析方法？
5. 什么是物质–场的标准解？
6. 标准解的特点是什么？
7. 物质–场的标准解有多少个级别，一共有多少个标准解？
8. 请说明物质–场与技术系统的关系。

第八章 运用 TRIZ 解决发明问题的实例

一个好的理论，在于其对实践的指导意义。TRIZ 作为解决发明问题的比较实用的创新理论，更强调其在科研和生产实践中的应用效果，强调由应用而给企业带来的实际效益。下面收集了一组来自各个行业应用 TRIZ 理论、方法与解题思想解决各种科研和生产问题的案例。

第一节 一个玻璃卷材企业的起死回生

1. 应用背景

俄罗斯一家制作液压玻璃卷材的工厂差不多快一年了没有接过订单，原因是他们的产品质量差。虽然有很多的询价，但是市场却被国外销售高质量玻璃卷材的公司所占领，国外玻璃卷材的价格也比该厂高 2 ~ 3 倍。

工厂领导决定要进行产品改型，研究并制定了一个新工艺方案，该方案大约需要花费 20 万美元。但是，工厂已经没有能力支付这笔钱了，而银行又不愿意给该工厂贷款，由此可知，这家工厂已经面临危机局面。于是，工厂领导求助于一个著名的 TRIZ 专家，该专家答应帮助他们解决问题。

2. 工厂生产的产品

液压玻璃卷材是一种玻璃织物，它的两边涂有等量的沥青层，被使用在液压绝缘建材中。

TRIZ 专家对该厂产品进行了调研，除了了解产品自身的情况外，还将其与市场上同行业的产品进行了比较，发现该产品的使用寿命比市场上的同类产品要少十分之一，原因是浇注沥青之后微小的穿透孔中的水分会蒸发散失，然后就在玻璃织物上形成了孔。除此之外，玻璃卷材两边的沥青分布不均匀，一边多，一边少。成品玻璃卷材外形也很不雅观，在制造的过程中辊轴被压扁了。这样的卷材即使价格很优惠，也没有人需要。

3. 液压玻璃卷材生产工艺

液压玻璃卷材的生产过程如图 8-1 所示。

1）将 1 米宽的玻璃织物放到辊轴上，把辊轴放到支架上，将辊轴旋转，玻璃织物就慢慢地被运输到一个大的两层的烘干箱中。烘干箱内用电子加热器提供的热空气烘干玻璃织物。

2）被烘干的玻璃织物和熔化开的沥青进入低处的缸 1。(熔化的沥青是通过高处的缸 2 来注入的。缸 2 的直径是 4m，高度是 2. 5m。缸 2 内的沥青是通过轮片的水平转动来拌和)

3）缸 1 中的沥青是从玻璃织物的正反两面浇注在其上的。已经被浇注好沥青的玻璃织物通过一个特制的冷却滑轮继续运动。

4）被冷却的液压玻璃织物被截开，然后放置在相应的辊轴上，并作为成品被运往仓库。

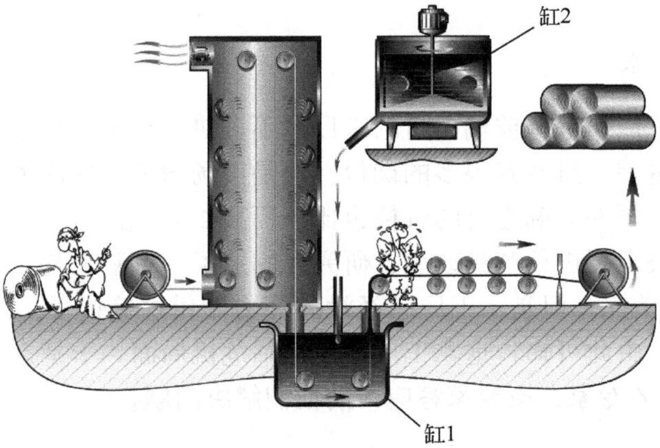

图 8-1　液压玻璃卷材生产过程

4. 工厂的工艺方案中涉及的问题

工厂的工艺方案从四个方面采取合理的措施来解决产品的残次问题。

(1) 怎么样搅拌聚乙烯和沥青

通常需要在缸 2 中增加聚乙烯来提高液压玻璃卷材的使用寿命，这样需要将沥青和聚乙烯搅拌均匀，由于聚乙烯的比重大一些，所以很难搅拌均匀。工厂决定将人工填加搅拌更换成进口的搅拌机来工作。

（2）玻璃织物上的孔

在辊轴运输玻璃织物的过程中会吸收水分，所以对玻璃织物的烘干还是不够充分。这些水分在浇注沥青之后就会蒸发，然后就在玻璃织物上形成了孔。所以工厂决定提高烘干箱内电子加热器的功率。

（3）沥青厚度的不均匀

工人是用肉眼来调整沥青层厚度的，浇注在玻璃织物上的沥青不均匀，所以工厂决定用液压设备来代替人工。

（4）皮带的加工

当将玻璃织物放到辊轴上的时候由于工作人员是一个接一个放的，因此必须将新的玻璃织物头和旧的玻璃织物的尾连接起来，这样很麻烦并且工作起来比较危险，所以工厂想将此部分工作自动化。

工厂提到的这四个解决方案都是从小的方面来改进产品，而这些小的方面的改进归根结底重复地说明了一个问题：需要很高的成本。

5. 能不能不花钱解决问题

TRIZ专家的立场是不花钱来解决问题，他提议可以从以下五个方面来解决问题，如图8-2所示。

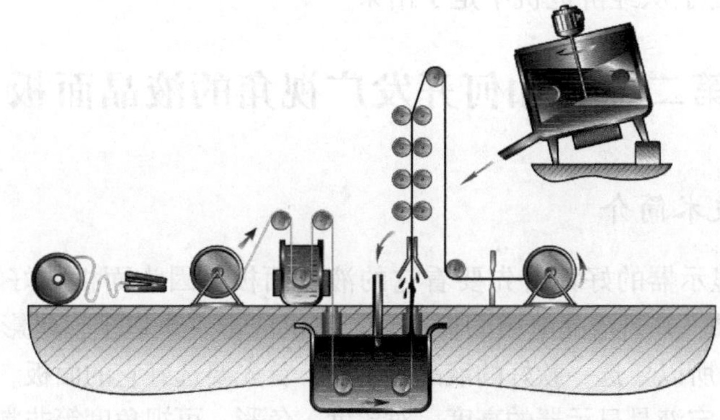

图8-2　制造玻璃卷材——不花钱来解决问题的方案

（1）搅拌聚乙烯和沥青

不需要引进进口的搅拌机，只需要将缸2倾斜8度。将缸2的一个支脚支起，这样缸内搅拌的叶片就会更有力的搅拌。

（2）玻璃织物的烘干

将烘干机完全去掉，取而代之的将是一个锡熔炼制成的缸，通过锡缸的玻璃织物携带的水分不会蒸发变成气体，因为玻璃织物的沸点要比锡的沸点高。

（3）沥青厚度的平衡

将浸染缸中皮带的运动方向由水平改为垂直，然后将皮带置于两个削刮器之间，这样他们就得到了均等厚度的沥青。

（4）将皮带连接起来

用一个夹板来代替人工连接玻璃织物的工作，这个夹板类似于他们的连接纸使用的订书机一样，这样就避免了使用全自动化的设备。

（5）产品的外形

为了使制造好的玻璃卷材的辊轴不变形，他们将支架的外形做一些改变，这样成品的辊轴就不会变形了。

6. 结论与体会

TRIZ 提倡尽量使用手边的、现成的、不花钱的资源来巧妙地解决问题。在 TRIZ 的这一思想指导下，这个工厂基本上没有花钱就解决了制造高质量玻璃卷材的问题。其结果不但使产品本身的生产成本降低了，液压玻璃卷材的质量也提高了，并且在市场上有了比较强的竞争力。原来打算向银行申请的贷款根本就不需要了，工厂终于从经济危机中走了出来。

第二节　如何开发广视角的液晶面板

1. 背景技术简介

一个液晶显示器的好坏首先要看它的液晶面板，因为面板的好坏直接影响到画面的观看效果，并且液晶电视面板占到了整机成本一半以上，是影响液晶电视造价的主要因素，所以要选一款好的液晶显示器，首先要选好它的面板。液晶面板可以在很大程度上决定液晶显示器的亮度、对比度、色彩、可视角度等非常重要的参数。

可视角度问题一直是液晶面板最致命的要害，在早期的 TN 液晶面板中这个问题就普遍存在。而现在我们已经将 TN 面板直接称作“窄视角面板”了，因为随着科技的发展，目前的液晶电视基本都为“广视角”面板，与 TN 面板不同的是，广视角的面板可以提供更大的可视角度，所以它比因视角过低而导致画面偏色的 TN 面板就要强出很多。

液晶面板发展的速度很快，从前些年的三代，迅速发展到四代、五代，然后跳过六代达到七代，而更新的第八代面板也在谋划之中。目前生产液晶面板的厂商主要为三星、LG-Philips、友达等公司，由于各家技术水平的差异，生产的液晶面板也大致分为几种不同的类型，常见的有 TN 面板、MVA 和 PVA 等 VA 类面板、IPS 面板以及 CPA 面板。

TN（twisted nematic）面板全称为“扭曲向列型”面板，低廉的生产成本使 TN 面板成为应用最广泛的入门级液晶面板，在目前市面上主流的中低端液晶显示器中被广泛使用。目前我们看到的 TN 面板多是改良型的加补偿膜 TN 面板，用于弥补 TN 面板可视角度的不足，目前改良的 TN 面板的可视角度都达到160°，当然这是厂商在对比度为 10∶1 的情况下测得的极限值，实际上在对比度下降到 100∶1 时图像已经出现失真甚至偏色。

VA 类面板是现在高端液晶应用较多的面板类型，属于广视角面板。和 TN 面板相比，8bit 的面板可以提供 16.7M 色彩和大可视角度，是该类面板定位高端的资本，但是价格也相对 TN 面板要昂贵一些。VA 类面板又可分为由富士通主导的 MVA 面板和由三星电子开发的 PVA 面板，其中后者是前者的继承和改良。VA 类面板的正面（正视）对比度最高，但是屏幕的均匀度不够好，往往会发生颜色漂移，如图 8-3 所示。

富士通的 MVA（multi-domain vertical alignment，多象限垂直配向）技术可以说是最早出现的广视角液晶面板技术。该类面板可以提供更大的可视角度，通常可达到 170°。通过技术授权，我国台湾省的奇美电子（奇晶光电）、友达光电等面板企业均采用了这项面板技术。改良后的 P-MVA 类面板可视角度可达接近水平的 178°，并且灰阶响应时间可以达到 8ms 以下。

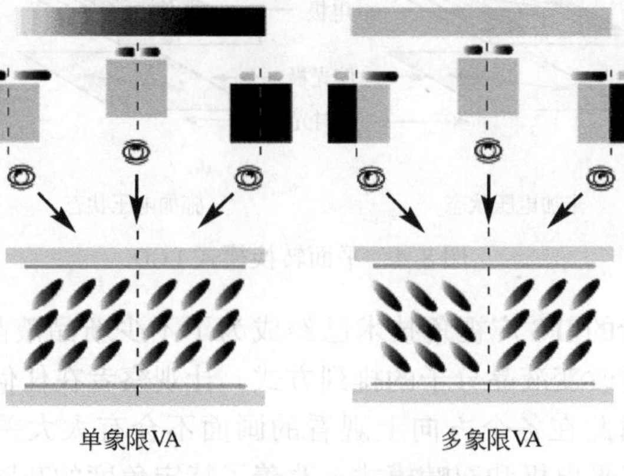

图 8-3　VA 类面板的颜色漂移

三星公司的 PVA（patterned vertical alignment）技术同样属于 VA 技术的范畴，它是 MVA 技术的继承者和发展者。其综合素质已经全面超过后者，而改良型的 S-PVA 已经可以和 P-MVA 并驾齐驱，获得极宽的可视角度和越来越快的响应时间。PVA 采用透明的 ITO 电极代替 MVA 中的液晶层凸起物，透明电极可以获得更好的开口率，最大限度减少背光源的浪费。这种模式大大降低了液晶面板出现“亮点”的可能性，在液晶电视时代的地位就相当于显像管电视时代的“珑管”。三星公司主推的 PVA 模式广视角技术，由于其强大的产能和稳定的质量控制体系，被日美厂商广泛采用。目前 PVA 技术广泛应用于中高端液晶显示器或者液晶电视中。

IPS（In-Plane Switching，平面转换）技术是日立公司于 2001 年推出的液晶面板技术，俗称“Super TFT”，如图 8-4 所示。IPS 阵营以日立为首，聚拢了 LG-Philips、瀚宇彩晶、IDTech 等一批厂商。IPS 面板最大的特点就是它的两极都在同一个面上，而不像其他液晶模式的电极是在上下两面，立体排列。由于电极在同一平面上，不管在何种状态下液晶分子始终都与屏幕平行，会使开口率降低，减少透光率，所以 IPS 技术应用在液晶显示器 TV 上会需要更多的背光灯。此外还有一种 S-IPS 面板属于 IPS 的改良型。

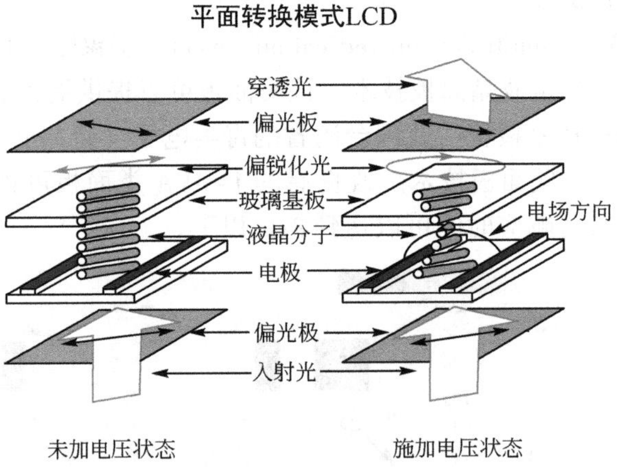

图 8-4　平面转换模式 LCD

目前颇为流行的 IPS 广视角技术已经成为了不少新品液晶电视的头号选择，其技术原理是通过改变液晶分子的排列方式，让观察者在任何时候都只能看见液晶分子的短轴，因此在各个方向上观看的画面不会有太大差别。在 IPS 的基础上，通过导入人字形电极和双畴模式，改善了特定角度的灰阶逆转现象，并进一步拓宽视角，实现了 S – IPS（Super IPS）广视角技术。

2. 初始问题情境

三星公司的液晶显示器采用模式垂直配向（PVA）技术。在没有电场的情况下，具有负介电各向异性的液晶材料发生垂直取向，因此在交叉偏振光镜下可获得全黑状态。当施加电场时，两个模式 ITO（氧化铟锡）电极之间产生散射场。结果，由于自动形成具有补偿膜的多象限结构，我们可获得大的视角。

然而利用 PVA 法获得的视角小于平面转换法（IPS）（二者分别为 170 °和 175°）。因此，显示画面的总体质量恶化。

三星公司面临的主要问题是：怎样增大垂直取向构型显示器的视角，进而提高显示画面的质量？为此，应将单象限（像素）至少分成两个子象限（子像素）以提高横向可见度，并且两个子象限应具有不同电压。然而，这样的分割大大增加了液晶显示器结构的复杂度。

所以，该项目的目标为：需要对液晶显示器进行最小的改动，以增大视角，同时维持液晶显示器的初始设计和 PVA 工作原理。

3. 应用 TRIZ 进行矛盾问题求解

（1）定义问题模型

技术矛盾 1：如果有多个象限，则视角可增大，但液晶显示器结构的复杂度会增加，并且其设计会恶化；

技术矛盾 2：如果有单个象限，则液晶显示器结构的复杂度可降低（并且设计可改善），但视角会恶化。

整个系统的主要功能：提供更大的视角（即技术矛盾 1 要改善的功能）；

整个系统的作用对象：通过象限的光通量；

系统实现主要功能所使用工具：象限。

根据 TRIZ 理论的发明问题解决算法，为了解决此问题，我们应该找出一些特殊的功能单元（在 TRIZ 理论中把它们称为 X – element），并把它们转变为技术系统，以提供具有更大视角的多象限结构，并消除液晶显示器结构的复杂度。

（2）定义理想化的最终结果

分析上述技术矛盾，找出系统的关键问题和问题区域所在，并定义物理矛盾：在两个偏振镜之间的象限问题区域内，椭圆形的液晶分子应该相对于象限的轴线具有可变倾角，以提供更大的视角；同时液晶分子又应该具有不变的角度，以便仅使用相同的电压，并提供简单的液晶显示器结构。

定义理想化的最终结果：偏振镜之间的象限内空间（即问题所在区域）自动在光转换过程（即问题所在时间）中以可变倾角排列液晶分子，并且仅施加相同电压以提供简单的液晶显示器结构。

（3）具体解决方案

根据 TRIZ 理想化的最终结果的启示，最终实施的具体解决方案之一为：在液晶显示器中采用具有非均匀电场的像素结构，并且仅施加相同的电压，以解决上述物理矛盾。

如图 8-5 所示，随着与分支电极 191a－192a 距离的增大，液晶层 3 中的电场强度不断降低。由于液晶分子 31 的倾角取决于电场强度，因此相比较而言，距分支电极 191a－192a 较近的液晶分子 31 具有较大的倾角 θ1，而距分支电极 191a－192a 较远的液晶分子 31 具有较小的倾角 θ2。距相邻分支电极 191a－192a 等距离处的液晶分子 31，也就是穿过切口 71－72 的垂直平面上的液晶分子 31，具有最大的倾角。

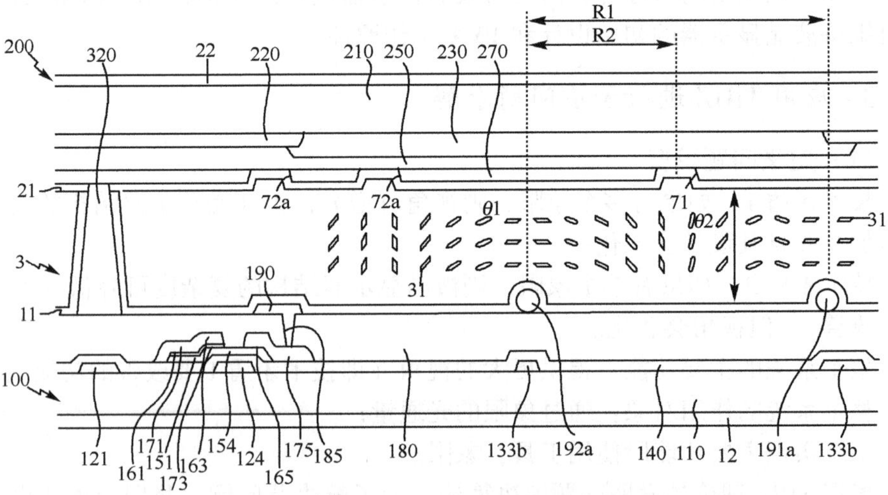

图 8-5　液晶显示器中的非均匀电场的像素结构

因而，每个子区上的液晶分子 31 倾角不断变化，以致每个子区上的液晶层 3 区域（称为“象限”）具有无限多个子象限，并且这些子象限具有不同的倾角。子象限的光学性质相互补偿，从而提高了横向可见度。

这样，通过空间分离解决了物理矛盾，并且在相同电压下，每个象限内部的倾角都是相同的，而不同象限内的倾角是不同的。分支电极 191a－192a 的形状和排列以及切口 71－72 都是可以修改的。

（4）结论

整个项目历时3个月，利用TRIZ理论产生解决方案18个，申请6项专利，其中三项为最终产品实施方案。TRIZ理论在该项目中的应用，巩固了三星公司在LCD行业的领先地位。

第三节　提高智能吸尘器的清洁效果

1. 背景技术简介

吸尘机器人又称清洁机器人、自动吸尘器或智能吸尘器，它是目前家用电器领域最具挑战性的热门研发课题，但是开发的难度极大。

作为一种令人满意的智能化的吸尘机器人，它应当具有能自动并彻底清洁家庭或办公室中它能走得到的地面的功能——不需要人弯着腰操作、不需要人拖着电线移来移去、不需要人把它拆开把累积在内部的垃圾倾倒出来、不需要人在旁边忍受它的噪声，需要的只是人们一次性设定它的工作方式：一次性工作还是每天工作一次、还是隔天工作、还是3天或隔几天工作一次，每次工作在什么时刻，其余人们便不用管它（当然人们也可把它当作普通吸尘器使用——插上导管清洁如床或茶几底下等它走不进的地方）。它能自动充电，自动把内部垃圾传送到一个大容量垃圾箱中去。同时它还很安全：不会有触电危险、不会撞坏东西、不会被撞坏、不会跌落至楼梯下、也不会走得太远而消失得无影无踪，更重要的是作为一种家用电器而非奢侈品，它的价格不会太贵，普通家庭完全买得起。

日本日立公司自20世纪80年代后期便开始研发这样的吸尘机器人，但是至今尚未有成熟的产品面世。其他如日本松下、韩国三星、LG、Hanool Robotics、瑞典伊莱克斯、荷兰飞利浦、德国Karcher、英国Dyson、澳大利亚Floorbotics、美国Eureka及iRobot、Evolution Robotic、中国台湾联腾电子等公司均曾经开发并提供了一些样品或小批量产品。有的如玩具般在房间内随机移动（如iRobot的Roomba被《时代》周刊评为2002年度全球最佳发明，最近中国台湾联腾电子公司也推出了同它类似的产品），有的能在单个房间内较简单地以一定的路线移动（不能100%走遍）并能自动充电（如伊莱克斯公司的Trilobite），有的还能在垃圾回收站清理掉内部垃圾（如karcher）。

事实上，虽然有了这样一些样品或产品，但却不能达到令人满意的程度，尚存的缺点是：清洁效果不佳，功能完全没有达到，还有价格更是不能让人接受。因此均只能算是早期产品或称第一代产品。

2. 初始问题情境

三星公司开发的是一种全新的机器人真空清洁器，如图 8-6 所示。机器人可充当自主真空清洁器，从而在无需人工参与的情况下清洁房间地面。

电池充电后大约可使用 50 ~ 60 分钟。当工作期间电池电量不足时，机器人会自动将真空关闭，并返回充电座重新充电。当充电完毕后，它会回到原来的位置继续进行清洁。

三星公司面临的主要问题是：为了提高机器人的清洁能力，消费者尝试过用更大功率的电机增大吸力，但却缩短了清洁时间，并需要更频繁地为电池充电。

所以，该项目的目标为：需要对现有真空清洁器进行最小的改动，以提供更高的真空清洁能力，同时不增大电池容量和吸风电机功率。

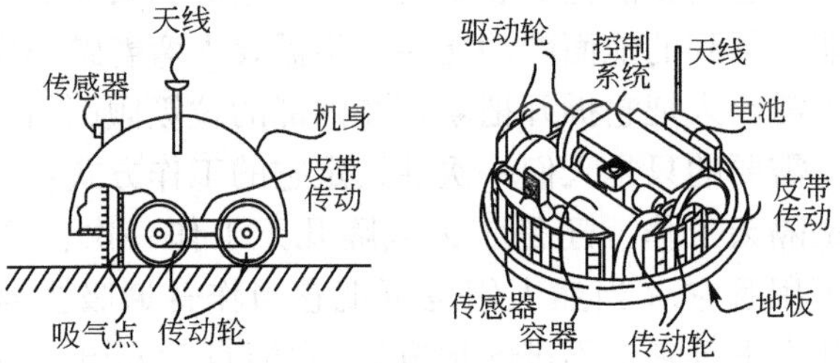

图 8-6　改进前机器人真空清洁器的技术方案

3. 应用 TRIZ 进行矛盾问题求解

(1) 定义问题模型

技术矛盾 1：如果机器人真空清洁器的吸入功率足够大，则灰尘可从被清洁表面上很好地除去，但电池电量会由于耗电量的增大而快速用完，并且真空工作时间会缩短；

技术矛盾 2：如果机器人真空清洁器的吸入功率足够小，则电池的工作时间可延长，但微尘不能从被清洁表面上除去。

整个系统的主要功能：提供更高的真空清洁能力（即技术矛盾 1 要改善的功能）；

整个系统的作用对象：尘埃和污物；

系统实现主要功能所使用工具：机器人真空清洁器吸气口中的气流。

根据 TRIZ 理论的发明问题解决算法，为了解决此问题，我们应该找出一些特殊的功能单元（在 TRIZ 理论中把它们称为 X-element），并把它们转变为技术系统，在吸气口处提供强大的气流，同时不增大耗电量，并不因此而增大电池和电机的容量。

（2）研究理想解决方案

物理矛盾：吸气口处的吸力应该足够大，以便除去灰尘，同时又应该足够小，以便减小耗电量。

技术理想最终结果：通过对机器人真空清洁器进行最小的改动，让其自身提供大的吸力并作用在吸气口处的灰尘上，同时使电池保持足够长的工作时间。

物理理想最终结果：通过对吸气口进行最小的改动，让气流在吸气口与被清洁表面的相互作用工作区中，自身提供大的吸力并作用在吸气口处的灰尘上，同时使电池保持足够长的工作时间。

（3）具体解决方案

研究具体解决方案：利用空气搅动原理工作的机器人真空清洁器。

具体解决方案实例：怎样使用整个真空清洁器的物质－场资源取得理想最终结果？对真空清洁器的物质－场资源分析如表8-1所示。最终三星公司采用如图8-7所示的技术方案，让过滤后的排出气流重新进入工作区。

表8-1 真空清洁器物质－场资源分析

物质－场资源		物质	场
内部系统	产物	灰尘	重力，机械黏附，静电黏附
外部系统	工具	气流	负静压，动压，黏性，摩擦力
	超系统	吸入空气与吸气口，排出空气与排气口，电池，电机，轮，传感器，控制系统，天线，机器人的其他组件	电，磁场，滚动摩擦，滑动摩擦，惯性力
	环境	周围空气，地板，地毯，家具，墙壁，障碍物	大气压力，重力，地磁场
	副产物	排出空气	静态及动态正压

该方案采用了一个吸气口，以通过它从被清洁表面吸入灰尘，该方案还至少采用了一种包含空气循环机构的搅动装置，以从空气中过滤灰尘。那些污浊的空气通过吸气口吸入并被过滤。过滤后的空气回流到排气管线内，排气管线上有一个空气喷射口，用于帮助从被清洁表面上移走灰尘。空气喷射口位于吸气口附近，并被一个密封件包围。通过在清洁器机壳附近对被清洁表面的一部分进行密

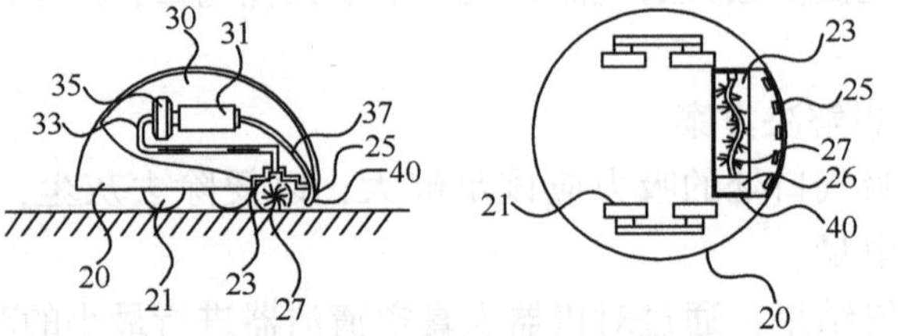

图 8-7 改进后机器人真空清洁器的技术方案

封，我们可防止灰尘被空气射流驱散到外面。

第四节 消除非接触印刷中的墨粉分散

1. 背景技术简介

在全新的非接触法印刷工艺中，人们使用了具有正负电位的高电压脉冲。这些脉冲将负电荷墨粉颗粒从显影辊（DR）移动到有机光导（OPC）鼓，然后有部分颗粒返回。其中一些颗粒（占很小的百分比）错误地得到正电荷，这些颗粒被称为“错误带电的墨粉”（WST）。

2. 初始问题情境

在印刷过程中，墨粉在 OPC 鼓、DR 和机壳之间的封闭空间内发生分散。由于这一现象，墨粉颗粒通过 OPC 鼓与机壳之间的间隙被携带出去，并落在纸张上。因此，印刷工艺的总体质量恶化，如图 8-8 所示。

主要问题为：如何防止墨粉颗粒被驱出到机壳外面并落在纸张上，进而提高印刷工艺的质量？

所以，该项目的目标为：需要对印刷机粉盒进行最小的改动，以防止颗粒被驱出，同时维持粉盒的初始设计和工作原理。

3. 应用 TRIZ 进行矛盾问题求解

（1）定义问题模型

技术矛盾 1：如果 OPC 鼓与显影辊/机壳之间没有间隙（即它们彼此接触），则可消除墨粉分散现象，但印刷分辨率和图像质量会恶化。

技术矛盾 2：如果 OPC 鼓与显影辊/机壳之间存在间隙（即它们之间无接

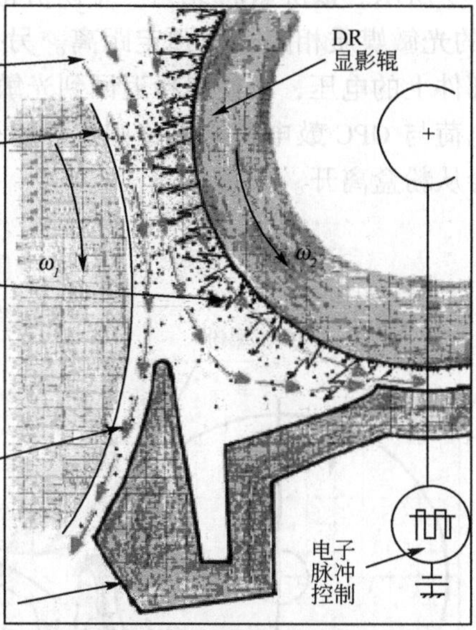

图 8-8　墨粉颗粒被携带到机壳外面并落在纸张上

触），则可提高印刷分辨率和图像质量，但墨粉颗粒会在 OPC 鼓与机壳之间被分散到外面，并落在纸上。

主要功能：提供更高的印刷分辨率（即技术矛盾 2）；

产物：墨粉颗粒；

工具：OPC 鼓与显影辊/机壳之间的间隙。

为了解决此问题，我们应该找出一些 X 功能单元（转变为系统），以通过它们保留 OPC 鼓与显影辊/机壳之间的间隙，并避免墨粉被分散到机壳外面。

（2）理想解决方案

物理矛盾：在工作区中，即 OPC 鼓、显影辊和机壳之间的间隙内，应该存在气流力，原因是这个气流是旋转的 OPC 鼓与显影辊诱导产生的，同时又不应该存在气流力，以防止颗粒被驱出到机壳外面。

理想解决方案：OPC 鼓与机壳之间的间隙空间（工作区）自身在印刷过程中，消除诱导气流力引起的墨粉颗粒分散现象，同时保留诱导气流以执行所需功能。

（3）具体解决方案

带有弯曲电屏蔽的粉盒。

具体解决方案实例：为了解决上述物理矛盾，建议在机壳表面上安装一个弯曲屏蔽，如图 8-9 所示。该屏蔽将充当一个防分散部件，它位于显影辊的下游，并与 OPC 鼓上的光敏媒质相隔一段预定距离。另外还使用一个控制器，来调节施加到防分散部件上的电压，以使墨粉返回到光敏媒质上。根据库仑定律，如果墨粉颗粒所带电荷与 OPC 鼓电荷同性，则它们将受到电场的推斥，在电场的作用下，它们不会从粉盒离开。

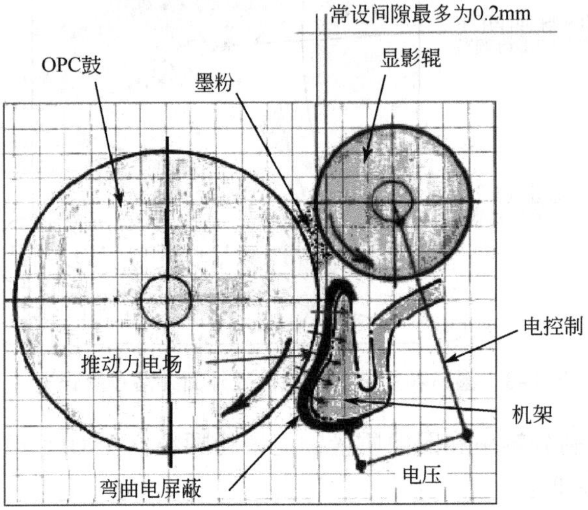

图 8-9　机壳表面上安装一个弯曲屏蔽

第五节　减少热处理过程中的烟雾污染

1. 应用背景

某工厂得到一份订单，对大型的金属零件进行热处理。进行这项工作的操作程序是：吊车司机必须从加热炉中吊出通红的铸铁，将它运到一个油槽上方并将其缓慢地放入油槽中。每次当炙热的铸铁被放入到油槽中去的时候，都产生了大量的烟雾，吊车司机的喉咙感觉很不舒服。

工作了几天之后，吊车司机找到车间经理抱怨说："天天笼罩在烟雾中，这样干我很难呼吸。我的控制室离房顶很近，所有从油槽里升起的烟都向我飘来，我不干了。"

在对小型零件进行热处理的时候，烟雾本来不是问题，因为车间里的通风设备能够满足要求。但是，在对大型零件做热处理时，烟雾就变成了主要问题，因为热处理工艺不能改变，如图 8-10 所示。车间经理面临一个典型的管理情况：他必须想出一种办法来解决烟雾的问题，但他并不知道办法在哪里。

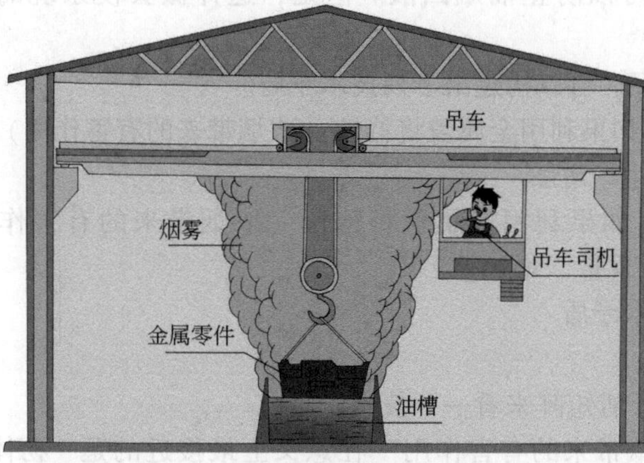

图 8-10　油槽里升起的烟雾影响到了吊车司机

2. 问题分析

(1) 分析技术系统

从定义上来说，一个技术系统应该包括三个部分：两种物质和一个场（或能量）。要解决问题，首先应明确引起问题的技术系统。在这个例子中，引起问题的技术系统是油槽里的油、金属部件，以及该部件的热能。烟是这个过程的副产物，对吊车司机造成危害。

我们可以列出该技术系统中的主要成分及其相应功能，如表 8-2 所示。

表 8-2　技术系统中的主要成分及其相应功能

名称	功能
金属部件	接受处理
油	为部件提供缓慢冷却
空气	为油的燃烧提供氧气
热能	被油吸收

在本例中，吊车司机将通红的部件放到装满油的油槽中，金属部件一接触油就会产生浓烟，污染环境。我们的目的就是希望通过消除浓雾或降低烟雾造成的

危害，改善吊车司机的工作条件。

(2) 陈述技术矛盾

在本例中，需要被消除的负面特性是烟雾。最直接的方法就是用金属盖把油槽盖住，这样可以防止油烟四散。但是，这样做会使系统的复杂性和重量增加。

针对这种情况，可以构建出下列技术矛盾。

技术矛盾1：如果利用金属盖将特性（浓烟带来的有害作用）减少（消除），则系统的“复杂性”增加。

技术矛盾2：如果利用金属盖将特性（浓烟带来的有害作用）减少（消除），则系统的“重量”增加。

(3) 解决技术矛盾

1) 技术矛盾1

让我们对照矛盾矩阵来看一下技术矛盾1。

与特性“浓烟带来的有害作用”在意义上最接近的是“物体产生的有害因素”，与“复杂性”在意义最接近的是“系统的复杂性”。在矛盾矩阵表中，对应的单元格中的数字是：19#、1#、31#。让我们分析一下这些创新原理。

原理19#“周期性作用原理”建议：

a. 用周期性动作或脉冲动作代替连续动作；

b. 如果周期性动作正在进行，改变其运动频率；

c. 在脉冲周期中利用暂停来执行另一有用动作。

应用原理19#意味着间歇地将金属部件放入油槽加温，这只有通过打开和关闭油槽的盖子才能实现。不幸的是，现存的条件不允许我们这样做，所以这一原理不适用。

原理1#“分割原理”建议：

a. 将一个物体分成相互独立的部分；

b. 将一个物体分成容易组装和拆卸的部分；

c. 增加一个物体的可分性。

应用原理1#a意味着将盖子分割成不同的部分，应用1#b将盖子分割程度增加至成千上万，甚至上百万份，进一步延伸这个概念，盖子即可由非常细小的球体（甚至是液体）构成。这样的活动盖就不会影响将炽热部件放入油中。

原理31#“多孔材料原理”建议：

a. 给物体加孔，或运用辅助的有孔材料（插入或覆盖等）；

b. 如果一物体已经有孔，事先向孔中充入相应物质。

应用原理 31#a 意味着用多孔材料制成盖子。将原理 1#b 和原理 31#a 结合，使我们想到用有孔的小球或液体来做油槽盖。有孔材料可以吸收烟雾。

2）技术矛盾 2

让我们对照矛盾矩阵来看一下技术矛盾 2。

与特性“浓烟带来的有害作用”在意义上最接近的是“物体产生的有害因素”，与“重量”在意义最接近的是“静止物体的重量”。在矛盾矩阵表中，对应的单元格中的数字是：35#、22#、1#、39#。让我们分析一下这些创新原理。

原理 35#“物理或化学参数变化原理”建议：

a. 改变物体的物理状态；

b. 改变浓度或密度；

c. 改变物体的柔性；

d. 改变温度或体积。

原理 35#a 建议改变系统的物质性能，即将目前固态的系统变成液态或气态。在技术矛盾 1 中已涉及利用液态。将油槽盖变为气态是很有趣的一项建议，但我们如何实现呢？一种比空气重的惰性气体，可以覆盖在油的表面充当油槽盖。

原理 22#“变害为利原理”建议：

a. 利用有害因素获得积极的效果，尤其是环境中的有害因素；

b. 通过与一个有害因素结合，消除另一个有害因素；

c. 在一定的范围内增加有害作用，来停止原有的有害作用。

原理 22#c 提出增加烟雾使其成为在油和氧气间的屏障，而防止油槽冒烟。

原理 1#“分割原理”再次出现，参看我们上文的分析。

最后，原理 39#“惰性环境原理”建议：

a. 用惰性环境代替通常的环境；

b. 在物体中添加惰性或中性添加剂；

c. 使用真空环境。

3. 最终方案

将原理 35#a 和原理 39#a 结合起来，提出了一个简单的解决方案：用一种液体（35#a）或惰性（39#a）气体作为油槽盖来防止油槽冒烟，这既能防止冒烟，又不会增加系统的复杂度，还不影响司机的工作。

第六节 航空燃气涡轮发动机的进化

1. 应用背景

随着发动机性能的不断提高（推重力增加、耗油率下降），发动机的结构也越来越复杂。由此而带来了系统总重量增加、维修困难等一系列问题。

下面，我们以技术系统提高理想度进化法则在航空燃气涡轮发动机的进化中的体现为例，说明技术系统进化法则对复杂产品系统研发的指导意义。

图 8-11 为 20 世纪 30 年代由喷气发动机的发明人之一弗兰克·惠特（Frank Whittle）设计的世界上第一台燃气涡轮发动机的转子。它是由单转子、单级整体压气机和 60 个叶片的单级涡轮组成。

图 8-11 第一台燃气涡轮发动机的转子

到了 20 世纪 70 年代，英国的 RB199 三转子涡扇发动机（加力式涡扇发动机，用于狂风战斗机。由 3 级风扇，3 级中压压气机，6 级高压压气机，燃烧室，1 级高压涡轮，1 级中压涡轮和 2 级低压涡轮组成）已经有三个转子，整台发动机共有上千个叶片（其中涡轮叶片超过 300 个）、上万个零件，如图 8-12 所示。

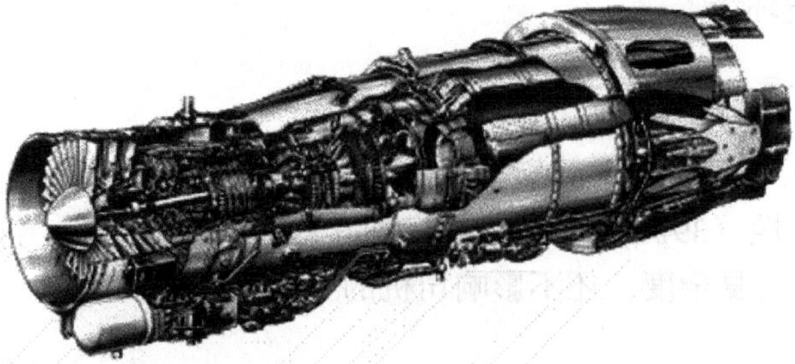

图 8-12 英国 RB199 三转子涡扇发动机

到了 20 世纪 90 年代，发动机的性能进一步提高，但发动机的结构却越来越简单。图 8-13 和图 8-14 分别为用于欧洲战斗机的 EJ200 发动机和用于空客 A318 的 PW6000 发动机。与 20 世纪 70 年代的发动机相比，新一代发动机的零件数目减少三分之一；军用发动机的推重比正在向 15 迈进（而最早喷气发动机的推重比只有 2）；耗油率比 70 年代下降了 20%，比最初的喷气发动机下降了 60%；新一代发动机的寿命、平均故障时间、平均大修时间大幅度提高，而生命期成本和噪声水平等持续下降。

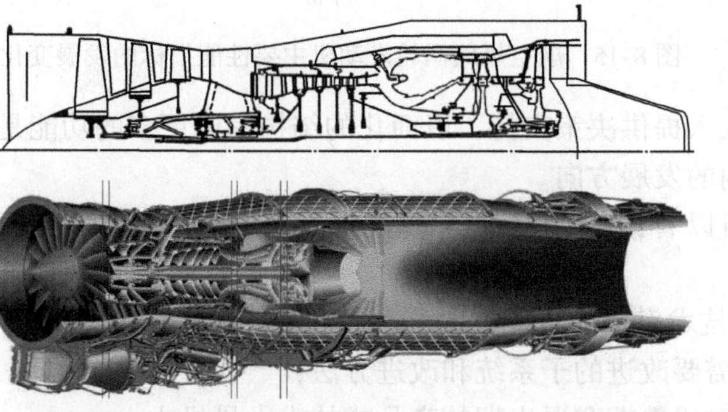

图 8-13　EJ200 发动机

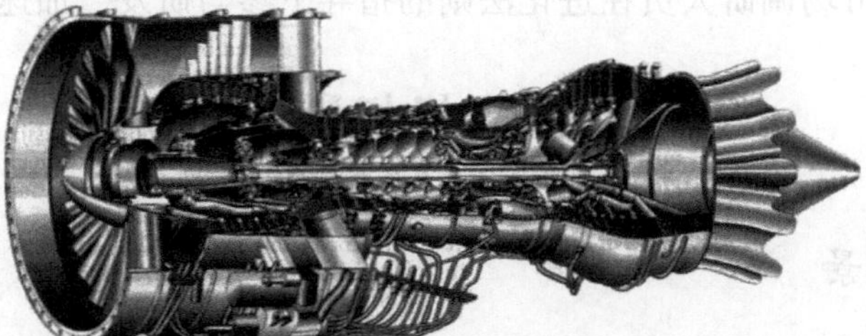

图 8-14　PW6000 发动机

图 8-15 显示了从 20 世纪 30 年代至今，航空燃气涡轮发动机主要性能指标的螺旋上升的进化趋势。可以看出，发动机的结构复杂程度与其系统进化趋势密切相关。

2. 结论与体会

如何综合运用技术系统进化法则，判断目前技术状态下航空发动机的进化潜

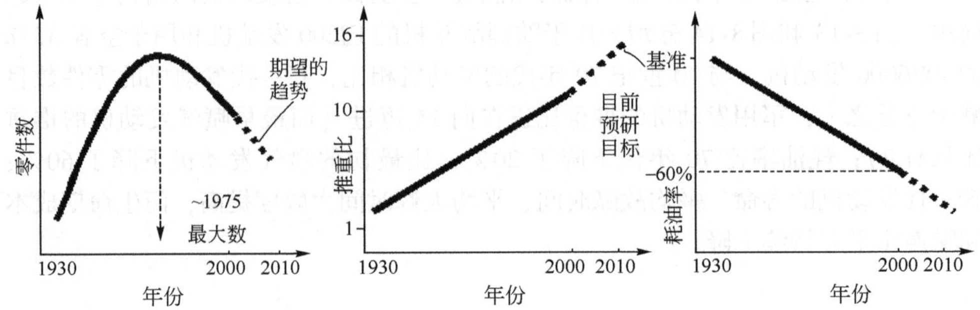

图 8-15　航空燃气涡轮发动机主要性能指标的发展变化

能，为预研投入提供决策支持，以简化的结构完成更多的功能是航空发动机在今后一段时期内的发展方向。

由此也可以看出，TRIZ 理论的技术系统进化法则对复杂系统研发的指导意义：

1）分析技术发展的可能方向；

2）指出需要改进的子系统和改进方法；

3）避免对成熟期和退出期的产品或技术大量投入；

4）对新技术和成长期产品进行专利保护；

5）用户和市场调研人员在进化法则的指导下参与研发，加速产品进化。

第七节　飞机机翼的进化

1. 应用背景

早期的飞机机翼都是平直的。最初，飞机采用的是矩形机翼。这种机翼很容易制造。但由于其翼端较宽，会给飞机带来很大的飞行阻力，因而，也就严重地影响了飞机的飞行速度。

后来，德国、英国、美国的喷气式飞机先后上天。飞机开始进入喷气式时代，其飞行速度迅速提高，接近音速。这时，机翼上出现“激波”，使机翼表面的空气压力发生变化。同时，飞机的前进阻力骤然剧增，比低速飞行时大十几倍甚至几十倍，这就是所谓的“音障”。为了突破“音障”，许多国家都在研制新型机翼。后掠翼型机翼一举突破了“音障”。首先，德国人发现，把机翼做成向后掠的形式，像燕子的翅膀一样，可以延迟“激波”的产生，缓和飞机接近音速时的不稳定现象。

但是，新的问题又出现了。向后掠的机翼，比不向后掠的平直机翼，在同样的条件下产生的升力要小。这不仅对飞机的起飞、着陆和巡航带来了不利的影响，而且浪费了很多宝贵的燃料。能否设计出一种适应飞机的各种飞行速度又具有快慢兼顾特点的机翼呢，这成为当时航空界所面临的一大难题。

2. 问题描述

根据上述分析，系统存在的技术矛盾为：

1）传统的固定翼不适合高速飞行。这是因为，在突破“音障”的时候，会产生非常大的阻力，容易导致飞机在空中解体。而且，此时飞机消耗的能量也相应加大。

2）改进的三角翼不适合低速飞行。这是因为，当起飞与降落以及巡航时，在相同推力条件下，飞机产生的升力小。当然，飞机消耗的能量，也相应地加大了。总之，矛盾集中体现在飞机的飞行速度与其在飞行时能量的消耗这两个工程参数之间。

3. 问题分析

我们要解决的这个问题，涉及两个工程参数：19# 运动物体的能量消耗；9# 速度。

根据这两个工程参数，我们从矛盾矩阵得到以下四条创新原理：

8#重量补偿原理；

15#动态特性原理；

35#物理或化学参数改变原理；

38#强氧化剂原理。

显然，重量补偿原理不适合用来解决这个问题。因为，战斗机要求机身轻便、灵活、机动。而且，加重机身还会使速度这个技术特性恶化。

我们可以使用强氧化剂原理，使燃料的燃烧更加充分，以使飞机获得更大的推力。但是我们知道，战斗机上使用的是特制的、高热量的航空油，它们在涡轮喷气发动机中的燃烧，也已经比较充分了。所以，再使用强氧化剂原理来改善燃油的作用，就不是很明显了。

我们再来看一看后面两个原理：15# 动态特性原理；35# 物理或化学参数改变原理。

按照这两条创新原理提供的方法，技术人员对机翼进行改进，使其成为活动部件。并且，在飞机飞行的时候，飞行员可自由地控制机翼的形态，使之能够在比较大的范围内改变“后掠角”的大小，从而获得从平直翼到三角翼的变化。这就适应了飞机从低速到高速不同飞行状态下的要求。

以 F111 战斗机为例，它在起飞阶段，处于低速度飞行状态，如图 8-16 所示。此时，机翼呈平直状，可以获得较大的升力，飞机表现出良好的低速特性。另一方面，由于避免了长距离滑行所浪费的能量，也有效地解决了飞机在低速度状态下，速度与能量消耗之间的矛盾。

图 8-16　低速飞行状态

F111 在云层之上高速飞行时，两翼后掠以减小飞行阻力，如图 8-17 所示。这样，不仅减小了飞机的能耗，也延迟“激波”的产生，从而缓和了飞机接近音速时的不稳定现象，使飞机能够安全地达到更高的速度。飞机在不同的速度之下，采用不同的后掠角，可以很好地适应不同的飞行要求。

4. 讨论结果

综合考虑上面的几个创新原理，最终的解决方案为：

应用 15# 动态特性原理；

应用 35# 物理或化学参数改变原理。

图 8-17 高速飞行状态

改变飞机的飞行形态，使飞机在不同的飞行状态下，得到不同的气动外形，可以在很大程度上节约不必要的能耗。根据 35#创新原理，并结合 15#创新原理给出的启示，技术人员将飞机的机翼设计成一个活动的部件（可变翼）。这是飞机设计观念上的一个大胆的创新，它一举突破了传统的固定翼设计理念，在飞行器设计领域开辟了一块新天地。反观传统的妥协设计思维方式，就只能在速度与能耗之间，做取舍性质的设计了。我们采用矛盾矩阵给出的创新原理启示，则避免了传统的妥协设计方式，从一个全新的角度，更好地解决了速度与能量这对技术矛盾。TRIZ 理论与妥协设计的不同之处，在这里得到了充分的体现。这是 TRIZ 理论应用的一个经典的例证。

5. 设计思路

现在，设计人员已经找到了最满意的设计思路：能够在同一架飞机上得到平直翼和三角翼的优良的飞行特性，极大地节约了在起飞与降落过程（平直翼在低速飞行中，可得到较大的升力，从而缩短跑道的长度，借此节约了能源）和高速飞行过程（三角翼在高速飞行中，可以轻易地突破音障，减轻机翼的受力，提高飞机在高速飞行时的强度，最终的结果也是降低了能量的消耗）消耗的能量。

6. 最终方案

依据上述分析的结果，技术人员成功地设计出这种在当时是最新型的 F111 可变后掠翼战斗/轰炸机。这是世界上第一架采用可变后掠翼思想设计的飞机，开创了新一代超音速战斗机的新纪元。从此以后，世界战机家族又多了“可变后掠翼战斗机”这个新成员。在此之后设计出的一系列战斗机，如英国、德国、意大利三国联合成立的帕那维亚飞机公司的狂风超音速战斗机等（图 8-18），都采用了这种全新的设计思想。

图 8-18　狂风超音速战斗机

新的设计方案虽然抛弃了传统的固定翼设计概念，但可变翼飞机仍保留了平直机翼升力大的优点。而在高速飞行时，它的两翼又尽量后掠，飞机变得像三角机翼一样，又能轻而易举地突破“音障”，从而有效地降低了飞机迎风面积大的不足，实现了节能降耗以及提高飞行速度的期望，最终实现了提高其战斗力的根本目的。

第八节 菲利普灯泡的改进

1. 应用背景

研究和推广绿色家电产品是当今家电产业发展的最重要趋势之一。所谓绿色家电，是指家电的生产和消费，能够降低对生态环境的破坏，以及减少对资源的浪费。白炽灯由于具有耗电量大、耐久性差、使用寿命短等缺点，已经不符合家电发展趋势的要求。菲利普公司最新开发的小型荧光灯（compact fluorescent lamp，CFL），就成了白炽灯良好的替代产品，它具有省电、使用寿命长和环保的优点如图 8-19 所示。在中国政府正在大力推动“节能减排”的今天，节能灯泡已经开始了全面替代白炽灯的进程。

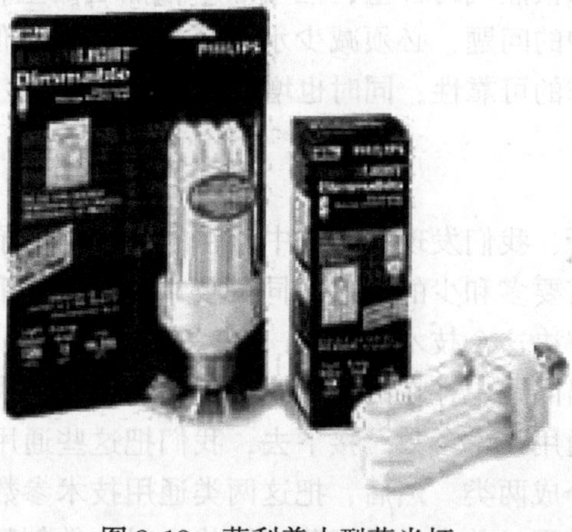

图 8-19 菲利普小型荧光灯

由于菲利普荧光灯具有省电、节能的优点，因而有很高的经济价值和社会效益。1997 年的一份调查显示：在 1994 年，全世界共销售了 20 亿只菲利普小型荧光灯，并且以每年 15% ~20% 的速率稳步增长。这些荧光灯的寿命，至少 10 倍于相同功能的白炽灯，也就是说，相当于 200 亿只白炽灯。而且，一只 18 瓦的菲利普小型荧光灯，发光相当于一只 75 瓦的白炽灯，但却节约了四分之三的电能。

2. 问题描述

荧光灯的发光原理是：荧光灯管里充满了水银蒸气，灯管内壁涂有荧光剂，当水银蒸气受到高压电的激发后，水银原子中的电子脱离出来，一部分电子撞击荧光剂后，发出白光。在长期使用的情况下，荧光灯的亮度会逐渐变弱，这是由于玻璃管吸收了部分水银蒸气，使得管中的水银蒸气含量不断减少的缘故。但是，这不仅削弱了荧光灯的亮度，而且还缩短了荧光灯的使用寿命。由此可见，如果管内水银蒸气量过少，会降低荧光灯工作的可靠性，削弱了产品在市场上的竞争力。鉴于我们对玻璃管内水银的缺失率缺乏准确的统计数据，再加上当时相对落后的制造技术，传统的荧光灯内往往不得不填充过量的水银，以防水银蒸气减少，这就不可避免地造成了水银这种宝贵物资的浪费。另外，如果荧光灯管破损，大量的水银蒸气会释放出来，对环境和人体的危害是非常大的。但是，降低管内的水银蒸气含量，却要增加电能的耗费。因为，为了保证亮度，需要增加能量，以激发出更多的电子。

显然，系统现在存在的问题是：为了保证荧光灯有足够和稳定的亮度，就不得不增加荧光灯内水银蒸气的含量；但增加水银蒸气的量，并不利于环境保护。如果考虑到环境保护的问题，必须减少水银蒸气的含量；但减少水银蒸气的量，又要降低荧光灯工作的可靠性，同时也增加了能量的耗费。

3. 问题分析

通过上面的分析，我们发现了系统中存在的一对物理矛盾：玻璃管内水银蒸气的量，同时具有需要多和少的截然不同的要求。下面，我们使用 TRIZ 的矛盾矩阵和创新原理来解决这个技术难题。

首先，我们列出问题中存在的各种不定因素。接着，我们再找出这些不定因素所对应的是哪些通用技术参数。接下去，我们把这些通用技术参数，按提高还是降低系统的性能分成两类。然后，把这两类通用技术参数，按提高还是降低系统的性能进行一一搭配，并在矛盾矩阵表里找出对应的创新原理，最终解决这个技术难题。下面，我们进行具体操作。

系统中存在的不定因素有：

水银蒸气的量对应：26# 物质的量；

工作的可靠性对应：27# 可靠性；

荧光灯使用的能量对应：20# 静止物体的能量消耗；

环境保护对应：31# 对象产生的有害因素；

耗费更多的电能对应：22# 能量损失。

使系统性能提高的参数是：

1）物质的量；

2）对象产生的有害因素。

使系统性能降低的参数是：

1）可靠性；

2）能量损失；

3）静止物体的能量消耗。

这样，经过分析和配对后，得到三对技术矛盾：

1）减少水银蒸气的量（物质的量），但荧光灯工作的可靠性降低（可靠性）；

2）减少水银蒸气的量（物质的量），但需要耗费更多的电能（能量的浪费）；

3）有利于环境保护（对象产生的有害因素），但荧光灯使用的能量增加了（静止物体使用的能量）。

4. 讨论结果

对这三对技术矛盾，运用解决技术矛盾的矩阵法，得到3个创新原理的提示，以开拓我们的思路。

1）减少水银蒸气的量（物质的量），但荧光灯工作的可靠性降低（可靠性）。

在矛盾矩阵表（见附录）中，寻找“物质的量/可靠性”的交叉处，得到28#创新原理，提示我们考虑：机械系统代替原理。

2）减少水银蒸气的量（物质的量），但需要耗费更多的电能（能量损失）。

在矛盾矩阵表（见附录）中，寻找“物质的量/能量损失”的交叉处，得到7#创新原理，提示我们考虑：嵌套原理。

3）有利于环境保护（对象产生的有害因素），但荧光灯使用的能量增加了（静止物体使用的能量）。

在矛盾矩阵表（见附录）中，寻找“对象产生的有害因素/静止物体使用的能量”的交叉处，得到37#创新原理，提示我们考虑：热膨胀原理。

5. 设计思路

我们运用7#、28#和37#创新原理，来寻求最终解决方案。

1）应用7#创新原理得到解决方案1：在真空管的里面，内嵌一个玻璃囊。

2）应用28#创新原理得到解决方案2：用高频的电磁场，来打破这个玻璃囊。

3）应用37#创新原理得到解决方案3：利用金属线和玻璃囊的热膨胀系数差异，释放水银蒸气。

6. 最终方案

最后，我们得到这样的菲利普灯泡：经过精确计算的、满足性能要求的、最小剂量的水银，被密封在玻璃囊中。在玻璃囊的内壁上，嵌着金属线圈。该玻璃囊，被内嵌在真空管的一端。荧光灯被制造出来后，通过一个高频的电磁场，来加热玻璃囊。由于玻璃囊和金属线圈的热膨胀系数不一样，使得金属线圈能够切断玻璃囊，释放出水银蒸气。同一般的荧光管相比，用这种新的制造技术，至少可以减少 75% 的水银含量，也就大大减少了对环境的污染。

第九节　解决汽车转向节的铸造问题

1. 应用背景

汽车转向节（以下简称“转向节”）是汽车中应力最为集中、结构比较复杂的零件之一。它与减震器相连，也是连接汽车方向盘与前轮轮轴的部件。它的性能的好坏，直接关系到汽车的安全性能。因此，它的设计标准十分严格，制造过程和产品测试，也都要求符合严格的规范，如图 8-20 所示。图 8-21 所示为转向节的安装位置。

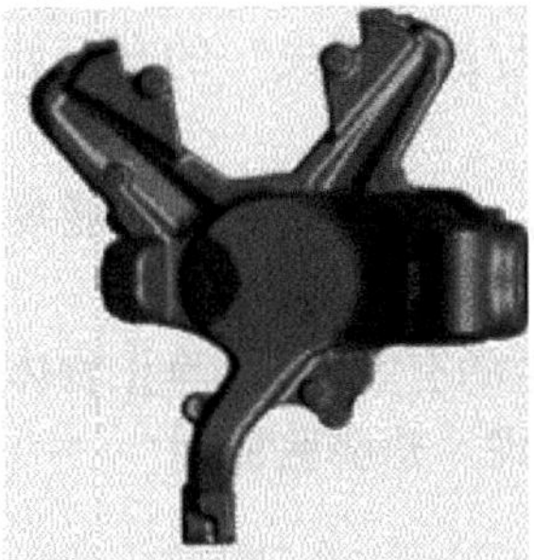

图 8-20　转向节的外形

图 8-21　转向节的安装位置为 6

目前，转向节是以球墨铸铁为主要原料，并加入碳、硅等元素，铸造而成。从微观结构上看，铁原子之间掺杂了碳或硅的小颗粒。这样的结构，既增强了这种合金材料的延展性和韧性，也提高零件的抗拉强度和抗疲劳强度。但是，碳、硅元素的含量要适当，如添加的过多，反而会使合金变脆，导致材料的强度下降，如图 8-22 所示。

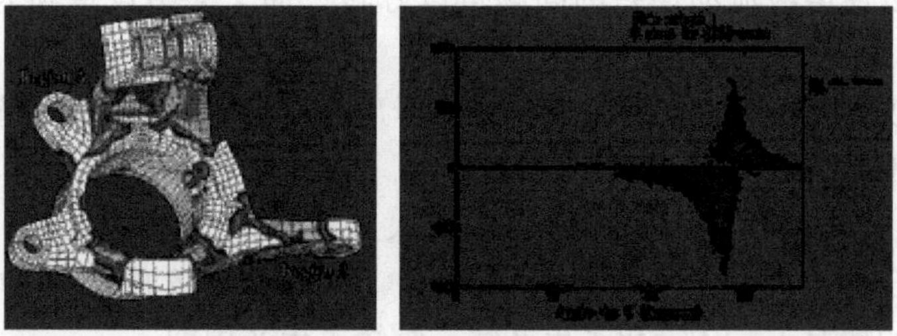

图 8-22　转向节应力分析图

2001 年，大众汽车（墨西哥）公司引进一套转向节铸造生产线，其主要生产步骤是：首先，在感应电炉中，以 1400℃的高温熔化铸铁；同时，以镁作催化剂，并混合适量沙粒（含硅材料），进行反应；然后，把合金熔液浇注到砂型中；冷却后，打破砂型；再对铸件进行检测；检测合格的铸件，经进一步机械加工后，就是转向节的成品。在生产线上，工人将型砂，经传送带回收处理，以循环利用；熔渣与不合格的铸件，同样用升降机回收，作为原料，再次放入电炉熔化其生产过程如图 8-23 所示。在生产初期，应用此生产线，生产效率得以大幅度提高。但与之同时，也产生了铸件废品率（主要为缩型）同时大幅度提高的问题。经研究发现，问题的产生是由于熔化的金属液中，沙粒含量超标所造成的。沙粒含量超标，使熔液流动性差，进而导致生产成本升高以及效率下降的结果。

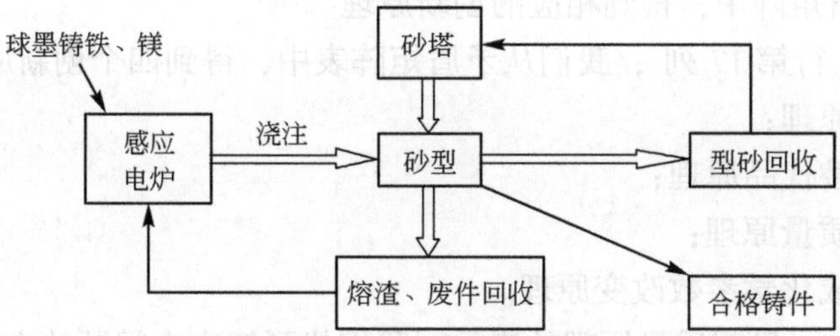

图 8-23　转向节铸造生产线

2. 问题描述

使用这条生产线后，虽然整个铸造过程的操作效率提高了，但同时也产生了铸件废品率增加的不良现象。经技术人员研究发现，问题的产生是由于在感应电炉中，熔液的沙粒含量超标，导致熔液流动性差造成的。但是，如果提高熔液温度，虽然可以使熔液流动性差的问题得以好转，却又会给设备和人员带来新的麻烦。

显然，现在系统中存在着这样的技术矛盾：熔液对温度的适应范围较小和提高温度比较困难之间的矛盾。

运用 TRIZ 对问题进行分析后，技术人员对生产线做了改造，问题得到解决。产品不合格率由大于 10% 降到低于 3%。同时，不增加任何额外投入，在生产成本不变的情况下，还简化了生产线，缩短了生产周期。

3. 问题分析

（1）分析沙质含量超标问题

1）将生产中，待解决问题的技术矛盾提取出来。

通过上面的描述，我们已经清楚，问题的关键是：熔液中沙质的含量过高，使熔液的流动性变差，浇铸时就容易产生缩型，导致废品率升高。在这种情况下，若要使熔液的流动性满足要求，需要升高熔液的温度。但是，升高温度对设备和人员都会造成很大的危险。显然，这对于生产是很不利的。因此，待解决的问题是，解决熔液的适应性与温度需要升高二者之间产生的矛盾。

2）将技术矛盾的双方抽象为描述系统技术特性的通用技术参数。

有利特性：35# 适应性；

不利特性：17# 温度。

3）从矛盾矩阵中，得到相应的创新原理。

对应第 35 行第 17 列 ，我们从矛盾矩阵表中，得到四个创新原理：

02# 抽取原理；

27# 廉价替代品原理；

03# 局部质量原理；

35# 物理或化学参数改变原理。

4）应用 03# 局部质量原理的启示，我们找到解决本问题的方案。

原理 03# 局部质量原理的内容是：

① 将物体、环境或外部作用的均匀结构，变为不均匀的；

② 让物体的不同部分各具不同的功能；

③ 让物体的各部分均处于完成各自动作的最佳状态。

根据这个创新原理，我们想到：如果能改变有害物质沙粒所处的位置，不让过量的沙粒进入熔炉，应该是最好的解决办法。经研究发现，过量沙粒是由于在回收熔渣和废件的过程中，打破的砂型所造成的。这些附着在砂型表面的沙粒，在回收时，大量地溶入了铸液中。如果我们在熔渣和废件的回收过程中，去除沙粒，不使其进入再次生产，就可以避开熔液需要升高温度地问题。实际上，该公司也是基于此方法解决问题的。

然而，此时又有新的问题产生：由于回收物夹带的沙粒分两类，黏附性沙粒和非黏附性沙粒，应分别考虑予以解决。

(2) 分析非黏附性沙粒消除问题

分析生产线上产生的问题，我们发现：在未使用此条生产线时，由于回收的废件不直接放入电炉，没有沙粒含量超标的问题；当使用这条生产线之后，废件随传送带不经处理，直接回收再利用，就出现了这样的问题。这时，生产线的使用，使得生产过程的操作性能提高了。但带来的问题是，铸件不合格率提高了，回收物的数量也增加了。

1）将生产中，待解决问题的技术矛盾提取出来。

我们想要提高的技术特性是铸造的操作性，而随之带来的问题是回收物的量增大了。因此，待解决的问题是，铸造的操作性与回收物的量二者之间产生的矛盾。

2）将技术矛盾的双方抽象为描述系统技术特性的通用技术参数。

有利特性：33#操作流程的方便性；

不利特性：01#运动物体重量。

3）从矛盾矩阵中得到相应的创新原理。

我们从矛盾矩阵表中第33行第1列，得到四个创新原理：

25# 自服务原理；

02# 抽取原理；

13# 反作用原理；

15# 动态特性原理。

4）应用25#、13#、15#原理的启示，我们找到解决本问题的方案。

原理25#自服务原理：

① 物体通过执行辅助或维护功能为自身服务；

② 利用废弃的能量与物质。

本原理启发我们，使用生产线自身产生的能量作为除沙装置的动力来源。在升降机上增加吸尘装置，使升降机具备除砂功能。同时，将熔液散发的热能转化为电能，为升降机和洗尘装置提供能源。

原理 13#反向作用原理：

① 用相反的动作代替问题定义中所规定的动作；

② 把物体上下或内外颠倒过来。

根据反向作用原理提示，我们可以将“把沙粒从原料中去”的思路，改为“把原料从沙粒中去除”；将回收过程，改为升降机卸载时，先将沙粒与回收物中的原料分离，再将已去除沙粒的这些原料卸下，而沙粒被留在升降机里送走。具体做法是：先将回收物放到一个带有大量筛孔的盒子上面；把沙粒筛进盒子后，筛孔自动封闭；然后，翻转回收装置，这时回收物中的原料落下，而沙粒仍被保留在盒子中间被带走。

原理 15#动态特性原理：

① 调整物体或环境的性能，使其在工作的各个阶段都达到最优状态；

② 分割物体使其各部分可以改变相对位置；

③ 如果一个物体整体是静止的，使之移动或可动。

我们再来进一步说明一下，原理 13#应用中提到的双层装置。它的第一层是带有大量小孔的筛子平面，第二层为一般平面，这两层构成类似箱体的结构。在这个设备中，还附加有一套滑动装置。在沙粒排除后，滑片滑动挡住小孔。再次翻转卸载原料时，沙粒就被保留在两层平面之间，并马上被吸尘装置吸走，如图 8-24 所示。

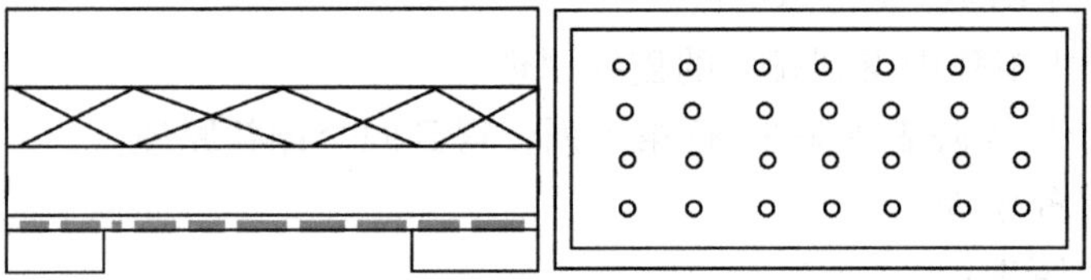

图 8-24　双层筛砂装置

(3) 分析黏附性砂质去除问题

经技术人员研究发现，当铸铁被熔化时，操作人员在感应电炉里还加入了催化剂镁。它在浇铸时，紧贴砂型析出。它的用途是使铸件表面光洁度提高，便于进一步深加工。但是，催化剂镁的加入，也使一些沙粒粘附在铸件表面，造成废件，其原因是沙粒与催化剂镁之间有较强的黏附力所致。

1) 将生产中待解决问题的技术矛盾提取出来。

我们希望改善的技术特性是提高铸件表面的光洁度；而带来的新问题是，这增加了沙粒与铸件之间黏附力的强度。

2）将技术矛盾的双方，抽象为描述系统技术特性的通用技术参数。

有利特性：18# 照度；

不利特性：14# 强度。

3）从矛盾矩阵中，得到相应的创新原理。

由第 18 行第 14 列，得到创新原理：

35# 物理或化学参数改变原理；

19# 周期性作用原理。

4）应用 35#、19#原理的启示，我们找到解决本问题的方案。

原理 35#物理或化学参数改变原理：

① 改变聚集态（物态）；

② 改变浓度或密度；

③ 改变柔度；

④ 改变温度。

人们将铸件浸入适当浓度的酸性或碱性溶液里，使黏附于铸件上的沙粒脱落。这项工作安排在铸件与砂型分离时进行，从而避免浪费过多的时间。

原理 19#周期性作用原理：

1）用周期性动作或脉冲代替连续动作；

2）如果周期性的动作正在进行，改变其运动频率；

3）在脉冲周期中，利用暂停来执行另一有用动作。

作为上一过程的辅助工作，人们把经清洗处理过的回收物通过震荡装置，使沙粒脱落。此项工作被安排在回收物输送的过程中进行。这样，黏附性沙粒同非黏附性沙粒一起被排除，如图 8-25 所示。

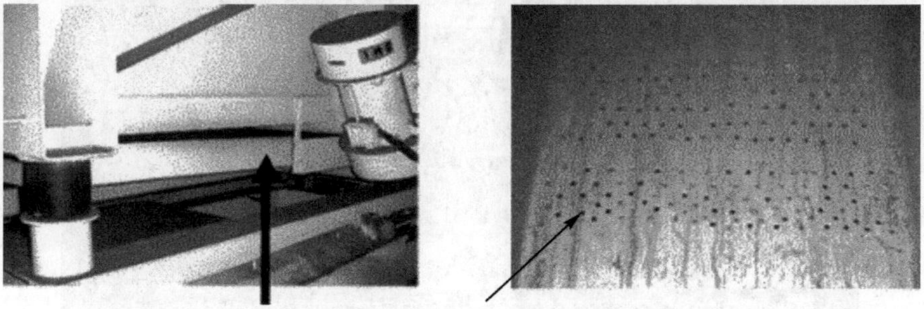

图 8-25　双层筛子与吸尘装置

4. 最终方案

通过以上分析，我们可以看出，整个改进表述为：在铸件分离时，将其浸入不损伤铸件的、适当浓度的酸性溶液中，使所有黏附性沙粒脱落。然后，回收物通过一个升降机，在输送过程中利用双层筛形装置，使非黏附性沙粒落入两层之间。这样，我们就成功地把可回收的原料和沙粒分开，如图 8-26 所示。为防止经过这一过程后，仍不能完全去除所有沙粒，实际应用中又在装料斗上装置了筛沙层，以确保改进效果，如图 8-27 所示。

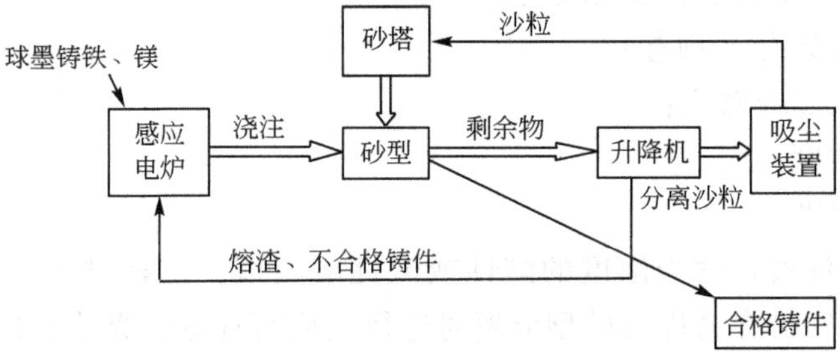

图 8-26　改进后生产示意

图 8-27　装料斗的改进

第十节　特殊消防服的设计

1. 应用背景

过去，消防人员或用他们的防毒面具过滤浓烟，或用他们裸露的双手和耳朵感觉温度。今天，消防人员有了全新的、特殊的、可以保护他们在火灾区工作更长时间的专用消防装置。但是，这种专用的消防装置，如消防夹克，虽然可以防火隔热，却阻碍了消防员们及时感觉到火焰所产生的、强烈而危险的高热。而当火区的温度过高超过消防夹克所能承受的极限时，尽管消防员的身体还没来得及感到热，却已被高温灼伤。此外，消防员还有可能被高温的水蒸气灼伤，或被浓烟熏倒甚至丧失生命（图 8-28）。

图 8-28　消防人员在灭火时的恶劣工作环境

为了保护消防人员的安全，人们发明和使用了温度探测器。它可以探测温度，并且在周围温度过高时会发出警报，提醒消防人员注意危险。然而，现在市场上能买得到的探测器，存在以下几个方面的缺陷：重量沉、体积大、探测温度不够灵敏和准确，如图 8-29 所示。一个带有电池、温度传感器和报警装置的温度探测器，携带起来很不方便。而且，一个探测器只能探测内衣上某一局部位置的温度，而不能准确地报告火焰对消防人员全身产生的高热危险。所以设计人员不得不在消防夹克的每一面，都装上一套温度探测器。由于几个探测器的总重量太沉、体积过大而且妨碍了消防人员的灵活性。

另外，消防夹克上的湿度探测器负责探测周围环境的湿度。当空气中水蒸气过多时，极易造成对消防人员的伤害，这时湿度探测器也应发出警报。但在实际应用中，依然存在与温度探测器一样的问题需要解决。

图 8-29　各种不同功能的探测器

2. 问题描述

我们应发明一种“聪明”夹克，这种“聪明”夹克既不影响消防员行动的灵活性，又能够准确地报告周围的温度和湿度，使消防人员能够防范存在的危险，避免高温灼伤。当消防员遇到危险——如被烟熏倒时，这套系统也能够及时发出警报，使他们能够及时得到救助，以保护消防人员的生命安全。

显然，现在系统中存在着这样的技术矛盾，就是如果要提高温度和湿度探测的灵敏度和准确度，就不得不在消防夹克上安装更多的探测器。但是，探测器的增加，将导致整个探测系统体积和重量的增加，从而影响了消防员的行动灵活性。

图 8-30 为一个探测器的简单结构示意图。在老式的消防夹克上，每件衣服仅可以携带一套这样的探测器。

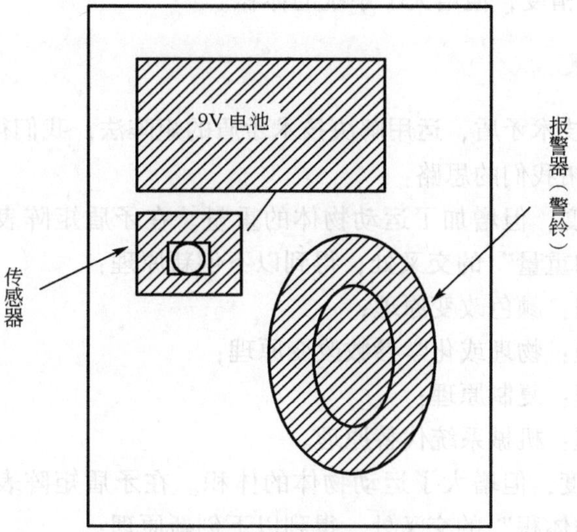

图 8-30 消防夹克探测器的结构

3. 问题分析

通过上面的描述，我们发现系统中存在着这样的技术矛盾，就是探测器的测量精度与探测器的重量和体积之间产生的矛盾。下面，我们使用 TRIZ 的矛盾矩阵和创新原理来解决这个技术难题。

首先，我们列出问题中存在的各种不定因素；然后，我们再找出这些不定因素所对应的是哪些通用技术参数；接着，我们把这些通用技术参数，按提高还是降低系统的性能分成两类；最后，把这两类通用技术参数，按提高还是降低系统的性能进行一一搭配，并在矛盾矩阵表里找出对应的创新原理来解决这个技术难题。下面是具体的操作步骤。

1）系统中存在的不定因素有：

温度和湿度探测的灵敏度和准确度对应：28# 测量精度

探测系统的重量对应：01# 运动物体的重量

探测系统的体积对应：07# 运动物体的体积

2）使系统性能提高的参数是：测量精度。

3）使系统性能降低的参数是：运动物体的重量；运动物体的体积。

这样，经过分析和配对后，得到两对技术矛盾：

① 提高测量精度，但增加了系统的重量；

② 提高测量精度，但增大了系统的体积。

4. 讨论结果

针对这两对技术矛盾，运用解决技术矛盾的矩阵法，我们得到两个创新原理的提示，得以开拓我们的思路：

提高测量精度，但增加了运动物体的重量。在矛盾矩阵表中，寻找“测量精度/运动物体的重量”的交叉处，得到以下创新原理：

32#创新原理：颜色改变原理；

35#创新原理：物理或化学参数改变原理；

26#创新原理：复制原理；

28#创新原理：机械系统代替原理。

提高测量精度，但增大了运动物体的体积。在矛盾矩阵表中，寻找“测量精度/运动物体的体积”的交叉处，得到以下创新原理：

32#创新原理：颜色改变原理；

13#创新原理：反向作用原理；

06#创新原理：多用性原理。

经过仔细的分析和研究后，发现系统中存在着物理矛盾，并且完全可以运用TRIZ 理论的分离原理加以解决。我们采用时间分离和空间分离两个分离原理来解决问题。

（1）时间分离

我们注意到，并不是任何时刻都需要消防服的探测系统在不停地发挥作用。在不那么重要或不那么关键的时候，消防人员就不一定需要使用探测系统。探测系统的使用，完全取决于外部环境的需要。

（2）空间分离

我们也注意到，消防服的探测系统可以分成几个独立的部分，这几个不同的部分分别有不同的设计思路和使用方法。

5. 设计思路

设计人员在经过认真的分析和研究后，决定采用 28#和 6#创新原理来解决消防服的改进问题。针对探测系统中存在的物理矛盾，他们还使用了分离原理。

（1）应用 28#创新原理：机械系统代替原理

根据28#创新原理的提示，通过电场、磁场或电磁场实现物体间的相互作用。

待解决的问题是：要增加测量精度应该怎样合理地增加探测器的数量。

解决问题的方向：改变探测器内部传感器和电源的连接方式——变有线连接方式为无线连接方式。

解决方案：在消防夹克上安装能够把信息发送给中央处理器的无线传感器。这样一来，只需一套电池和报警器即能满足增加测量精度的要求。

（2）应用6#创新原理：多用性原理

根据06#创新原理的提示，把实现多种功能的多个物体合并成实现多种功能的一个物体。

待解决的问题是：需要温度探测、湿度探测和有危险发生时，都能够及时报警的功能，分别由不同的探测器来完成，尽管这样会使整个系统的重量增加。

解决问题的方向：把不同功能的探测器合并成一台具有综合功能的探测器。

解决问题的方案：我们不需要安装三套功能独立的探测器。我们只需使用导线，把各探测器内部的传感器相互连接起来，并且使用一套电源和警报系统作为中央处理单元就可以了。这些传感器通过导线把各种报警信号全部送到中央处理单元处理。

（3）应用：分离原理

分离原理建议把整个探测系统分成几个部分。

待解决的问题是：提高探测系统在使用中的灵活性；

解决问题的方向：把探测器中的传感器与电源/报警器分开；

解决方案：把探测器中较为沉重的部分，如电池/报警器，设计为可移动、可卸载的结构；而重量较轻的传感器则可缝在夹克里面。

6. 最终方案

我们运用TRIZ的两个创新原理和分离原理，最终得到比较理想的解决方案，并形成产品，这就是“聪明”夹克，如图8-31所示。它具有重量轻、便于携带、探测准确等优点，功能齐全且不妨碍消防人员的活动，从而有效地保护了消防人员的人身安全。

“聪明”夹克是一种理想的技术系统。夹克本身的重量和体积并没有增加，

图 8-31 “聪明”夹克

但又是一个很好的温度和湿度多点探测系统。

在图 8-32 中，显示了探测系统的传感器、电池和警报器的安放位置。

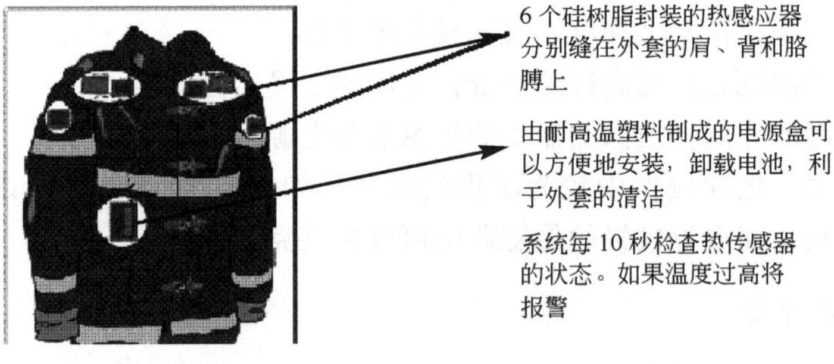

图 8-32 探测系统的传感器、电池和警报器的安放位置

消防夹克的衣层结构和传感器的安装位置如图 8-33 所示。

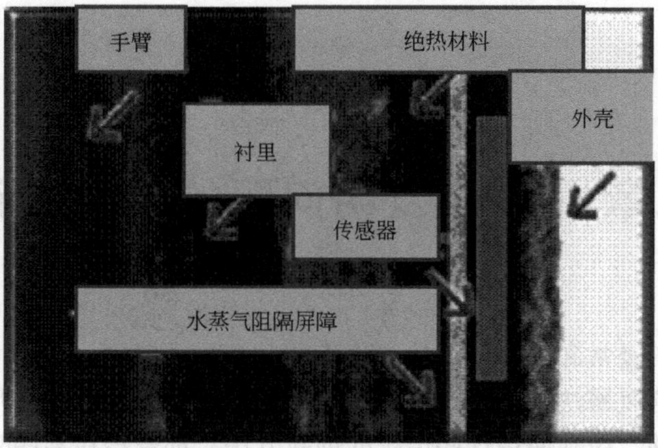

图 8-33　消防夹克的衣层结构和传感器的安装位置

第九章　解决发明问题的多种创新方法

过去，人们经常和习惯使用的解决发明问题的方法是一些传统的创新方法，如试错法、头脑风暴法和形态分析法等。这些方法的数量大约有几百种之多，常用的也有几十种。单独使用这些传统的创新方法，都曾经在某些时代、某些人群中收到过比较好的发明创新效果。

但是，由于传统的创新方法往往要求使用者的技巧比较高超，心智经验要比较丰富，知识积累量要比较大，因此创新的效率普遍不高。特别是遇到一些较难的、发明级别较高（例如3、4级）的问题时，人们就不那么容易依赖心智经验和“灵机一动”而获得解决方案了。尤其是在人们对某些问题已经历了长期的思考之后，仍不能取得理想的方案时，要想通过自身经验找到解决方案就更加困难了。

阿奇舒勒曾经说过：“TRIZ 理论扩充了创造方法资源，包括几十个方法，共同构成解决问题的合理系统……”我们在学习以 TRIZ 为核心的创新方法的时候，不能忽视对传统创新方法的了解和掌握。最近几年的倾向是，尽管传统的创新方法还有对使用者要求高的问题，但是当这些方法与 TRIZ 结合在一起的时候，往往也经常能收到很好的效果。因此我们有必要了解一些这方面的知识，并把传统的创新方法与 TRIZ 方法做一点分析与比较，了解各自的特点与适用场合。

第一节　试错法

试错法，指人们通过反复尝试运用各式各样的方法或理论，直到错误被充分地减少，达到能够正确解决问题的一种创新方法。

从古时候起，人们就应用它来求解发明问题。例如一个人尝试利用一种方法、装置、物质或工艺来求解某一问题。如果找不到问题的解决方案，就进行第二次尝试，然后是第三次，依此类推。大部分尝试通常都处于问题解决者所熟悉的同一方向。例如，机械专家会首先尝试用机械装置来求解问题，电气专家则会首先尝试用电气装置来求解问题。试错法寻找解决方案的尝试如图 9-1 所示。

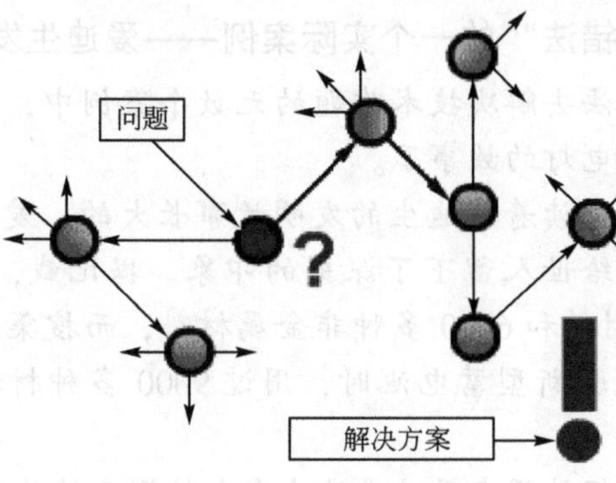

图 9-1 试错法

但是，发明问题与典型问题不同，因为它的解决方案应在非常规方向上寻找。当一个人用尽了所有常规方法后，就会尝试去猜想正确的解决方案。这样做会使寻找过程变得无序，增加寻找过程的无序程度，虽然也可以使人们偶尔走对路子并解决了问题，但取得这种结果的概率极小。当发明问题定义不清而且只有一个发明情境时，情况变得更糟糕。因此，试错法不是一种能快速"收敛"到发明结果的方法。

试错法仅对第 1、2 级的简单发明问题有效，此时可能的解决方案的数目不超过 10 个或 20 个。对于第 3 级发明问题，由于可能存在数百个可能的解决方案，试错法的效率几乎降为零。

可以说，古今中外，千百年来，在人们的潜意识中，根深蒂固的、最好的解决问题的方法就是试错法。只要人们遇到难题，就要绞尽脑汁，反复尝试所有能想到的解决办法，直到问题找到答案；或是因条件限制，尝试无法继续进行下去而精疲力竭地宣告终止。

阿奇舒勒的学生与合作者尤里·萨拉马托夫对此曾经做出评价，"人类在试错法中损失的时间和精力，远比在自然灾害中遭受的损失要惨重得多"。在 20 世纪，"在发达资本主义国家中，50% 的研究刚刚开展，就因为没有发展前途而迅速终止了；在原苏联，有 2/3 的研究根本无法进入生产领域"——这都是试错法的致命缺陷所造成。因为为解决问题而付出的上百万次尝试的代价，往往让任何人都感到难于承受。当尝试的代价达到人们能够投入的"上限"的时候，试错式的尝试就被迫终止。从这个意义上说，试错法不是适合于在中国提倡的创新方法。

【案例 9-1】

运用“试错法”的一个实际案例——爱迪生发明电灯

在人类利用试错法去解决技术难题的无数个案例中，最著名的莫过于美国发明家爱迪生发明电灯的故事了。

在我国，很多人是读着爱迪生的发明故事长大的。爱迪生勇于试验、不畏失败的探索精神，给世人留下了深刻的印象。据记载，他在试验电灯时，用过 1600 多种金属材料和 6000 多种非金属材料，而搜集的各种材料更多达 14 000 多种。他在试验新型蓄电池时，用过 9000 多种材料，失败达 50 000 多次。

过去，这样的数据被用来反映爱迪生勤奋的探索精神和执着的研究态度。而且，在那个时代，他也只能采取这样的试错模式去完成创新。然而今天，在我们敬佩和学习爱迪生那种勇于实践和探索精神的同时，也不得不对他采用的那套古老的试错方法加以重新审视和尽量避免——因为，试错法不但效率低下，而且对宝贵的时间和各种资源的浪费也实在惊人。

显然，爱迪生只是某个特定时代产生的科技骄子。在我们有了更好的创新方法以后，我们要尽量避免以试错的方法来做发明创新。

第二节　头脑风暴法

头脑风暴法（brain storming，BS）又称智力激励法、BS 法等，是一种群组创意法，它旨在产生大量想法以实现问题的解决。此方法源于 1953 年的一本书——《应用想象》，作者是一位广告专员，名字叫奥斯本（Alex Faickney Osborn）。

奥斯本于 1939 年首次提出、1953 年正式发表了这种激发创造性思维的方法。它是一种通过小型会议的组织形式，让所有参加者在自由、愉快、畅所欲言的气氛中，自由交换想法或点子，并以此激发与会者的创意及灵感，使各种设想在相互碰撞中激发起他们脑海的创造性“风暴”。

头脑风暴法有四种基本原则，其旨在减少群众内的社交抑制因素，从而激励新想法的产生。预期结果是产生一种动态的协同作用，进而大大提高群组的创造力。

1）注重数量。此规则是一种提高分散生产率的手段，旨在通过最大化的“量中生质”来促进问题的求解。这里的假设是，产生的想法越多，则找到行之有效的解决方案的机会就越大。因此要求与会者要尽可能地解放思想，无拘无束地、独立地思考问题，并希望每个与会者都畅所欲言，而不必顾虑自己的想法或说法是否“离经叛道”或“荒唐可笑”。

2）不做评论。经常强调的一点是，在群组实施头脑风暴法时，应将评论“束之高阁”。这里不会立即说明某想法正确与否，参与者着重于对想法进行丰富和拓展，评论则留到过程后面的“评论阶段”进行。通过延迟评判，可以产生一种有利的气氛，这样参与者可以放松地提出各种想法，产生独特想法的几率因此而大大提高。

3）鼓励提出独特的想法。为了让得到的想法越多越好，这里鼓励提出独特的想法。这样便可能开辟新的思维方式，提供比常规想法更好的解决方案。若要产生独特的想法，可以反过来看问题，可以换一个角度考虑问题，可以撇开假设等。

4）想法的组合和改进。可以对好的想法进行组合，以形成一个非常好的想法，从而达到“1+1=3”这样的效果。与单纯提出新想法相比，采用这种方法可以催生出更好、更完整的想法，充分体现集体智慧的结晶。

随着现代发明创新活动的复杂化和课题涉及技术内容的多元化，试图靠个别发明家单枪匹马式的冥思苦想来求得创新的活动将变得软弱无力。相比之下，类似头脑风暴法这种群组式的发明战术则显得效果好一些。

在教育与商业领域中，头脑风暴法是一种广受欢迎的群组互动方法。尽管头脑风暴法似乎未在创新的应用中提供可以衡量的益处，但是它作为一种令人愉悦的活动，通常被参与者欣然接受。人们还对头脑风暴法进行了其他新的改变，以尝试克服产生阻塞等障碍，并可证明优于原始技术。这些新方法的有效性如何，它们是否仍可以归类为头脑风暴法等问题，则需要进一步研究才能回答。

总体上说，头脑风暴法适合于解决那些相对比较简单、严格确定的问题，比如研究产品名称、广告口号、销售方法、产品的多样化研究等。因此，头脑风暴法对于解决第1和第2级发明问题是有效的。但在更加复杂的发明问题中，实际上，采用这种方法不可能立即猜想出解决方案，不是一种能快速“收敛”到发明结果的方法。只有在对技术矛盾做出定义之后，解决方法才能被揭示。头脑风暴法缺少揭示技术矛盾的办法，如图9-2所示。

将头脑风暴法进一步发展，就产生了集思广益法。集思广益法的基本思想是以不寻常的观点看待研究的对象，即将熟悉的事物当作不熟悉的事物看待。为了消除心理惯性，集思广益法采用了基于不同类比形式的方法。直接类比靠的是在其他领域知识或自然界查找类似的事物。例如，现代舰船在船首设置了一个减小流体动力学阻力的球体，这一方案借鉴了海豚和鲸鱼的身体结构。而拟物类比基

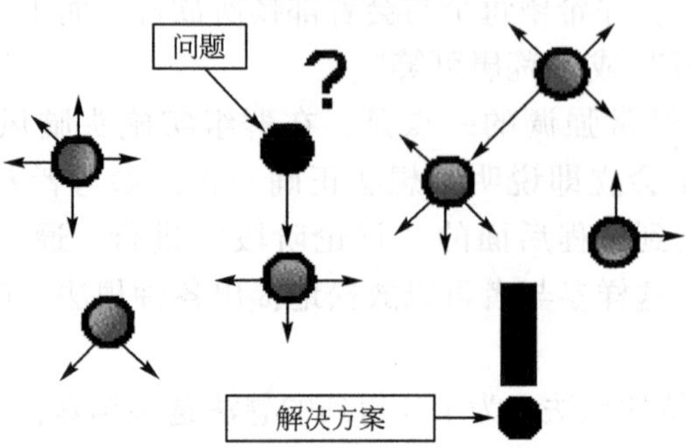

图 9-2　头脑风暴法、集思广益法和聚焦对象法

于这样一个事实，即把人自身想象为存在问题的技术系统的一部分。例如，人可能会将自己想象为电路断流器或者是发动机的活塞。但实际上很难采用拟物类比法。采用象征类比可以使问题形象化，因此，简化了解决方案。幻想类比法假定发明问题已借助魔杖被某种幻想式的方法解决，但是，幻想类比法只会起到削弱思维定势的作用。集思广益法适用于解决相对简单的发明问题，与头脑风暴法相同，集思广益法不具有揭示技术矛盾的办法。

【案例 9-2】

运用“头脑风暴法”的一个实际案例——电线除冰

有一年，美国北方大雪纷飞，天气格外寒冷。很多大跨度的电线被积雪压断，严重影响通信线路的畅通。许多人试图解决这一问题，但都未能获得成功。电信公司经理尝试应用头脑风暴法来解决这一难题。他召开了座谈会，参加会议的都是些不同专业的技术人员。

按照头脑风暴法的会议规则，大家开始七嘴八舌地议论起来。有人提出，设计一种专用的电线清雪机；有人想到，用电热来融化冰雪；也有人建议，用振荡技术来清除积雪；还有人提出，能否带上几把大扫帚，乘坐直升机去扫掉电线上的积雪。对于这种“坐飞机扫雪”的离奇设想，尽管大家心里觉得实在滑稽可笑，但在会上没有人对此提出批评。相反，有一工程师在听到用飞机扫雪的想法后，大脑突然受到启发，一种简单可行且高效率的清雪方法突然冒了出来。他考虑，每场大雪过后，可以出动直升机沿积雪严重的电线飞行，依靠螺旋桨高速旋转时产生的强大气旋，即可将电线上的积雪迅速扇落。他马上提出“用直升机扇雪”的最新设想，顿时，又引起其他与会者的丰富联想。有关用飞机除雪的主意，一下子又多了七八条。不到一个小时，与会的 10 名技术人员，共提出 90 多条新设想。

会后，公司组织专家对记录下的各种设想进行分类和论证。专家们认为，设计专用清雪机、采用电热或电磁振荡等方法来清除电线上的积雪，虽然在技术上可行，但研制费用大。那种由“用直升机扫雪”激发出来的几种设想，倒不失为一种大胆的新方案。专家们认为，如果可行的话，那将是一种既简单又高效的好办法。

经过现场试验，人们发现用直升机扇雪确实有效。这样，一个技术难题终于在头脑风暴会中找到了一个可行的方案。

当然，如果假设雪已经在电线上结成冰；如果不是下雪而是下冻雨的话（像我国南方地区在 2008 年年初那样），那么以上用直升机扇雪的方案就未必有效。

第三节　形态分析法

形态分析法（morphological analysis，MA）是美国加利福尼亚州理工学院教授兹维基（Firtz Zwicky）与美籍瑞士矿物学家里哥尼合作创建的一种从系统的观点看待事物的创新思维方法。它对搜索问题的解决方案所设置的限制很有用处，利用它可以系统地分析解决方案的可能前景。

兹维基是一位天体物理学家，对形态学方面也有精湛的研究。由于试错法、头脑风暴法、集思广益法和聚焦对象法等方法无法有效地解决十分复杂的发明问题，因此，兹维基提出了基于系统式查找可能解决方案的方法。

在第二次世界大战时，兹维基参加了美国火箭研制小组。令人惊奇的是，他在一周之内交出了 576 种不同的火箭设计方案，这些方案几乎包括了当时所有可能制出火箭的设计方案。后来才知道，就连美国情报局挖空心思都没能弄到手的德国巡航导弹 F-1 和 F-2 的设计方案，也包括在其中了。于是兹维基的天才受到人们的关注。后来，兹维基发表了他的构思技巧——形态分析法。

形态分析法态特点是：首先把研究的对象或问题分为一些基本组成部分；然后把每一个基本组成部分都单独地进行处理；分别提供各种解决问题的办法或方案；最后综合形成解决整个问题的总体方案。这时，会有若干个总方案出现。这是因为，我们是通过不同的组合关系，而得到不同的总方案的缘故。所有总体方案中的每一个是否可行，必须采用形态学方法进行分析，如图 9-3 所示。

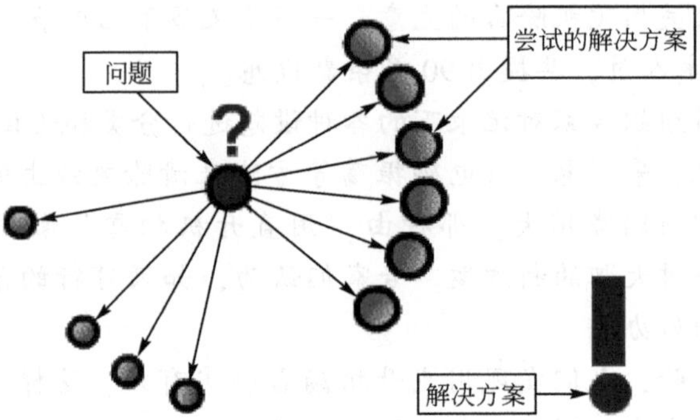

图 9-3 形态分析法和检核表法

在形态分析法中，因素和形态是两个非常重要的基本概念。所谓因素，是指构成某种事物各种功能的特性因子；所谓形态，是指实现事物各种功能的技术手段。以某种工业产品为例，反映该产品特定用途或特定功能的性能指标可作为其基本因素，而实现该产品特定用途或特定功能的技术手段可作为其基本形态。例如，若将某产品“时间控制”功能作为其基本因素，那么“手工控制”、“机械控制”、“电脑控制”、“智能控制”等技术手段，都可视为该基本因素所对应的基本形态。形态分析法分为以下五个步骤：

1）明确地提出问题，并加以解释；

2）把问题分解成若干个基本组成部分，每个部分都有明确的定义，并且有其特性；

3）建立一个包含所有基本组成部分的形态模型——多维矩阵，在这个多维矩阵中，应当包含所有可能的总体解决方案；

4）检查这个多维矩阵中所有的总体方案是否可行，同时加以分析和评价；

5）对所有可行的总体方案进行比较，从中选出一个最佳的总体方案。

形态分析法最大的优点是对每一项“未来技术”（即形态模型中的每一个总体方案）都要进行可行性分析。

形态分析法的主要缺点是使用不便。对于完整的形态分析而言，如果系统由 10 个部件组成，而每个部件又有 10 种不同的制造方法，那么，组合的数目就会达到 100。计算机可以完成这样数量级的组合，而人则无法分析数量如此巨大的信息。而且，这样做的结果经常是模糊了发明的目标。如果采用选择性形态分析，就可能忽略不适当的组合。

【案例 9-3】

运用“形态分析法”的一个实际案例——设计太阳能热水器

有一种太阳能热水器，它的主要结构是一个有玻璃盖的矩形箱子。人们把它放在屋顶上，让阳光透过盖在矩形箱子上的玻璃盖子，照在箱底上。阳光由箱底经反射、吸收或散热后，加热箱子里的水，供人们使用。在使用时，人们抽进冷水，让水流过箱子后变热；然后流进室内暖气片内，进行循环。

经专家们的研究表明，影响太阳能热水器性能最重要的变量是箱底的颜色、质地和箱子的深度。那么，我们怎样才能设计出一台性能更优越的太阳能热水器呢？首先，我们列出箱底颜色、质地和箱子深度三个因素；然后，找出影响每个因素变化的可能方案；最后，列出形态表，如表 9-1 所示。

表 9-1 太阳能热水器形态表

因素 / 形态	箱底颜色	箱底质地	箱子深度
1	白色	有光泽	深
2	银白色	粗糙	适中
3	灰色		浅
4	黑色		

根据上面的形态表，我们可以组合各种可能性，得到 $4\times2\times3=24$ 种组合设计方案。然后，对这些方案分别进行试验，从中选出最优的方案。

第四节 其他几种传统创新方法

一、焦点对象法

焦点对象法（method of focal objects，MFO）是一种问题求解的焦点技术，涉及将不同对象看似不匹配的特性合成为某种新的东西。焦点对象法起源于古希腊的思考艺术，由近代希腊哲学家康采（F. Kunze）完成了格式化。在 20 世纪 50 年代，它受到美国的研究者惠汀（C. Whiting）的赞赏和推崇。

焦点对象法的基础是把所依据的目标作为关注的焦点。然后，将这一目标和其他从真实世界提炼与选择出的目标进行比对。同时，也可以利用自然的本质，或者利用图库中存储的图像作为比对的目标。例如，你正试图寻找不同的方式来使用一块砖，则可以给自己一些随机“对象”（情境、概念等），并看你是否有能力找出某种使用方法。比如说给出了“搅拌器”，那么你就尽力去想出可以在搅拌器这个情境中使用一块砖的各种方法（用作盖子？把砖粉碎成砖粉来作颜料？等等）。

焦点对象法主要的特征是：在表述发明问题阶段，加入对问题了解的新观点并同时进行创造性的思考；在寻找创意阶段，消除相关随意因素的作用，消除所有学习研究的不可能性和存在有效解的保证，加入对发明搜索过程的限制；在筹划解决方案阶段，提高对分析时的有用思考和经验的兴趣。

二、综合法

综合法（synectics，SYN）是由高登（W. Gordon）研究出来的，其来源与焦点对象法一样长久。该方法是面向小组研究的，像头脑风暴法一样很难由一个人单独完成。

综合法主要特征是：在表述发明问题阶段增加通用性，考虑求解问题之间的交互作用，综合发挥个人与小组的作用；在寻找求解创意阶段，消除学习研究的难点，小组综合的作用和不继承经验的做法；在筹划解决方案阶段，提高与开发个人创新能力和对求解发明问题程序的兴趣。

三、多角度思考法

多角度思考法（lateral thinking，LT）是由心理学与教育学家爱杜德·邦诺（Eduard de Bono）开发的，它是一种详细的综合个人创造能力的发展战略。这种搜索创意的方法可以促进直觉思维，并使人们具备能够从整体上了解解决方案的能力。

多角度思考法强调，在求解问题时应该把握正确的技术方向和集中精力构思多种可能性，与头脑风暴法相比，它的研究成果扩大了探索创意的可能性。但是，它与头脑风暴一样存在着相同的限制。这种方法的主要特征与头脑风暴法相同。

四、检核表法

检核表法由形态分析法变化而来。检核表法需要构造问题列表，该表有助于获得解决问题所需的数据。提出的问题，可以是最意想不到的，以削弱思维定势。

通过检核表法，可以获得对问题的详述和规定问题解决方案查找的附加数据。但检核表法缺乏选择备选方案的客观标准和通往有效解决方案范围的可靠途径。

第五节　各种传统创新方法与 TRIZ 之比较

前面介绍的人们经常和习惯使用的解决发明问题的方法是一些效率较低的传统方法，这些方法通常无法解决一些比较难的问题，特别是那些发明级别比较高的问题。

传统的创新方法基本上都是以心理机制为基础的，它们的程序、步骤、措施大都是根据人们克服发明创新的心理障碍而设计的，虽然有时候也具有某种逻辑，但是其逻辑并不严密，也往往并不要求使用者严格遵循。传统的创新方法撇开了各领域的基本知识，方法上高度概括与抽象，因此具有形式化的倾向。而这些偏向于形式化的传统创新方法，在运用中受到使用者经验、技巧和知识积累水平的制约，因此，有人把对传统的创新方法的运用称为是一种艺术，而不是一种技术或科学。传统的创新方法过于依赖非逻辑思维，运用的效果波动很大，培训起来难度也比较大，因此不适于大范围培训推广。相比之下，TRIZ 是建立在科学和技术的方法基础之上的，其原理、法则、程序、步骤、措施等，来源于人类长期探索与改造自然的实践经验的总结（发明专利），因此应用的有效性比较高，整个方法学自成系统，具有严密的逻辑，对学习、培训和应用比较便利。传统的创新方法与 TRZZ 方法的比对如表 9-2 所示。

表 9-2　传统的创新方法与 TRIZ 方法的比对

序号	传统创新方法	TRIZ 方法
1	趋向于做容易做的事，简化任务的要求	趋向于更高水平、更复杂的任务要求
2	趋向于避免“不可能”的路径	强调遵循解决“不可能性”的路径
3	趋向于原型目标不精确的视觉图像	趋向于最终理想结果目标的精确图像
4	对象目标的“平面图像”	对象目标的“整体”的图像，考虑对象的子系统与超系统及其整体目标
5	作为“单一图像”的对象/目标图像	如果存在连续发展路径的话，将目标理解为“过去－现在－将来”的历史轨迹
6	目标/对象是更多难以改变的图像	“柔性”的、可调整的目标图像，易于做时间与空间上的变化与调整

续表

序号	传统创新方法	TRIZ 方法
7	回忆提供了相似而弱模拟的图像	回忆提供了其他东西，因此是强模拟的，要求利用新原理与新程序来经常更新信息
8	“专业势垒”随时间增强	“专业势垒”随时间逐步减弱直至消失
9	不增加思考的可控性	更好地控制思考，发明人综合评述构思的路径可容易地控制构思过程与实际的差距
10	解决发明问题的过程不易快速收敛	解决发明问题的过程可以快速收敛

TRIZ 的基础是技术系统进化的客观规律，它既可被认知也可用于解决发明问题。与前面提到的激发人的创造性的传统创新方法相比，TRIZ 的主要优点是它可从成千上万个解法中找出解决复杂发明问题的方案。TRIZ 反对在可能的候选方案中进行搜索的想法。因此，TRIZ 使人们有了更科学地解决问题的方法。

在本书的前面几章中，我们已经了解了 TRIZ 的基本核心内容和解决问题的基本思路。在 TRIZ 中，解决发明创新问题要直接依靠技术系统进化的规律来定出解决问题的方向。根据这些规律，发展出解决发明问题的专用工具。它们包括物质－场分析和发明问题的标准解法，解决技术和物理矛盾的创新原理，以及发明问题解决算法（ARIZ）等。查找和应用物理的、化学的、几何的和生物的效应与原理，可以帮助解决系统中的功能实现问题，让这些效应与原理类的知识作为技术系统实现功能和操作的新原理，减弱或增强系统所要求的作用。

TRIZ 是研究技术规律和思维活动的创新方法。在 TRIZ 中，已经吸收了不少克服思维定势和心理障碍的传统创新方法的精髓，并将它们纳入逻辑程序，可在发明问题分析和解决方案综合的不同阶段发挥作用。例如，采用引导人深入思考的“多屏幕”策略，可以对技术系统、其子系统以及超系统的资源进行系统的分析。应用资源－时间－成本算子，就可以定义新奇的发明问题。通过金鱼法，人们可以表述新奇的待选方案，但不拒绝其新奇性和对它的分析。利用解决方案知识库可以很快找到类似发明问题的有效解决方案。

特别值得指出的是，TRIZ 解决问题的模式和程序一般普遍采用反馈、迭代的形式，具有启发式的方案搜索和逐步地、快速地逼近目标的效果，比较容易方便实现计算机程序化，开发出计算机辅助创新（CAI）软件。

综上所述，在以上 TRIZ 的各种创新的思维、方法和工具的支持下，TRIZ 解决发明问题的过程是可以快速收敛的（图 9-4），而且发明的级别和效率也是比较高的，如图 9-5 所示。

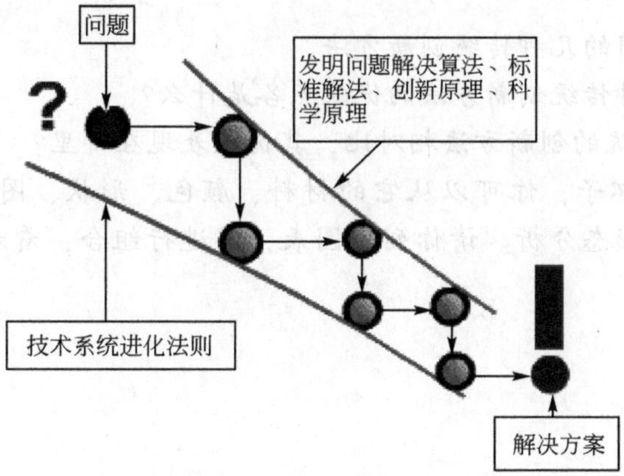

图 9-4　TRIZ 可以定向、收敛地查找有效的解决方案

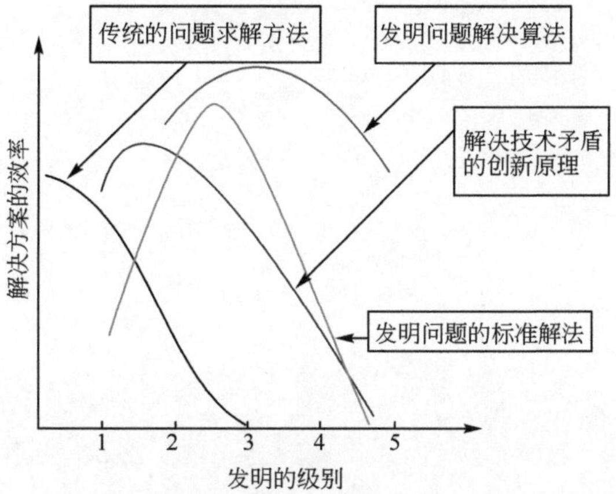

图 9-5　传统方法与 TRIZ 方法的效率比较

但是，我们在学习研究 TRIZ 的同时，不要忽略了传统创新方法的作用。尽管单独使用传统的创新方法往往不容易获得高水平的发明，但是，在很多场合，TRIZ 与传统创新方法的结合应用是比较常见的情况。例如，在由具体问题抽象成 TRIZ 的问题模型时，以及在从 TRIZ 的解决方案模型演绎成具体解决方案时，都需要或多或少地应用诸如头脑风暴法、形态分析法等。以 TRIZ 为核心，同时结合其他的创新方法，互相取长补短，也是目前一部分学者研究的创新方法的内容之一。

思考题

1. 请说出常用的几种传统创新方法。
2. 常用的几种传统创新方法的优缺点各是什么？
3. TRIZ 与传统的创新方法相对比，其优点表现在哪里？
4. 给你一个杯子，你可以从它的材料、颜色、形状、图案、大小等方面，进行一次形态分析。请你列出图表，再进行组合，看看你能够找出多少个方案？

参考文献

根里奇·阿奇舒勒.2004. 发明家诞生了——TRIZ. 创造性解决问题的理论和方法. 范怡红，黄玉霖译. 成都：西南交通大学出版社

根里奇·阿奇舒勒.2008. 实现技术创新的 TRIZ 诀窍. 林岳，李海军，段海波译. 哈尔滨：黑龙江科学技术出版社

黑龙江省科技厅.2007. TRIZ 理论入门导读. 哈尔滨：黑龙江科学技术出版社

Jeong-Gon Song，Jang-Young Ko，Hwa-Gyu Song，Dong-Lyoul Shin，Valery Kraey. 利用空气搅动原理工作的机器人真空清洁器：US，7059012B2

Ki-Jae et al. 2005. 具有防黑粉分散功能的电子感光成像装置及其控制方法：US，0053392A1

刘峰.2009. 互联网进化论. http：//www. intevl. com［2008-12-25］

罗振壁等.2007. 新产品的创新设计、开发与管理. 海口：南海出版社

阮汝祥.2007. 创新制胜. 北京：宇航出版社

檀润华.2002. 创新设计——发明问题解决理论. 北京：机械工业出版社

谢里阳.2005. 现代机械设计方法. 北京：机械工业出版社

谢燮正.1985. 技术发明学. 北京：北京现代管理学院出版社

杨清亮.2006. 发明是这样诞生的——TRIZ 理论全接触. 北京：机械工业出版社

亿维讯集团.2005. 畅游 TRIZ 世界，(I)

亿维讯集团.2005. 畅游 TRIZ 世界，(II)

亿维讯集团.2005. 创新，(1)

亿维讯集团.2006. 创新，(2)

亿维讯集团.2007. 创新，(1)，(2)

亿维讯集团.2008. TRIZ 简明教程

尤里·萨拉马托夫.2006. 怎样成为发明家——50 小时学创造. 王子羲，郭越红，高婷，段海波译. 北京：北京理工大学出版社.

张武城.2005. 创造创新方略. 北京：机械工业出版社

赵惠田，谢燮正.1987. 发明创造学教程. 沈阳：东北工学院出版社

赵敏，胡钰.2008. 创新的方法. 北京：当代中国出版社

赵新军.2004. 技术创新理论（TRIZ）及应用. 北京：化学工业出版社

Altshuller G S. 1988. Creativity as an Exact Science. New York：Gordon and Breach

Altshuller G S. 1997. And Suddenly the Inventor Appeared. Worcester：Technical Innovation Center

Altshuller G S. 1999. 40 Principles：TRIZ Keys to Technical Innovation. Worcester：Technical Innovation Center

Altshuller G S. 2001. 40 Principles：TRIZ Keys to Technical Innovation. With New Material by Lev Shulyak，Drawing by Uri Fedoseev. Worcester：Technical Innovation Center

Altshuller G S. 1999. The Innovation Algorithm. Worcester：Technical Innovation Center
Gennady Kizevich. 2004. Principles of Survival. A Theory of Every Day Creativity. Washington House：A Division of Trade Media Company
Um Y S et al. 2006. Liquid Crystal Display：US，20060092116
Valery Kraev，Richard Langevin. 2008. Innovation Problem Solving. Worcester：Technical Innovation Center

附录一 TRIZ基础术语表

根里奇·阿奇舒勒（G. S. Altshuller）

G. S. Altshuller（1926~1998）苏联海军工程师、发明家、科学家和作家。

发明的级别（发明的等级）

一项发明的新颖性的定性度量。

发明问题解决理论（TRIZ）

发明问题解决理论是科学的发明创造方法学，它指引发明者在技术系统进化的客观法则基础上，分析问题，组合解决方案，完成整个发明创新过程。

技术系统

如果系统至少有一个人造元件，可以被称作技术系统。技术系统的定义为：由具有相互联系的元件与运作所组成的、以实现某种功能或职能的事物的集合。

技术系统是TRIZ理论的基础概念，TRIZ里面所有的原理、法则、模型、矛盾、进化、理想度内容等都是围绕技术系统展开的。

39个通用工程参数

借助分析专利文件，G. S. Altshuller用39个标准的通用工程参数描述了技术系统的绝大多数技术矛盾。39个通用工程参数的成对组合，定义了技术系统里大约1300对典型的技术矛盾。

技术矛盾（技术冲突）

技术矛盾是指在技术系统里当某一特性的改善不可避免时引起系统其他特性的恶化。在把TRIZ词汇从俄文翻译成英文时，也有人把“矛盾”翻译成“冲突”。

解决技术矛盾的创新原理

解决技术矛盾的创新原理是由 G. S. Altshuller 最初通过分析近 4 万个发明专利而得到的。后人对发明专利的分析已经逐渐达到了 250 万。

物理矛盾（物理冲突）

物理矛盾是指技术系统的相同元件形成了相互排斥的需求。

解决物理矛盾的分离原理

解决物理矛盾的原理是这样一个准则：分离技术系统内某元件相互排斥的属性。

发明问题解决算法（ARIZ）

发明问题解决算法是由一系列步骤组成的程序，旨在揭示和消除系统矛盾。

“聪明”物质

“聪明”物质是具有独特的性质、能够执行复杂技术系统的功能的物质。

矛盾矩阵

矛盾矩阵（也称作“阿奇舒勒矛盾矩阵”）是由 G. S. Altshuller 发明的特殊表格，目的是简化寻找合适的创新原理来消解技术矛盾的过程。

技术系统进化路线

技术系统进化路线指明技术系统与某条进化法则相关的进化阶段。

功能性

功能性是在给定状态下改变物体或产品所拥有的性能参数的能力。

金鱼法

金鱼法是一种反复迭代的分解过程，它把解决方案中异想天开的部分分解成切实可行和异想天开两部分，最终得到发明问题的一个切实可行的创新解决方案。

理想化最终结果

理想化最终结果是指基于理想技术系统的理念产生的工程设计问题的理想解决方案。

理想系统

真正的理想系统是一个实际上不存在、但能执行所需功能的系统。

发明问题（初始情境，初始问题，发明情境）

发明问题是指原始问题的描述，通常是一些问题集合。

技术系统生命期不同阶段的矛盾产生原理

技术系统生命期不同阶段的矛盾产生原理是指在内部和外部因素的影响下，技术系统生命期不同阶段的矛盾的产生原理。技术系统矛盾的解决将使技术系统进化到一个新的阶段。

技术系统进化的客观性原理

技术系统进化的客观性原理是指系统的结构、功能和更新换代须服从客观规律，这些规律在技术系统分析和综合时得到揭示和运用。

技术系统进化法则（技术系统进化模式，技术系统进化趋势）

技术系统进化法则反映了在进化过程中，技术系统各组成部分之间技术系统之间、以及技术系统与环境之间，显著的、稳定的和可重复的相互作用。

完备性法则

完备性法则表明实现技术系统主要效率的必要条件是具备四个相互连接的基础系统：动力系统、传动系统、执行系统和控制系统，而且满足它们的最低效率。

能量传递法则

能量传递法则表明技术系统进化的方向是缩短能量流经系统的通道。

协调性法则

协调性法则表明一个有效的技术系统存在的必要条件是它的各个组成部分运转的协调性。

提高理想度法则

提高理想度法则是技术系统进化的基本法则，表明技术系统要向提高其理想度的方向进化。

动态性进化法则（提高灵活性，移动性和可控性法则）

动态性进化法则表明技术系统要向提高灵活性、移动性和可控性的方向进化。

子系统的非均衡进化法则

子系统的非均衡进化法则表明不同子系统的进化有着不同的速率（根据它们自己的 S－曲线），这导致了系统矛盾的不断发展。

向超系统进化法则

向超系统进化法则表明技术系统进化的总趋势是从单系统向双系统和多系统方向发展。

向微观级进化法则

向微观级进化法则表明技术系统及其子系统在进化过程中减小其零部件尺寸。技术系统的零部件趋向于达到原子和基本粒子的尺寸。在极端情况下，技术系统零部件的尺寸减小意味着不同场之间的交互与跃迁。

发明问题标准解法

发明问题标准解法是解决技术问题、消除技术矛盾的一系列典型的技术手段。

物质－场分析（物场分析）

TRIZ 理论的一个分支，研究物质－场结构的转换与进化。

超系统

超系统指比当前系统高一级别的系统。

反系统

反系统是用来理解工程系统的术语，反系统具有与原始系统相反的功能。

思维定势

思维定势是指致使一个人在通常情形下形成寻常解决方案的保守方法。

消除思维定势的方法（激发创造力的方法）

消除思维定势的方法帮助发明者放弃因循守旧的思维，从更广阔和不同的角度看待问题。

头脑风暴法

头脑风暴法是一种群组创意法，特点是将产生大量新奇想法的过程占评估想法的过程分离开，想法和创意被一组称作“发生器”的人群所激发，然后把这些想法和创意提供给一组“吹毛求疵”的专家。

试错法

试错法是随机寻找解决方案的方法。

形态分析法

形态分析法是指选择物体的主要性质（如形态和因素等）作为轴线，然后沿每一轴线，记录下元素的不同变化。

焦点对象法

任意一组对象的特性通过转化到正在改进的对象中去。不寻常的组合结果有可能克服思维定势。

提问法

提问法是指由一系列启发式的问题所引导的搜寻解决方案的过程。

系统思维的多屏幕方法

系统思维的多屏幕方法不仅是研究问题本身，而且研究由“过去 - 现在 - 将来”坐标系和“超系统 - 系统 - 子系统”坐标系所构成的一整套附加屏幕。

资源 - 时间 - 成本算子（或称尺寸 - 时间 - 成本算子，即 STC 算子）

STC 即尺寸 - 时间 - 成本，STC 算子包括六个智力测试，该测试是重新构建的特殊问题。STC 算子的目的是克服思维定势和打破系统的陈旧模式。

小人法（小人辅助的模式）

小人法是指如果系统的一部分不能按需运转，则用一组小人来表示这种不良情况，小人代表着那些有问题操作的执行者。那么这些小人需要按一定的方法重新建造以适于系统的操纵运转。

互斥的需求

互相排斥的需求表明技术系统的元件必须有不同的参数值。

状态转换

状态转换是一个伴随物质结构转变和聚集状态改变的物理现象或物理 - 化学现象。

特殊性原理

特殊性原理是指每一类技术系统有它的特殊性，必须具体情况具体分析。

非 A 特性（参数）

非 A 特性（参数）是技术系统中某一元素的相互排斥的性质或参数。

资源

资源是物质、场和技术系统的属性（例如：功能的时效，占据的空间等），也包括系统的环境和一个可以用来改进当前的一个更大规模的完整系统。

附录二 矛盾矩阵表

矛盾矩阵表是一张很大的表格，为便于大家阅读和使用，我们把它分割成若干块，块与块之间的衔接关系，可用下面的接图表来表明。

接图表

表（一）	表（二）	表（三）	表（四）

矛盾矩阵表（一）

恶化的通用工程参数 改善的通用工程参数		1	2	3	4	5	6	7	8	9	10
		运动物体重量	静止物体重量	运动物体尺寸	静止物体尺寸	运动物体面积	静止物体面积	运动物体体积	静止物体体积	速度	力
1	运动物体的重量			15，08 29，34		29，17 38，34		29，02 40，28		02，08 15，38	08，10 18，37
2	静止物体的重量				10，01 29，35		35，30 13，02		05，35 14，02		08，10 19，35
3	运动物体的尺寸	15，08 29，34				15，17 04		07，17 04，35		13，04 08	17，10 04
4	静止物体的尺寸		35，28 40，29				17，07 10，40		35，08 02，14		28，10
5	运动物体的面积	02，14 29，04		14，15 18，04				07，14 17，04		29，30 04，34	19，30 35，02
6	静止物体的面积		30，02 14，18		26，07 09，39						01，18 35，36
7	运动物体的体积	02，26 29，40		01，07 35，04		01，07 04，17				29，04 38，34	15，35 36，37
8	静止物体的体积		35，10 19，14	19，14	35，08 02，14						02，18 37
9	速度	02，28 13，38		13，14 08		29，30 34		07，29 34			13，28 15，19
10	力	08，01 37，18	18，13 01，28	17，19 09，36	28，10	19，10 15	01，18 36，37	15，09 12，37	02，36 18，37	13，28 15，12	
11	应力，压强	10，36 37，40	13，29 10，18	35，10 36	35，01 14，16	10，15 36，28	10，15 36，24	06，35 10	35，34	06，35 36	36，35 21
12	形状	08，10 29，40	15，10 26，03	29，34 05，04	13，14 10，07	05，34 04，10		14，04 15，22	07，02 35	35，15 34，18	35，10 37，40
13	稳定性	21，35 02，39	26，39 01，40	13，15 01，28	37	02，11 13	39	28，10 19，39	34，28 35，40	33，15 28，18	10，35 21，16
14	强度	01，08 40，15	40，26 27，01	01，15 08，35	15，14 28，26	03，34 40，29	09，40 28	10，15 14，07	09，14 17，15	08，13 26，14	10，18 03，14
15	运动物体的作用时间	19，05 34，31		02，19 09		03，17 19		10，02 19，30		03，35 05	19，02 16
16	静止物体的作用时间		06，27 19，16		01，40 35				35，34 38		
17	温度	36，22 06，38	22，35 32	15，19 09	15，19 09	03，35 39，18	35，38	34，39 40，18	35，06 04	02，28 36，30	35，10 03，21
18	照度	19，01 32	02，35 32	19，32 16		19，32 26		02，13 10		10，13 19	26，19 06
19	运动物体的能量消耗	12，18 28，31		12，28		15，19 25		35，13 18		08，15 35	16，26 21，02

续表

改善的通用工程参数 \ 恶化的通用工程参数		1 运动物体重量	2 静止物体重量	3 运动物体尺寸	4 静止物体尺寸	5 运动物体面积	6 静止物体面积	7 运动物体体积	8 静止物体体积	9 速度	10 力
20	静止物体的能量消耗		19, 09 06, 27								36, 37
21	功率	08, 36 38, 31	19, 26 17, 27	01, 10 35, 37		19, 38	17, 32 13, 38	35, 06 38	30, 06 25	15, 35 02	26, 02 36, 35
22	能量损失	15, 06 19, 28	19, 06 18, 09	07, 02 06, 13	06, 38 07	15, 26 17, 30	17, 07 30, 18	07, 18 23	07	16, 35 38	36, 38
23	物质损失	35, 06 23, 40	35, 06 22, 32	14, 29 10, 39	10, 28 24	35, 02 10, 31	10, 18 39, 31	01, 29 30, 36	03, 39 18, 31	10, 13 28, 38	14, 15 18, 40
24	信息损失	10, 24 35	10, 35 05	01, 26	26	30, 26	30, 16		02, 22	26, 32	
25	时间损失	10, 20 37, 35	10, 20 26, 05	15, 02 29	30, 24 14, 05	26, 04 05, 16	10, 35 17, 04	02, 05 34, 10	35, 16 32, 18		10, 37 36, 05
26	物质的量	35, 06 18, 31	27, 26 18, 35	29, 14 35, 18		15, 14 29	02, 18 40, 04	15, 20 29		35, 29 34, 28	35, 14 03
27	可靠性	03, 08 10, 40	03, 10 08, 28	15, 09 14, 04	15, 29 28, 11	17, 10 14, 16	32, 35 40, 04	03, 10 14, 24	02, 35 24	21, 35 11, 28	08, 28 10, 03
28	测试精度	32, 35 26, 28	28, 35 25, 26	28, 26 05, 16	32, 28 03, 16	26, 28 32, 03	26, 28 32, 03	32, 13 06		28, 13 32, 24	32, 02
29	制造精度	28, 32 13, 18	28, 35 27, 09	10, 28 29, 37	02, 32 10	28, 33 29, 32	02, 29 18, 36	32, 28 02	25, 10 35	10, 28 32	28, 19 34, 36
30	作用于物体的有害因素	22, 21 27, 39	02, 22 13, 24	17, 01 39, 04	01, 18	22, 01 33, 28	27, 02 39, 35	22, 23 37, 35	34, 39 19, 27	21, 22 35, 28	13, 35 39, 18
31	物体产生的有害因素	19, 22 15, 39	35, 22 01, 39	17, 15 16, 22		17, 02 18, 39	22, 01 40	17, 02 40	30, 18 35, 04	35, 28 03, 23	35, 28 01, 40
32	可制造性	28, 29 15, 16	01, 27 36, 13	01, 29 13, 17	15, 17 27	13, 01 26, 12	16, 40	13, 29 01, 40	35	35, 13 08, 01	35, 12
33	操作流程的方便性	25, 02 13, 15	06, 13 01, 25	01, 17 13, 12		01, 17 13, 16	18, 16 15, 39	01, 16 35, 15	04, 18 31, 39	18, 13 34	28, 13 35
34	可维修性	02, 27 35, 11	02, 27 35, 11	01, 28 10, 25	03, 18 31	15, 32 13	16, 25	25, 02 35, 11	01	34, 09	01, 11 10
35	适应性，通用性	01, 06 15, 08	19, 15 29, 16	35, 01 29, 02	01, 35 16	35, 30 29, 07	15, 16	15, 35 29		35, 10 14	15, 17 20
36	系统的复杂性	26, 30 34, 36	02, 26 35, 39	01, 19 26, 24	26	14, 01 13, 16	06, 36	34, 26 06	01, 16	34, 10 28	26, 16
37	控制与测量的复杂性	27, 26 28, 13	06, 13 28, 01	16, 17 26, 24	26	02, 13 18, 17	02, 39 30, 16	29, 01 04, 16	02, 18 26, 31	03, 04 16, 35	36, 28 40, 19
38	自动化程度	28, 26 18, 35	28, 26 35, 10	14, 13 28, 27	23	17, 14 13		35, 13 16		28, 10	02, 35
39	生产率	35, 26 24, 37	28, 27 15, 03	18, 04 28, 38	30, 07 14, 26	10, 26 34, 31	10, 35 17, 07	02, 06 34, 10	35, 37 10, 02		28, 15 10, 36

矛盾矩阵表（二）

改善的通用工程参数 \ 恶化的通用工程参数		11 应力，压强	12 形状	13 结构的稳定性	14 强度	15 运动物体作用时间	16 静止物体作用时间	17 温度	18 照度	19 运动物体消耗能量	20 静止物体消耗能量
1	运动物体的重量	10，36 37，40	10，14 35，40	01，35 19，39	28，27 18，40	05，34 31，35		06，29 04，38	19，01 32	35，12 34，31	
2	静止物体的重量	13，29 10，18	13，10 29，14	26，39 01，40	28，02 10，27		02，27 19，06	28，19 32，22	35，19 32		18，19 28，01
3	运动物体的尺寸	01，18 35	01，08 10，29	01，18 15，34	08，35 29，34	19		10，15 19	32	08，35 24	
4	静止物体的尺寸	01，14 35	13，14 15，07	39，37 35	15，14 28，26		01，40 35	03，35 38，18	03，25		
5	运动物体的面积	10，15 36，28	05，34 29，04	11，02 13，39	03，15 40，14	06，03		02，15 16	15，32 19，13	19，32	
6	静止物体的面积	10，15 36，37		02，38	40		02，10 19，30	35，39 38			
7	运动物体的体积	06，35 36，37	01，15 29，04	28，10 01，39	09，14 15，07	06，35 04		34，39 10，18	10，13 02	35	
8	静止物体的体积	24，35	07，02 35	34，28 35，40	09，14 17，15		35，34 38	35，06 04			
9	速度	06，18 38，40	35，15 18，34	28，33 01，18	08，03 26，14	03，19 35，05		28，30 36，02	10，13 19	08，15 35，38	
10	力	18，21 11	10，35 40，34	35，10 21	35，10 14，27	19，02		35，10 21		19，17 10	01，16 36，37
11	应力，压强		35，04 15，10	35，33 02，40	09，18 03，40	19，03 27		35，39 19，02		14，24 10，37	
12	形状	34，15 10，14		33，01 18，04	30，14 10，40	14，26 09，25		22，14 19，32	13，15 32	02，06 34，14	
13	稳定性	02，35 40	22，01 18，04		17，09 15	13，27 10，35	39，03 35，23	35，01 32	32，03 27，15	13，19	27，04 29，18
14	强度	10，03 18，40	10，30 35，40	13，17 35		27，03 26		30，10 40	35，19	19，35 10	35
15	运动物体的作用时间	19，03 27	14，26 28，25	13，03 35	27，03 10			19，35 39	02，19 04，35	28，06 35，18	
16	静止物体的作用时间			39，03 35，23				19，18 36，40			
17	温度	35，39 19，02	14，22 19，32	01，35 32	10，30 22，40	19，13 39	19，18 36，40		32，30 21，16	19，15 03，17	
18	照度		32，30	32，03 27	35，19	02，19 06		32，35 19		32，01 19	32，35 01，15
19	运动物体的能量消耗	23，14 25	12，02 39	19. 13 17，24	05，19 09，35	28. 35 06，18		19，24 03，14	02，15 19		

续表

改善的通用工程参数 \ 恶化的通用工程参数		11 应力，压强	12 形状	13 结构的稳定性	14 强度	15 运动物体作用时间	16 静止物体作用时间	17 温度	18 照度	19 运动物体消耗能量	20 静止物体消耗能量
20	静止物体的能量消耗			27，04，29，18	35				19，02，35，32		
21	功率	22，10，35	29，14，02，40	35，32，15，31	26，10，28	19，35，10，38	16	02，14，17，25	16，06，19	16，06，19，37	
22	能量损失			14，02，39，06	26			19，38，07	01，13，32，15		
23	物质损失	03，36，37，10	29，35，03，05	02，14，30，40	35，28，31，40	28，27，03，18	27，16，18，38	21，36，39，31	01，06，13	35，18，24，05	28，27，12，31
24	信息损失					10	10		19		
25	时间损失	37，36，04	04，10，34，17	35，03，22，05	29，03，28，18	20，10，28，18	28，20，10，16	35，29，21，18	01，19，21，17	35，38，19，18	01
26	物质的量	10，36，14，03	35，14	15，02，17，40	14，35，34，10	03，35，10，40	03，35，31	03，17，39		34，29，16，18	03，35，31
27	可靠性	10，24，35，19	35，01，16，11		11，28	02，35，03，25	34，27，06，40	03，35，10	11，32，13	21，11，27，19	36，23
28	测试精度	06，28，32	06，28，32	32，35，13	28，06，32	28，06，32	10，26，24	06，19，28，24	06，01，32	03，06，32	
29	制造精度	03，35	32，30，40	30，18	03，27	03，27，40		19，26	03，32	32，02	
30	作用于物体的有害因素	22，02，37	22，01，03，35	35，24，30，18	18，35，37，01	22，15，33，28	17，01，40，33	22，33，35，02	01，19，32，13	01，24，06，27	10，02，22，37
31	物体产生的有害因素	02，33，27，18	35，01	35，40，27，39	15，35，22，02	15，22，33，31	21，39，16，22	22，35，02，24	19，24，39，32	02，35，06	19，22，18
32	可制造性	35，19，01，37	01，28，13，27	11，13，01	11，03，10，32	27，01，04	35，16	27，26，18	28，24，27，01	28，26，27，01	01，04
33	操作流程的方便性	02，32，12	15，34，29，28	32，35，30	32，40，03，28	29，03，08，25	01，16，25	26，27，13	13，17，01，24	01，13，24	
34	可维修性	13	01，13，02，04	02，35	01，11，02，39	11，29，28，27	01	04，10	15，01，13	15，01，28，16	
35	适应性，通用性	35，16	15，37，01，08	35，30，14	35，03，32，06	13，01，35	02，16	27，02，03，35	06，22，26，01	19，35，29，13	
36	系统的复杂性	19，01，35	29，13，28，15	02，22，17，19	02，13，28	10，04，28，15		02，17，13	24，17，13	27，02，29，28	
37	控制与测量的复杂性	35，36，37，32	27，13，01，39	11，22，39，30	27，03，15，28	19，29，25，39	25，34，06，35	03，27，35，16	02，24，26	35，38	19，35，16
38	自动化程度	13，35	15，32，01，13	18，01	25，13	06，09		26，02，19	08，32，19	02，32，13	
39	生产率	10，37，14	14，10，34，40	35，03，22，39	29，28，10，18	35，10，02，18	20，10，16，38	35，21，28，10	26，17，19，01	35，10，38，19	01

矛盾矩阵表（三）

改善的通用工程参数 \ 恶化的通用工程参数		21 功率	22 能量损失	23 物质损失	24 信息损失	25 时间损失	26 物质的量	27 可靠性	28 测量精度	29 制造精度	30 作用于物体的有害因素
1	运动物体的重量	12, 36 18, 31	06, 02 34, 19	05, 35 03, 31	10, 24 35	10, 35 20, 28	03, 26 18, 31	03, 11 01, 27	28, 27 35, 26	28, 35 26, 18	22, 21 18, 27
2	静止物体的重量	15, 19 18, 22	18, 19 28, 15	05, 08 13, 30	10, 15 35	10, 20 35, 26	19, 06 18, 26	10, 28 08, 03	18, 26 28	10, 01 35, 17	02, 19 22, 37
3	运动物体的尺寸	01, 35	07, 02 35, 39	04, 29 23, 10	01, 24	15, 02 29	29, 35	10, 14 29, 40	28, 32 04	10, 28 29, 37	01, 15 17, 24
4	静止物体的尺寸	12, 08	06, 28	10, 28 24, 35	24, 26	30, 29 14		15, 29 28	32, 28 03	02, 32 10	01, 18
5	运动物体的面积	19, 10 32, 18	15, 17 30, 26	10, 35 02, 39	30, 26	26, 04	29, 30 06, 13	29, 09	26, 28 32, 03	02, 32	22, 33 28, 01
6	静止物体的面积	17, 32	17, 07 30	10, 14 18, 39	30, 16	10, 35 04, 18	02, 18 40, 04	32, 35 40, 04	26, 28 32, 03	02, 29 18, 36	27, 02 39, 35
7	运动物体的体积	35, 06 13, 18	07, 15 13, 16	36, 39 34, 10	02, 22	02, 06 34, 10	29, 30 07	14, 01 40, 11	25, 26 28	25, 28 02, 16	22, 21 27, 35
8	静止物体的体积	30, 06		10, 39 35, 34		35, 16 32, 18	35, 03	02, 35 16		35, 10 25	34, 39 19, 27
9	速度	19, 35 38, 02	14, 20 19, 35	10, 13 28, 38	13, 26		10, 19 29, 38	11, 35 27, 28	28, 32 01, 24	10, 28 32, 25	01, 28 35, 23
10	力	19, 35 18, 37	14, 15	08, 35 40, 05		10, 37 36	14, 29 18, 36	03, 35 13, 21	35, 10 23, 24	28, 29 37, 36	01, 35 40, 18
11	应力，压强	10, 35 14	02, 36 25	10, 36 37		37, 36 04	10, 14 36	10, 13 19, 35	06, 28 25	03, 35	22, 02 37
12	形状	04, 06 02	14	35, 29 03, 05		14, 10 34, 17	36, 22	10, 40 16	28, 32 01	32, 30 40	22, 01 02, 35
13	稳定性	32, 35 27, 31	14, 02 39, 06	02, 14 30, 40		35, 27	15, 32 35		13	18	35, 23 18, 30
14	强度	10, 26 35, 28	35	35, 28 31, 40		29, 03 28, 10	29, 10 27	11, 03	03, 27 16	03, 27	18, 35 37, 01
15	运动物体的作用时间	19, 10 35, 38		28, 27 03, 18	10	20, 10 28, 18	03, 35 10, 40	11, 02 13	03	03, 27 16, 40	22, 15 33, 28
16	静止物体的作用时间	16		27, 16 18, 38	10	28, 20 10, 16	03, 35 31	34, 27 06, 40	10, 26 24		17, 01 40, 33
17	温度	02, 14 17, 25	21, 17 35, 38	21, 36 29, 31		35, 28 21, 18	03, 17 30, 39	19, 35 03, 10	32, 19 24	24	22, 33 35, 02
18	照度	32	13, 16 01, 06	13, 01	01, 06	19, 01 26, 17	01, 19		11, 15 32	03, 32	15, 19
19	运动物体的能量消耗	06, 19 37, 18	12, 22 15, 24	35, 24 18, 05		35, 38 19, 18	34, 23 16, 18	19, 21 11, 27	03, 01 32		01, 35 06, 27

续表

改善的通用工程参数 \ 恶化的通用工程参数		21 功率	22 能量损失	23 物质损失	24 信息损失	25 时间损失	26 物质的量	27 可靠性	28 测量精度	29 制造精度	30 作用于物体的有害因素
20	静止物体的能量消耗			28，27 18，31			03，35 31	10，36 23			10，02 22，37
21	功率		10，35 38	28，27 18，38	10，19	35，20 10，06	04，34 19	19，24 26，31	32，15 02	32，02	19，22 31，02
22	能量损失	03，38		35，27 02，37	19，10	10，18 32，07	07，18 25	11，10 35	32	21，22 35，02	
23	物质损失	28，27 18，38	35，27 02，31			15，18 35，10	06，03 10，24	10，29 39，35	16，34 31，28	35，10 24，31	33，22 30，40
24	信息损失	10，19	19，10			24，26 28，32	24，28 35	10，28 23			22，10 01
25	时间损失	35，20 10，06	10，05 18，32	35，18 10，39	24，26 28，32		35，38 18，16	10，30 04	24，34 28，32	24，26 28，18	35，18 34
26	物质的量	35	07，18 25	06，03 10，24	24，28 35	35，38 18，16		18，03 28，40	03，02 28	33，30	35，33 29，31
27	可靠性	21，11 26，31	10，11 35	10，35 29，39	10，28	10，30 04	21，28 40，03		32，03 11，23	11，32 01	27，35 02，40
28	测试精度	03，06 32	26，32 27	10，16 31，28		24，34 28，32	02，06 32	05，11 01，23			28，24 22，26
29	制造精度	32，02	13，23 02	35，31 10，24		32，26 28，18	32，30	11，32 01			26，28 10，36
30	作用于物体的有害因素	19，22 31，02	21，22 35，02	33，22 19，40	22，10 02	35，18 34	35，33 29，31	27，24 02，40	28，33 23，26	26，28 10，18	
31	物体产生的有害因素	02，35 18	21，35 22，02	10，01 34	10，21 29	01，22	03，24 39，01	24，02 40，39	03，33 26	04，17 34，26	
32	可制造性	27，01 12，24	19，35	15，34 33	32，24 18，16	35，28 34，04	35，24 01，24		01，35 12，18		24，02
33	操作流程的方便性	35，34 02，10	02，19 13	28，32 02，24	04，10 27，22	04，28 10，34	12，35	17，27 08，40	25，13 02，34	01，32 35，23	02，25 28，39
34	可维修性	15，10 32，02	15，01 32，19	02，35 34，27		32，01 10，25	02，28 10，25	11，10 01，16	10，02 13	25，10	35，10 02，16
35	适应性，通用性	19，01 29	18，15 01	15，10 02，13		35，28	03，35 15	35，13 08，24	35，05 01，10		35，11 32，31
36	系统的复杂性	20，19 30，34	10，35 13，02	35，10 28，29		06，29	13，03 27，10	13，35 01	02，26 10，34	26，24 32	22，19 29，40
37	控制与测量的复杂性	19，01 16，10	35，03 15，19	01，18 10，24	35，33 27，22	18，28 32，09	03，27 29，18	27，40 28，08	26，24 32，28		22，19 29，28
38	自动化程度	28，02 27	23，28	35，10 18，05	35，33	24，28 35，30	35，13	11，27 32	28，26 10，34	28，26 18，23	02，33
39	生产率	35，20 10	28，10 29，35	28，10 35，23	13，15 23		35，38	01，35 10，38	01，10 34，28	32，01 18，10	22，35 13，24

矛盾矩阵表（四）

改善的通用工程参数 \ 恶化的通用工程参数		31 物体产生的有害因素	32 可制造性	33 操作流程的方便性	34 可维性修	35 适应性，通用性	36 系统的复杂性	37 控制和测量的复杂性	38 自动化程度	39 生产率
1	运动物体的重量	22，35 31，39	27，28 01，36	35，03 02，24	02，27 28，11	29，05 15，08	26，30 36，34	28，29 26，32	26，35 18，19	35，03 24，37
2	静止物体的重量	35，22 01，39	28，01 09	06，13 01，32	02，27 28，11	19，15 29	01，10 26，39	25，28 17，15	02，26 35	01，28 15，35
3	运动物体的尺寸	17，15	01，29 17	15，29 35，04	01，28 10	14，15 01，16	01，19 26，24	35，01 26，24	17，24 26，16	14，04 28，29
4	静止物体的尺寸		15，17 27	02，25	03	01，35	01，26	26		30，14 27，26
5	运动物体的面积	17，02 18，39	13，01 26，24	15，17 13，16	15，13 10，01	15，30	14，01 13	02，36 26，18	14，30 28，23	10，26 34，02
6	静止物体的面积	22，01 40	40，16	16，04	16	15，16	01，18 36	02，35 30，18	23	10，15 17，07
7	运动物体的体积	17，02 40，01	29，01 40	15，13 30，12	10	15，29	26，01	29，26 04	35，34 16，24	10，06 02，34
8	静止物体的体积	30，18 35，04	35		01		01，31	02，17 26		35，37 10，02
9	速度	02，24 32，21	35，13 08，01	32，28 13，12	34，02 28，27	15，10 26	10，28 04，34	03，34 27，16	10，18	
10	力	13，03 36，24	15，37 18，01	01，28 03. 25	15，01 11	15，17 18，20	26，35 10，18	36，37 10，19	02，35	03，28 35，37
11	应力，压强	02，33 27，18	01，35 16	11	02	35	19，01 35	02，36 37	35，24	10，14 35，37
12	形状	35，01	01，32 17，28	32，15 26	02，13 01	01，15 29	16，29 01，28	15，13 39	15，01 32	17，26 34，10
13	稳定性	35，40 27，39	35，19	32，35 30	02，35 10，16	35，30 34，02	02，35 22，26	35，22 39，23	01，08 35	23，35 40，03
14	强度	15，35 22，02	11，03 10，32	32，40 28，02	27，11 03	15，03 32	02，13 28 25	27，03 15，40	15	29，35 10，14
15	运动物体的作用时间	21，39 16，22	27，01 04	12，27	29，10 27	01，35 13	10，04 29，15	19，29 39，35	06，10	35，17 14，19
16	静止物体的作用时间	22	35，10	01	01	02		25，34 06，35	01	20，10 16，38
17	温度	22，35 02，24	26，27	26，27	04，10 16	02，18 27	02，17 16	03，27 35，31	26，02 19，16	15，28 35
18	照度	35，19 32，39	19，35 28，26	28，26 19	15，17 13，16	15，01 19	06，32 13	32，15	02，26 10	02，25 16
19	运动物体的能量消耗	02，35 06	28，26 30	19，35	01，15 17，28	15，17 13，16	02，29 27，28	35，38	32，02	12，28 35

续表

改善的通用工程参数 \ 恶化的通用工程参数		31 物体产生的有害因素	32 可制造性	33 操作流程的方便性	34 可维修	35 适应性，通用性	36 系统的复杂性	37 控制和测量的复杂性	38 自动化程度	39 生产率
20	静止物体的能量消耗	19，22 18	01，04					19，35 16，25		01，06
21	功率	02，35 18	26，10 34	26，35 10	35，02 10，34	19，17 34	20，19 30，34	19，35 16	28，02 17	28，35 34
22	能量损失	21，35 02，22		35，32 01	02，19		07，23	35，03 15，23	02	28，10 29，35
23	物质损失	10，01 34，29	15，34 33	32，28 02，24	02，35 34，27	15，10 02	35，10 28，24	35，18 10，13	35，10 18	28，35 10，23
24	信息损失	10，21 22	32	27，22				35，33	35	13，23 15
25	时间损失	35，22 18，39	35，28 34，04	04，28 10，34	32，01 10	0 35，28	06，29	18，28 32，10	24，28 35，30	
26	物质的量	03，35 40，39	29，01 35，27	35，29 10，25	02，32 10，25	15，03 29	03，23 27，10	03，27 29，18	08，35	13，29 03，27
27	可靠性	35，02 40，26		27，17 40	01，11	13，35 08，24	13，35 01	27，40 28	11，13 27	01，35 29，38
28	测试精度	03，33 39，10	06，35 25，18	01，13 17，34	01，32 13，11	13，35 02	27，35 10，34	26，24 32，28	28，02 10，34	10，34 28，32
29	制造精度	04，17 34，26		01，32 35，23	25，10		26，02 18		26，28 18，23	10，18 32，39
30	作用于物体的有害因素		24，35 02	02，25 28，39	35，10 02	35，11 22，31	22，19 29，40	22，19 29，40	33，03 34	22，35 13，24
31	物体产生的有害因素						19，01 31	02，21 27，01	02	22，35 18，39
32	可制造性			02，05 13，16	35，01 11，09	02，13 15	27，26 01	06，28 11，01	08，28 01	35，01 10.28
33	操作流程的方便性		02，05		12，26 01，32	15，34 01，16	32，26 12，17		01，34 12，03	15，01 28
34	可维修性		01，35 11，10	01，12 26，15		07，01 04，16	35，01 13，11		34，35 07，13	01，32 10
35	适应性，通用性	01，13 31	15，34 01，16	01，16 07，04		15，29 37，28	01	27，34 35	35，28 06，37	
36	系统的复杂性	19，01	27，26 01，13	27，09 26，24	01，13	29，15 28，37		15，10 37，28	15，01 24	12，17 28
37	控制与测量的复杂性	02，21	05，28 11，29	02，05	12，26	01，15	15，10 37，28		34，21	35，18
38	自动化程度	02 33	01，26 13	01，12 34，03	01，35 13	27，04 01，35	15，24 10	34，27 25	05，12 35，26	
39	生产率	35，22 18，39	35，28 02，24	01，28 07，19	01，32 10，25	01，35 28，37	12，17 28，24	35，18 27，02	05，12 35，26	

后　记　进一步认识 TRIZ

在第一章中，我们一开始就在问什么是 TRIZ？也许大多数读者读到这里已经有了自己的答案，也许还没有一个十分清晰的轮廓。

对于“发明问题解决理论”这个 TRIZ 字面上的意思，我们还可以做进一步的分析——到底是“由发明而解决问题”，还是“由解决问题而发明”，其实是两种不同的理解。很多搞 TRIZ 的人，包括最初到美国的一些原苏联 TRIZ 专家，一度十分崇尚“由发明而解决问题”，把 TRIZ 完全当作了发明工具，认为学习和研究 TRIZ 的唯一目的就是为了发明。但是，用这样的思路去推广 TRIZ 结果并不顺利，因为发明毕竟不是一件很容易的事情。这些挫折，让 TRIZ 在美国这个推崇创新的国家也一度消沉了几年，直到进入新世纪以后才又重“新”热了起来。实际上，如果我们把 TRIZ 理解为“由解决问题而发明”——虽然只是关键词汇在语序上的颠倒，但是关注点是完全不一样的——可能会更现实一些，可操作性会更强一些，大家的接受程度也会更高一些。作者认可“由解决问题而发明”的基本思考，毕竟解决问题是 TRIZ 的首要功能，因此，在本书的所有章节中，都在强调“TRIZ 首先是解决问题的工具”的概念。

TRIZ 是要解决什么问题？作为我们所面对的具体事物来说，是解决所有人工制造物（包括但不限于“产品”）的问题；作为我们的抽象思考来说，TRIZ 是要解决“技术系统（technical system，TS）”的问题——技术系统是对所有人工制造物的一种高度提炼和抽象，其概念比我们所理解的产品更具有一般性和普示性，其所包括的内容更宽泛和全面（例如，我们通常也把产品的外部环境因素如空气、阳光、重力等考虑进来，作为技术系统的组成元素之一）。

TRIZ 之所以在学习和掌握上有一定的难度和门槛，在于我们要反复不断地在具体现实领域和抽象领域之间来回切换，随时把具体问题提炼成抽象的 TRIZ 问题，又随时把抽象的 TRIZ 解决方案转化（演绎）成具体的问题解决方案，这也是学习 TRIZ 的难点（和技巧）之一。

因此，我们可以这样来演绎 TRIZ 的作用与内涵：TRIZ 是一种以技术系统为认知分析基础、以解决问题为首要任务、以不断提高技术系统的理想度为进化目标、让所有的人工制造物（产品）变得更完美的理论与方法学。

技术系统是 TRIZ 的基本作用对象和理论与方法的承载体。所谓解决问题就是解决技术系统中的问题，当技术系统中的问题被一步步地成功解决以后，技术系统也就在一步步地进化了。

关于解决技术系统问题的模式，以及 TRIZ 的各个组成部分在解决问题过程中所起的作用，我们可以用表 1 和图 1 来表示。

经过千百万年的进化与演变，人工制造物从过去最简单的棍棒、石头、轮子，发展到了今天各种各样的“产品”，如图 1 所示，成就了所有技术系统的物质基础。

当一个技术系统 TS_0 出现问题以后，我们或主动或被动地开始了解决问题的努力。首先我们要分析问题，确认问题的属性，如果是有明显的参数属性、结构属性或者资源属性的“标准问题”，我们可以使用在第五、六、七章中介绍的各种 TRIZ 创新方法、原理与工具，结合在第二章和第九章中介绍的 TRIZ 创新思维与传统创新思维来解决问题；如果技术系统所出现的问题是具有系统综合属性的“非标准问题”，问题的表现形式很复杂，我们则采用“发明问题标准解法（ARIZ）”来解决问题（在图 1 中列为“其他方法”）。当问题被成功地解决了以后，原有技术系统 TS_0 实现了改进，变成了改进后的技术系统 TS_1，然后又进一步地变成了 TS_2……如此持续地改进下去，技术系统一步步地发展变化，走向未来的技术系统，就实现了其进化过程。

在技术系统的进化过程中，系统完备性法则、能量传递法则、协调性法则是一个技术系统“存在”并能“实现功能”的先决的、起点的条件，不符合这三个基本进化法则的技术系统是无法参与进化的，这三个基本法则表达了技术系统进化的“静力学”规律。子系统不均衡进化法则说明了技术系统内部的不均衡发展，以及由不均衡发展而引发的各种矛盾，是技术系统出现问题的内在根源和最后实现改进的根本动力；向超系统进化法则说明了技术系统内部的矛盾无法解决时，多数情况下以增加子系统的数量或者把部分功能转给超系统来解决问题，这两个法则说明了技术系统的“运动学”规律。动态性进化法则表明技术系统的柔性、可移动性和可控性都在不断提高，而且从宏观水平逐渐向微观水平上发展，元素之间趋向以场的方式紧密连接；向微观进化法则也同样表明技术系统将从宏观水平逐渐向微观水平上发展，而且传统的“金属块”状的系统元素，将由分子、原子、离子、电子等微观的“聪明”物质代替来完成工作，这两个法则说明了技术系统的“动力学”规律。提高理想度法则是一切技术系统的一致的发展方向，

表 1　技术系统问题的表现形式与解决问题模式

初始状态	分析问题	技术系统问题属性	问题根源	表现形式	问题模型	解决问题工具	解决方案模型	结果状态
有问题、待改进的技术系统（TS_0）	标准问题（有明确的问题属性）	参数属性	技术系统中两个参数之间存在着相互制约		技术矛盾	矛盾矩阵表	创新原理	改进后的技术系统（TS_1）
		参数属性	一个参数无法满足系统内相互排斥的需求		物理矛盾	分离原理	创新原理	
		结构属性	实现技术系统功能的某结构要素出现问题	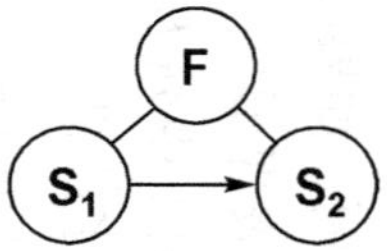	物质－场	标准解系统	标准解	
		资源属性	寻找实现技术系统功能的方法与科学原理	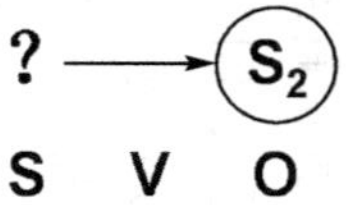	知识使能	知识库与效应库	方法与效应	
	非标准问题	系统综合属性	无法直接找到系统中的问题根源	无法简单地将系统中的问题定义为以上表现形式	ARIZ			

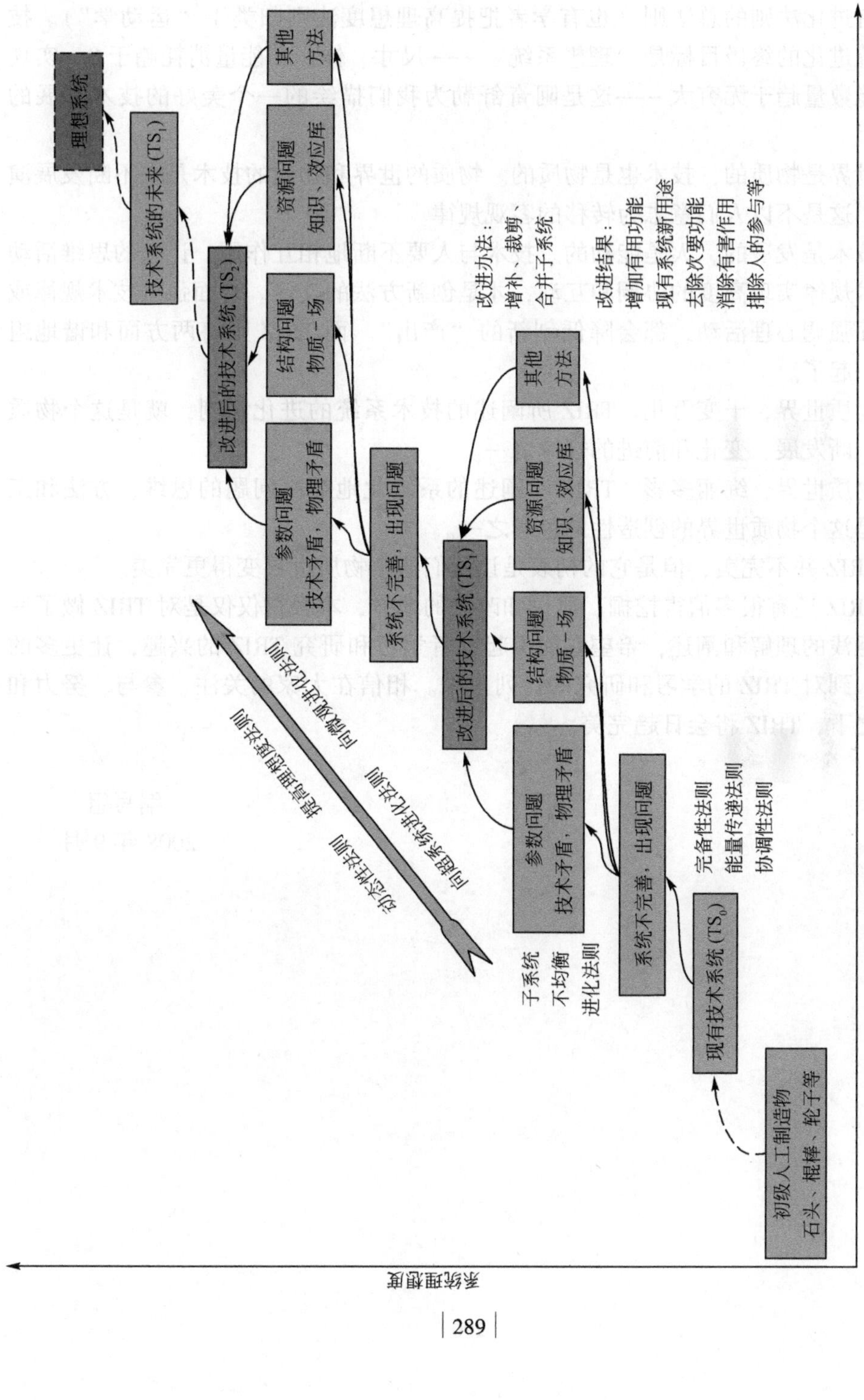
理想系统
技术系统的未来 (TS_i)
改进后的技术系统 (TS_2)
结构问题 物质-场
参数问题 技术矛盾，物理矛盾
资源问题 知识、效应库
其他方法
系统不完善，出现问题
改进后的技术系统 (TS_1)
结构问题 物质-场
参数问题 技术矛盾，物理矛盾
资源问题 知识、效应库
其他方法
改进办法：
增补、裁剪、
合并子系统
改进结果：
增加有用功能
现有系统新用途
去除次要功能
消除有害作用
排除人的参与等
系统不完善，出现问题
子系统
不均衡
进化法则
完备性法则
能量传递法则
协调性法则
现有技术系统 (TS_0)
初级人工制造物
石头、棍棒、轮子等
提高理想度法则
向微观进化法则
动态进化法则
向超系统进化法则
系统理想度
时间

图 1 TRIZ 作用模式

是所有进化法则的总法则（也有学者把提高理想度法则归类于“运动学”）。技术系统进化的终极目标是“理想系统”——尺寸、体积和能量消耗趋于0，实现的功能数量趋于无穷大——这是阿奇舒勒为我们描绘的一个美好的技术发展的未来。

世界是物质的，技术也是物质的。物质的世界和物质的技术是在不断发展演变的，这是不以人们意志为转移的客观规律。

技术是发展的，人是能动的。技术与人要不断地相互作用，让人的思维活动与技术规律实现高度的协调和互动，才是创新方法的真谛。片面强调技术规律或者片面强调心理活动，都会降低创新的“产出”。而 TRIZ 则将两方面和谐地组织在一起了。

物质世界，千变万化。TRIZ 所阐述的技术系统的进化法则，就是这个物质世界不断发展、变化和前进的规律之一。

物质世界，绚丽多彩。TRIZ 所阐述的系统化地解决问题的思维、方法和工具，是这个物质世界的创造性的色彩之一。

TRIZ 并不完美，但是它的初衷是让我们这个物质世界变得更完美。

TRIZ 还有很多值得挖掘、研讨和改进的地方，本教材仅仅是对 TRIZ 做了一点点粗浅的理解和阐述，希望它能引起读者学习和研究 TRIZ 的兴趣，让更多的人加入到对 TRIZ 的学习和研究的行列里来。相信在大家的关注、参与、努力和协作之下，TRIZ 将会日趋完美。

编写组

2008 年 9 月